Dorothee Brovelli
(Hrsg.)

Wirksamer Physikunterricht

UNTERRICHTSQUALITÄT:
PERSPEKTIVEN VON EXPERTINNEN UND EXPERTEN

Volker Reinhardt
Markus Rehm
Markus Wilhelm (Hrsg.)

Band 8

Schneider Verlag
Hohengehren GmbH

Umschlaggestaltung: Beat Haas,
PH Luzern, Kommunikation und Marketing

Heidehof Stiftung

Das Buchprojekt wurde von der Heidehof Stiftung gefördert

Gedruckt auf umweltfreundlichem Papier (chlor- und säurefrei hergestellt).

Bibliografische Information der Deutschen Nationalbibliothek

Die Deutsche Nationalbibliothek verzeichnet diese Publikation in der Deutschen Nationalbibliografie; detaillierte bibliografische Daten sind im Internet über ›http://dnb.dnb.de‹ abrufbar.

ISBN: 978-3-8340-1907-3

Schneider Verlag Hohengehren, Wilhelmstr. 13, D-73666 Baltmannsweiler

Homepage: www.paedagogik.de

Printed in Germany – Druck: Appel & Klinger, Schneckenlohe

INHALTSVERZEICHNIS

MICHAEL SCHRATZ / HANS ANAND PANT

VORWORT

Der Begriff „Wirksamkeit“ ist in den letzten Jahren zu einem Kampfbegriff geworden: Keine bildungspolitische Maßnahme darf mehr ohne Wirksamkeitsgarantie ins Bildungssystem entlassen werden. Jede Schule muss zeigen, wie gut sie ist, d. h. ihren Wirksamkeitsbeweis antreten. So reden alle von Wirksamkeit. Wenn man aber fragt, was denn eigentlich unter Wirksamkeit im Schulalltag verstanden wird, bekommt man sehr unterschiedliche Antworten. Sehr oft wird dabei auf die Ergebnisse von Leistungsvergleichsstudien zurückgegriffen. Dies verweist auf die grundsätzlich zu begrüßende Entwicklung, dass man in Fragen der Unterrichts- und Schulqualität heute nur noch schwerlich mit Hinweisen auf „gefühlte“ oder bloß „behauptete“ Wirkungen davon kommt.

Zwar geben solche Leistungsvergleiche wichtige Rückmeldungen zu den jeweiligen Lernständen in den getesteten Fächern, können aber nicht die fachliche und überfachliche Breite der Bildungs- und Erziehungsziele in den Lehrplänen abdecken. Um die Wirkungsfrage umfassender und vertiefter anzugehen, versuchen die Herausgeber der Reihe „Wirksamer Fachunterricht“ die Spezifik der unterschiedlichen Unterrichtsfächer in den Fokus zu nehmen. Dabei gehen sie nicht von einem metatheoretischen Verständnis fachlicher Instruktion aus, sondern die jeweiligen Fachverantwortlichen formulieren gemeinsam die – für alle Fächer identischen – Fragen, die sie jeweils von Vertreterinnen und Vertretern aus Ausbildung, Wissenschaft und Praxis beantworten lassen.

In der Vielfalt der Beiträge zu den einzelnen Bänden zeigt sich das Bemühen der Autorinnen und Autoren, nicht nur ihre fachliche Meinung zur Sprache zu bringen, sondern sowohl erfahrungsbezogen zu argumentieren als auch empirisch und theoretisch begründete Aussagen zu zentralen Aspekten des Fachunterrichts zu machen. Dabei legen die Beitragenden den Schwerpunkt mehr auf den Unterricht als auf das Fach, wenn es um die Passung zwischen den Lernangeboten und den Lernvoraussetzungen von Schülerinnen und Schülern geht.

Hinter den einzelnen Antworten zeigt sich immer auch, welches Menschenbild den fachlich-didaktischen Ansatz prägt und damit auch, welcher

Umgang mit Menschen vorausgesetzt wird, welche pädagogische Haltung den Individuen und der Klasse gegenüber eingenommen wird und welches Verständnis von Erziehung und Bildung zugrunde liegt. Bildung ist mehrdimensional und daher mehr als die Wirksamkeit von Fachlichkeit. Aus diesem Grund haben die jeweiligen Herausgeberinnen und Herausgeber der Bände in der abschließenden Zusammenschau ein Fazit aus den Stellungnahmen der einzelnen Interviewten aus Wissenschaft, Ausbildung und Praxis in einer Verdichtung der Erkenntnisse erstellt.

Aus Sicht der Schulentwicklung stellt sich abschließend die Frage, welchen Beitrag die Fächer zu einer wirksamen Schule leisten können, da jede Schule ihren eigenen Erfolgsweg finden muss. Im Sinne mehrdimensionaler Bildung gehören dazu nicht nur überfachliche Kompetenzen, sondern über ein wirksames Methodencurriculum hinaus, auch das Zusammenspiel der Fachcurricula als Rückgrat der Schul- und Unterrichtsqualität. Fachgruppen oder Fachschaften tragen dazu die geteilte Verantwortung, um über die Fächer hinweg Anschlussmöglichkeiten und Verbindungen aufzuzeigen. Schuleigene Curricula sollten die einzelnen Facharbeitspläne auf der Grundlage durchgängiger gemeinsamer Planungskriterien in einen schuleigenen Sinnzusammenhang stellen, den die Schulen jeweils in eigenen Zielen und Schwerpunkten formulieren, festlegen und schließlich gemeinsam reflektieren und evaluieren. Dann besteht eine gute Chance auf nachhaltige Wirkungen und qualitätsbewusste Schulentwicklung. Die Buchbände zum „Wirksamen Fachunterricht" leisten hierzu einen wichtigen Beitrag.

Dr. Michael Schratz lehrt als Professor am Institut für Lehrer/-innenbildung und Schulforschung der Universität Innsbruck. Seine Arbeitsschwerpunkte sind Bildung, Gesellschaft und Lernen, Leadership und Schulentwicklung. Er ist Mitglied zahlreicher internationaler Kommissionen, unter anderem Sprecher der Jury des Deutschen Schulpreises.

Dr. Hans Anand Pant ist Geschäftsführer der Deutschen Schulakademie und Professor für Erziehungswissenschaftliche Methodenlehre an der Humboldt-Universität zu Berlin. Bis 2015 war er Direktor des Instituts zur Qualitätsentwicklung im Bildungswesen (IQB). In seiner Forschung befasst er sich mit Fragen datengestützter Schul- und Unterrichtsentwicklung sowie des Transfers von Bildungsinnovationen.

MARKUS WILHELM / MARKUS REHM / VOLKER REINHARDT

QUALITÄTSVOLLER FACHUNTERRICHT

Es gibt im angelsächsischen Sprachraum eine auf George Bernard Shaw zurückgehende Redewendung: „Those who can, do; those who can't, teach." Diesem Sprichwort können wir heute einiges entgegensetzen: Die jüngste empirische Forschung im Bereich der Lehrerbildung stellt sowohl für den deutschen Sprachraum als auch weltweit ein anderes, ein differenziertes Bild dar. Lehrkräfte gestalten aufgrund ihrer professionellen, fachlichen, fachdidaktischen und pädagogischen Kompetenzen einen effektiven und wirksamen Unterricht für ihre Schülerinnen und Schüler und sind damit Experten für wirksamen Unterricht (Bromme, 2014).

Viele empirische Studien zeichnen ein eindeutiges Bild über die Merkmale, die einen wirksamen Unterricht ausmachen (z.B. Ihme & Möller, 2015; Klieme & Rakoczy, 2008), damit geben diese Studien auch Auskunft darüber, was Lehrkräfte *können* müssen, um einen solchen Unterricht zu gestalten: So kann beispielsweise gezeigt werden, dass eine klare inhaltliche Strukturierung des Unterrichts, verbunden mit einer gezielten kognitiven Aktivierung und einer entsprechend konstruktiven Unterstützung, aber auch der Enthusiasmus einer Lehrkraft, zum Lernerfolg der Schülerinnen und Schüler führt und damit wirksam ist.

Eine Frage bleibt allerdings offen, die durch die Bildungswissenschaften wegen ihrer häufig fachunspezifischen Herangehensweise nicht beantwortet werden kann: Was führt zu einem guten und effektiven Unterricht in einem bestimmten Schulfach? Hier sind die Fachdidaktiken aufgerufen, die generische Unterrichtsforschung zu ergänzen und zu komplettieren. In dieser Buchreihe werden die Schulfächer auf die Frage hin analysiert, wie wirksamer Fachunterricht gelingen kann. Der Fokus liegt auf den bestmöglichen Gelegenheiten, fachliche Lernaktivitäten wirksam werden zu lassen (Seidel & Reiss, 2014). Kurzum, es wird gefragt: *Was wirkt in einem konkreten Schulfach?*

In der jüngsten Vergangenheit näherte man sich solch komplexen Fragen nach einem guten und wirksamen Unterricht zumeist im Rahmen von Metaanalysen (Hattie, 2012; Meyer, 2004; Helmke, 2012). Die Buchreihe geht einen anderen Weg; sie bezieht möglichst viel Expertise aus den Fachdidaktiken und der Fachpraxis einzelner Fächer ein. Mit Hilfe von strukturierten Interviews werden Expertinnen und Experten der unterschiedlichen Schulfächer nach den Kriterien eines wirksamen Fachunterrichts befragt. Hierbei geht es um deren fachliche Expertise, die angelehnt ist an die wichtigsten Forschungsergebnisse und Praxiserfahrungen aus dem jeweiligen (Schul-)Fach. Die Zusammenschau aller Beiträge der Expertinnen und Experten des jeweiligen Faches wird zu einer verdichteten Beantwortung der Frage führen, was einen wirksamen Fachunterricht ausmacht.

Die Frage nach einem guten, effektiven und also wirksamen Unterricht steht seit einigen Jahren im Fokus der bildungswissenschaftlichen, pädagogisch-psychologischen und in jüngster Zeit auch fachdidaktischen Unterrichtsforschung. In einer ersten Phase der Unterrichtsforschung konzentrierte man sich auf das sogenannte Persönlichkeits-Paradigma, also der Suche nach dem „guten Lehrer". Nachdem man in einem weiteren Schritt den Prozess des Lernens und den entsprechenden Lernerfolg der Schülerinnen und Schüler in den Blick nahm, wurde das Persönlichkeits-Paradigma vom so genannten Prozess-Produkt-Paradigma abgelöst. Es wurde nach Kriterien gesucht, mit denen Effekte des Unterrichtsprozesses erfasst werden können. Das Experten-Paradigma, das ursprünglich – ausgehend vom Persönlichkeits-Paradigma – die professionelle Expertise der Lehrpersonen zu erfassen versuchte, geht heute über in den Experten- und Prozess-Produkt-Ansatz.

Es wurden systemische Rahmenmodelle von Unterrichtswirksamkeit, sogenannte Angebots-Nutzungs-Modelle aufgenommen (Fend, 2001; Helmke, 2012; Reusser & Pauli, 2010). Sie modellieren die Einflüsse auf die Wirksamkeit von Unterricht auf der Makroebene des Bildungssystems (vgl. Abbildung 1), wie auf der Mesoebene der Einzelschule und auf der Mikroebene des Unterrichts (Kohler & Wacker, 2013). Ein Angebots-Nutzungs-Modell, auf dessen Mikroebene wir uns hier beziehen, stellt – im Sinne einer Vereinfachung – einem Unterrichts*angebot* dessen jeweilige Unterrichts*nutzung* gegenüber. Die Wirksamkeit des Angebots auf der Seite der Nutzung kann empirisch – im Sinne der Erhebung des Ertrags – untersucht werden. Auf der Seite des Angebots wirken hauptsächlich die Persönlichkeit und die Kompetenz der Lehrkraft sowie die allgemeinen, fachspezifischen und kontextuellen Bedingungen. Auf der Seite der Nutzung wirken hauptsächlich die Lernenden selbst, das Unterrichtsangebot und wiederum die kontextuellen Bedingungen. Beide Seiten – Angebot und Nutzung – stellen in ihrer Wechselwirkung die Wirksamkeit des Unterrichts dar (vgl. Abbildung 1). In beiden Bereichen interessiert uns wiederum der fachspezifische Anteil in besonderem Maß, im Modell mit einem * versehen (vgl. Abbildung 1). Da die Entkopplung einzelner Komponenten aus dem Angebots-Nutzungsmodell zu Fehlinterpretationen führen würde, sind wir darauf bedacht, immer die jeweiligen Bezüge zum Rahmenmodell aufzuzeigen.

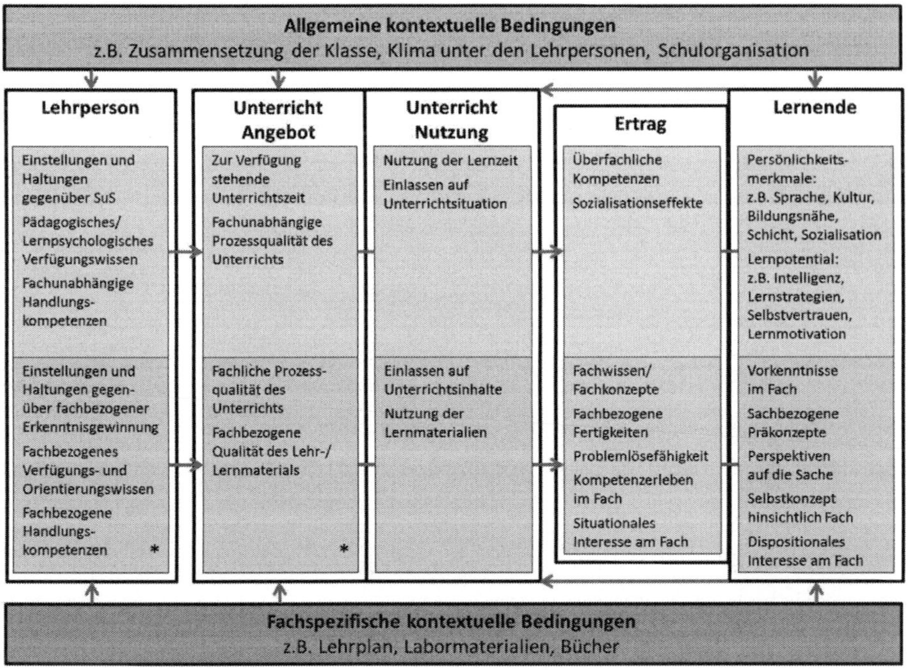

Abb. 1: Angebots-Nutzungsmodell in Anlehnung an Fend (2001), Helmke (2012) sowie Reusser und Pauli (2010).

Angebots-Nutzungs-Modelle integrieren zwei Paradigmen der pädagogisch-psychologisch orientierten Unterrichtsforschung, das Struktur- und das Prozessparadigma (Seidel, 2014). In beiden Fällen wird versucht, bestimmte Unterrichtsmerkmale zu identifizieren, die eine moderierende Funktion hin zur Erhöhung des Lernerfolgs von Schülerinnen und Schülern haben. Dabei geht das *Struktur-Paradigma* von theoretischen Annahmen zum *Lehren* aus, das *Prozess-Paradigma* untersucht auf einem ähnlichen Weg die Wirksamkeit von Unterricht, dies aber ausgehend von theoretischen Annahmen zum *Lernen* (Seidel, 2014, S. 851). Laut Seidel wirken in Angebots-Nutzungs-Modellen diese beiden Paradigmen integrierend zusammen: Das *Struktur-Paradigma* hat dazu beigetragen, die *Kompetenzstrukturen von Lehrkräften* zu identifizieren und wird auf der Seite des Angebots integriert. In einem gängigen Modell, das aus dem Forschungsprojekt COACTIV stammt, werden vier Kompetenzfacetten einer Lehrkraft unterschieden, das so genannte Professionswissen (fachliches, fachdidaktisches, pädagogisches

Wissen), die Motivation einer Lehrkraft, ihre Fähigkeit zur Selbstregulation sowie ihre Werthaltungen (Baumert & Kunter, 2006). Auf der Seite der Nutzung wurde das so genannte Prozessparadigma integriert, um vor allem kognitive Lernprozesse auf einer tiefenstrukturellen Ebene des Unterrichts und deren Ergebnisse zu beschreiben (Seidel, 2014, S. 860). Daher wird Unterricht – auf der Grundlage des Ansatzes „Choreographies of teaching. Bridging instruction to learning" (Oser & Baeriswyl, 2001) – oft in zwei verschiedene Ebenen unterschieden: in die Ebene der Sichtstrukturen, dem sog. „planning and processing of teaching" und in die Ebene der Tiefenstrukturen dem sog. „planning and processing of the learning process". Unter den Sichtstrukturen des Unterrichts versteht man alle Merkmale, die direkt durch Beobachtung zugänglich sind, zum Beispiel wechselnder Methodeneinsatz oder andere Inszenierungsmuster. Die Tiefenstrukturen sind diejenigen Merkmale, die sich der direkten Beobachtung entziehen, aber in hohem Maße für die Qualität des Unterrichts verantwortlich sind, zum Beispiel in welchem Maße Schülerinnen und Schüler während des Unterrichts tatsächlich kognitiv aktiv sind oder wie sich die Schülerinnen und Schüler individuell unterstützt fühlen. Beide Paradigmen fokussieren Qualitätsmerkmale eines wirksamen Unterrichts mit dem Ziel, über deren moderierende Funktion den Ertrag der Lernprozesse zu optimieren. Da Angebots-Nutzungs-Modelle aus einer generischen pädagogisch-psychologischen Perspektive entwickelt wurden, enthalten sie bislang weder von Seiten des Strukturparadigmas, noch von Seiten des Prozessparadigmas konkrete fachliche bzw. fachdidaktische Bezüge, obwohl auf beiden Seiten mittlerweile viele fachdidaktische Forschungsarbeiten vorliegen: Von Seiten des Strukturparadigmas existieren inzwischen fachdidaktische Arbeiten vor dem Hintergrund des oben beschriebenen COACTIV Modells und auf der Seite des Prozessparadigmas hat die fachdidaktische Lehr-Lernforschung eine ausgeprägte Tradition. Dennoch findet in Arbeiten zu einem guten und wirksamen Unterricht fachdidaktische Forschung kaum Berücksichtigung, was wir im Folgenden an vier Beispielen schulpädagogischer und pädagogisch-psychologischer Arbeiten verdeutlichen möchten. Wir vergleichen im folgenden Abschnitt die vier einschlägigen Arbeiten von Meyer (2004), Helmke (2012), Hattie (2012) sowie von Oser und Baeriswyl (2001).

Der gute und wirksame Unterricht ohne Fach und ohne Fachdidaktik?

In der folgenden Tabelle vergleichen wir Kriterien guten und effizienten Unterrichts anhand von vier Dimensionen: Gütekriterien (Meyer, 2004), Fächerübergreifende Qualitätsbereiche (Helmke, 2012), unterrichtsbezogene

Einflüsse auf die Lernleistung (Hattie, 2012), Sicht- und Tiefenstrukturen von Unterricht (Kunter & Trautwein, 2013; Oser & Baeriswyl, 2001). Diese vier Dimensionen gehen auf einschlägige Publikationen zur Unterrichtsqualität zurück und markieren den derzeitigen Stand der Diskussion:

Gütekriterien Meyer (2004) Grundlage: vorwiegend theoretisch begründet	**Fächerübergreifende Qualitätsbereiche** Helmke (2012) Grundlage: vorwiegend empirische Studien	**Unterrichtsbezogene Einflüsse auf Lernleistung hoher Effektstärke ($d > 0.6$)** Hattie (2012) Grundlage: Metastudie empirischer Metaanalysen	**Dimensionen der Sicht- und Tiefenstrukturen** Oser & Baeriswyl (2001) Kunter & Trautwein (2013) Grundlage: vorwiegend empirische Studien
Methodenvielfalt	Angebotsvielfalt	Rhythmisierung Lernende unterrichten Lernende Lautes Denken Concept Mapping Lehren (Vormachen, Einüben) von Strategien	lernunterstützende Unterrichtsmethoden und Sozialformen
	Klassenführung		Klassenführung (Classroom Management)
Hoher Anteil echter Lernzeit		Beeinflussung von Verhalten in der Klasse	Frühe Einführung von Regeln und Routinen
Vorbereitete Umgebung			Konsequenter Umgang mit Störungen
Klare Strukturierung des Unterrichts	Klarheit und Strukturierung		Gut geplante Bereitstellung von Unterrichtsmaterialien
Inhaltliche Klarheit		Klarheit der Lehrperson	
	Aktivierung		Potential zur kognitiven Aktivierung, z. B.
	Schülerorientierung	Kognitive Entwicklungsstufe berücksichtigen Klassendiskussion	Aufgaben, die an Vorwissen anknüpfen Diskurs, der Meinungen der Schüler aufgreift
	Kompetenzorientierung	Problemlösendes Lernen Kreativitätsförderung	Inhalte, die kognitive Konflikte auslösen
Intelligentes Üben	Konsolidierung und Sicherheit	Nachdenken über das eigene Lernen Lerntechniken	
Transparente Leistungserwartungen		Schülererwartungen/ Schüler-Selbstbeurteilung Formative Beurteilungen	
Lernförderndes Klima	Lernförderliches Klima	Positive Beziehung zwischen Lehrperson und Lernenden Regelmäßiges Feedback	Konstruktive Unterstützung z. B. Geduld und ein angemessenes Tempo
	Motivierung	Lernende nicht etikettieren	Konstruktiver Umgang mit Fehlern
Sinnstiftendes Kommunizieren		Glaubwürdigkeit der Lehrperson	Freundliche, respektvolle Beziehung
Individuelles Fördern	Umgang mit Heterogenität	Lernlücken erkennen und schließen Intervention für Lernende mit besonderem Förderbedarf Intervention für Lernende mit hoher Begabung	

Abb. 2: Vergleich der aktuell häufig diskutierten Kriterien für effektiven Unterricht

Was ist guter Unterricht, fragt (Meyer, 2004) im gleichnamigen Buch. Er nennt unter dem Begriff Kriterienmix zehn Merkmale, die einen guten Unterricht auszeichnen (vgl. Abbildung 2). Den Kriterienmix gewinnt Meyer in Absprache mit Kolleginnen und Praktikern als Mischung didaktischer und empirischer Merkmale auf Grundlage einer eigenen normativen Orientierung (vgl. Meyer, 2004, S. 16–17). Der Kriterienmix konzentriert sich auf den überfachlichen Bereich des Unterrichts und zeigt keine Bezüge zu fachlichen bzw. fachdidaktischen Merkmalen des Unterrichts. Am Beispiel des Merkmals „Inhaltliche Klarheit“ wird dies deutlich: „Inhaltliche Klarheit liegt dann vor, wenn die Aufgabenstellung verständlich, der thematische Gang plausibel und die Ergebnissicherung klar und verbindlich gestaltet worden sind“ (Meyer, 2004, S. 55).

Helmke (2012) orientiert sich an 10 Merkmalen effektiven Unterrichts (vgl. Abbildung 2), die er aus entsprechenden empirischen Studien gewinnt. Zahlreiche seiner Kriterien sind vergleichbar mit Meyer (2004). Neu können aber drei Kriterien auch der Fachdidaktik zugeordnet werden: *Aktivierung, Schülerorientierung, Kompetenzorientierung*.

Hattie (2012) legt eine Metaanalyse vor und zeigt für Untersuchungen zur Sprache Einflüsse auf die Lernleistung der Schülerinnen und Schüler mit relativ hoher Effektstärke ($d > 0.6$). Hierzu zählen *Vokabel- und Wortschatzförderung, wiederholendes Lesen, Lese-Verständnis-Förderung*. Aufgrund mangelnder Daten, also aufgrund des gewählten Designs der Hattie-Studie (Metastudie von Metaanalysen) konnten kaum weitere fachliche und fachdidaktische Einflussfaktoren aufgearbeitet werden.

Aktuelle empirische Studien lassen den vermeintlichen Schluss zu, die diskutierten Kriterien eines wirksamen Unterrichts seien unabhängig voneinander auf den oben beschriebenen sicht- und tiefenstrukturellen Ebenen zu analysieren (vgl. Abbildung 2). Da uns die Unterscheidung dieser beiden unterrichtlichen Ebenen aus fachdidaktischer Sicht sehr wichtig erscheint, kommen wir noch einmal darauf zurück: Die Sichtstrukturen liefern den von der Lehrkraft auch fachmethodisch inszenierten und von außen beobachtbaren Rahmen des Unterrichtens, während die Tiefenstrukturen auch die fachliche Qualität der Auseinandersetzung mit den Unterrichtsinhalten und die tatsächlich stattfindenden fachlichen Lernprozesse der Schülerinnen und Schüler klären (Oser & Baeriswyl, 2001; für einen Überblick vgl. Kunter & Trautwein, 2013). Die Sichtstrukturen geben zwar das Unterrichtsgeschehen vor; insgesamt mehr Erklärungsmacht für die Wirkung des Fachunterrichts scheinen jedoch die Tiefenstrukturen zu haben. Diese sind in den Fachdidaktiken nur teilweise erforscht. Zu diesen Tiefenstrukturen zählen vor allem die Diagnose von domänenspezifischen Schülervorstellungen und die auf diesen diagnostischen Urteilen basierende kognitive Aktivierung und die konstruktive Unterstützung von Lernprozessen.

Gerade hinsichtlich der Fachabhängigkeit zeigen aber aktuelle Forschungsergebnisse, dass durch den Einbezug domänenspezifischer Merkmale noch bedeutsamere Effekte des Unterrichts zu erwarten wären (Baumert & Kunter, 2006; Schroeders, Hecht, Heitmann, Jansen & Kampa, 2013; Törner & Törner, 2010). Seidel und Shavelson (2007) wünschen sich deshalb vermehrte domänenspezifische Forschung: „Researchers might consider investigating the effects of domain-specific teaching on learning processes and motivational-affective outcomes in more depth than is currently practiced." Die vorliegende Studienbuchreihe will gerade dieses Desiderat aufnehmen und das bestehende Wissen zu einem wirksamen Fachunterricht, also der Domänenspezifität der Unterrichtsqualität, zusammentragen. Hierfür wichtig sind vor allem auch erlernbare Lehrkompetenzen, die eine Lehrkraft in die Lage versetzen, ihre beruflichen Anforderungen professionell zu erfüllen.

Resümee

Aus den vorangehenden Abbildungen (1 und 2) entsteht nun ein Überblick über unterschiedliche Kriterien von Unterrichtsqualität aus verschiedenen Perspektiven: Das Angebots-Nutzungs-Modell stellt die Akteure des Unterrichts im Sinne einer angebotsgebenden und einer nutzenden Seite sich ergänzend gegenüber und macht die unterschiedlichen Einflussfaktoren auf die Wirksamkeit eines „guten" Unterrichts deutlich. In Abbildung 2 werden unterschiedliche Kriterien von Unterrichtsqualität nebeneinander gestellt, um die Vielfalt der normativen und evidenzbasierten Dimensionen von Unterrichtsqualität aufzuzeigen. Mit dem vorliegenden Band wird nun der Blick auf das Unterrichtsfach Physik gerichtet, und es werden domänenspezifisch Expertenmeinungen als Antworten auf zehn grundlegende Fragen zur Unterrichtsqualität verdichtet.

Literatur

Baumert, J. & Kunter, M. (2006). Stichwort: Professionelle Kompetenz von Lehrkräften. *Zeitschrift für Erziehungswissenschaft, 9*(4), 469–520.

Bromme, R. (2014). *Der Lehrer als Experte. Zur Psychologie des professionellen Wissens. Reprint in der Reihe Standardwerke aus Psychologie und Pädagogik* (Reprints, Band 7). Münster: Waxmann.

Fend, H. (2001). *Qualität im Bildungswesen: Schulforschung zu Systembedingungen, Schulprofilen und Lehrerleistung* (2. bereinigte Aufl.). *Juventa-Paperback.* Weinheim, München: Juventa-Verl.

Hattie, J. A. C. (2012). *Visible learning for teachers: maximising impact on learning.* Abingdon: Routledge.

Helmke, A. (2012). *Unterrichtsqualität und Lehrerprofessionalität. Diagnose, Evaluation und Verbesserung des Unterrichts* (4. überarbeitete Aufl., Schule weiterentwickeln – Unterricht verbessern. Orientierungsband). Seelze: Klett-Kallmeyer.

Ihme, T. A. & Möller, J. (2015). „He who can, does; he who cannot, teaches?": Stereotype threat and preservice teachers. *Journal of Educational Psychology, 107*, 300–308.

Klieme, E. & Rakoczy, K. (2008). Empirische Unterrichtsforschung und Fachdidaktik. Outcome-orientierte Messung und Prozessqualität des Unterrichts. *Zeitschrift für Pädagogik, 54*, 222–237.

Kohler, B. & Wacker, A. (2013). Das Angebot-Nutzungs-Modell. Überlegungen zu Chancen und Grenzen des derzeit prominentesten Wirkmodells der Schul- und Unterrichtsforschung. *Die Deutsche Schule, 105*(3), 241–257.

Kunter, M. & Trautwein, U. (2013). *Psychologie des Unterrichts.* Stuttgart: UTB.

Meyer, H. (2004). *Was ist guter Unterricht?* Berlin: Cornelsen Scriptor.

Oser, F. & Baeriswyl, F. (2001). Choreographies of Teaching: Bridging Instruction to Learning. In: V. Richardson (Ed.), *Handbook of research on teaching* (pp. 1031–1065). Washington, D.C: American Educational Research Association.

Reusser, K. & Pauli, C. (2010). Unterrichtsgestaltung und Unterrichtsqualität – Ergebnisse einer internationalen und schweizerischen Videostudie zum Mathematikunterricht: Unterrichtsgestaltung und Unterrichtsqualität – Ergebnisse einer internationalen und schweizerischen Videostudie zum Mathematikunterricht: Einleitung und Überblick. In: K. Reusser, C. Pauli & M. Waldis (Hrsg.), *Unterrichtsgestaltung und Unterrichtsqualität. Ergebnisse einer internationalen und schweizerischen Videostudie zum Mathematikunterricht* (S. 15–20). Münster: Waxmann.

Schroeders, U., Hecht, M., Heitmann, P., Jansen, M. & Kampa, N. (2013). Der Ländervergleich in naturwissenschaftlichen Fächern. In: H. A. Pant, P. Stanat, U. Schroeders, A. Roppelt, T. Siegle & C. Pöhlmann (Hrsg.), *IQB-Ländervergleich 2012. Mathematische und naturwissenschaftliche Kompetenzen am Ende der Sekundarstufe I* (S. 141–158). Münster: Waxmann.

Seidel, T. (2014). Angebots-Nutzungs-Modelle in der Unterrichtspsychologie. Integration von Struktur- und Prozessparadigma. *Zeitschrift für Pädagogik, 60*(6), 828–844.

Seidel, T. & Reiss, K. (2014). Lerngelegenheiten im Unterricht. In: A. Krapp & T. Seidel (Hrsg.), *Pädagogische Psychologie* (S. 253–276). Weinheim [u. a.]: Beltz.

Seidel, T. & Shavelson, R. J. (2007). Teaching effectiveness research in the last decade: Role of theory and research design in disentangling meta-analysis results. *Review of Educational Research*, 454–499.

Törner, G. & Törner, A. (2010). Fachfremd erteilter Mathematikunterricht – ein zu vernachlässigendes Handlungsfeld. *MDMV, 18*, 244–251.

DOROTHEE BROVELLI

WIRKSAMER PHYSIKUNTERRICHT – EINE EINFÜHRUNG

Was ist wirksamer Physikunterricht? Diese Frage stellen sich nicht nur Physiklehrpersonen, sondern ebenso Physikdidaktikerinnen und Physikdidaktiker, Fachleiterinnen und Fachleiter der Referendariatsphase und natürlich Lehramtsstudierende. Für die Beantwortung dieser vielleicht wichtigsten Frage der Bemühungen um die Verbesserung von Unterricht und Schülerleistungen (Schratz, 2016) kommen im vorliegenden Buch Expertinnen und Experten zu Wort, die sich seit vielen Jahren wissenschaftlich und / oder praktisch in der alltäglichen Schulwelt mit Fragen nach wirksamem Physikunterricht beschäftigen.

Neu an diesem Ansatz ist die Herangehensweise an diese spezifische Frage durch schriftliche Experteninterviews, in denen kurz und knapp die wichtigsten Erkenntnisse zu wirksamem Unterricht aus der Perspektive der physikdidaktischen Forschung und der Unterrichtspraxis des Faches Physik zusammengetragen und ausgewertet werden.

Der Einbezug von Expertinnen und Experten aus dem Wissenschaftsbereich sowie aus dem Wissenschaft-Praxis-Transferbereich und der Schulpraxis steht im Mittelpunkt für die wichtige Fragestellung, was wirksamen Physikunterricht ausmacht. Die gesamte Expertise einer Forscherin oder eines Schulpraktikers mit all den Forschungs- und Erfahrungshintergründen kann in verdichteter Form abgebildet werden und trägt damit zum besseren Verständnis von Fachunterrichtsqualität bei. Eine Verdichtung von verschiedenen Einzeluntersuchungen zu wirksamem Unterricht wurde in den letzten Jahren vor allem durch Metastudien (z. B. Hattie, 2009) angestrebt. Im vorliegenden Band werden dagegen die Fachleute selbst nach ihrer Ergebniseinschätzung der relevanten Studien und ihren Erfahrungen befragt, um die Essenz wirksamen Physikunterrichts zu erhalten.

Dafür werden elf schriftliche Interviews mit Hochschul-Fachdidaktikern und Fachdidaktikerinnen geführt und fast gleich viele mit Seminarleitenden und erfahrenen Lehrkräften. Die gewonnenen Erkenntnisse zu wirksamem Fachunterricht werden abschließend in einem Fazitkapitel kategorisiert und vergleichend analysiert. Leserinnen und Leser bekommen durch dieses Buch ein kompaktes, auf viel Expertenkompetenz basierendes Kompendium für wirksamen Physikunterricht und können sich einen Überblick verschaffen über die neueren Erkenntnisse zu Physikunterricht, der wirksam und erfolgreich ist.

Solche neuen Erkenntnisse zu liefern, ist ein Anspruch an die Physikdidaktik. Als noch junge wissenschaftliche Disziplin entwickelte sie sich in den letzten Jahrzehnten im Spannungsfeld ihrer verschiedenen Bezugswissenschaften zu einem aktiven Forschungsfeld, auch immer beeinflusst von bildungspolitischen Veränderungen einerseits und methodischen sowie theoretischen Weiterentwicklungen andererseits. Dabei bildet die fachdidaktische Entwicklung von Lernangeboten mit dazugehörigen Lehr-Lern-Studien einen kontinuierlichen Schwerpunkt, aus dem über die klassische Methodenlehre hinaus Schlussfolgerungen zur Gestaltung von wirksamen fachlichen Lern- und Erkenntnisprozessen gezogen werden können. Ausgeprägter als viele andere Fachdidaktiken beschäftigt sich die Physikdidaktik aber auch mit Kompetenzuntersuchungen und -modellierungen, teilweise im Rahmen von Large-Scale-Erhebungen. Diese sind oft eng verbunden mit der in der Physikdidaktik besonders bedeutsamen Schülervorstellungsforschung und der Analyse curricularer Entwicklungsperspektiven. Sie schließen auch die Untersuchung professioneller Kompetenzen von angehenden oder amtierenden Lehrpersonen ein und werden ergänzt durch Arbeiten, die sich Variablen wie Interessen, Überzeugungen und Einstellungen widmen.

Diese Beispiele deuten die Breite an methodischen Zugängen und Perspektiven auf guten Physikunterricht an, die den Hintergrund in der Beantwortung der Interviewfragen bilden. Nicht unumstritten ist die Frage, ob bzw. welche Erkenntnisse der physikdidaktischen Forschung Einzug in die Praxis halten und sich so konkret auf die Gestaltung des Physikunterrichts auswirken. Die Expertenbefragung in der vorliegenden Publikation soll auch dazu dienen, den Dialog zwischen Unterrichtspraxis und fachdidaktischer Forschung anzuregen.

Dafür soll zum einen die Auswahl der Befragten sorgen, die ein breites Spektrum von berufsbiographischen Hintergründen und Arbeitsschwerpunkten aufweisen. Zum anderen wurden den Expertinnen und Experten sehr eng an der Unterrichtswirklichkeit orientierte Fragen gestellt. Der Auswahlprozess für die zehn Fragen zu wirksamem Fachunterricht war nicht leicht. Die Herausgeberinnen und Herausgeber aller Bände für die verschiedenen Unterrichtsfächer einigten sich in langen Sitzungen auf acht Fragen, die für alle Fachbände dieser Buchreihe gleich gestellt werden. Zwei weitere Fragen (in diesem Band die beiden letzten) konnten für jedes Unterrichtsfach zusätzlich fachspezifisch gestellt werden. Für diese beiden einigten sich die drei Naturwissenschaften Chemie, Biologie und Physik auf die gleichen Fragen.

Es ist erfahrungsgemäß aufgrund der jeweiligen Fächertraditionen recht schwierig, Fragen zu finden, die für wirksamen Unterricht in den unterschiedlichsten Fächern ähnlich relevant sind. Dafür wurden vor allem Erkenntnisse aus bildungswissenschaftlichen Studien zu wirksamem Unterricht herangezogen, um zentrale Ergebnisse dann fachspezifisch in Frageform zu transformieren. Eine weitere Schwierigkeit bestand darin, diese Erkenntnisse als Fragen so zu formulieren, dass alle befragten Gruppen damit auch etwas anfangen konnten. Daher wird in allen Bänden der einzelnen Unterrichtsfächer weitgehend auf bildungswissenschaftliches Fachvokabular verzichtet und zusätzlich jeder Frage ein kurzer erläuternder Vorspann vorangestellt. Die Interviewten hatten eine Höchstzahl an Seiten für das gesamte Interview zur Verfügung, die sie aber für die zehn Fragen selbst einteilen und gewichten konnten. Sie wurden angehalten, die schriftlichen Antworten stilistisch im Interviewstil zu verfassen und daher weitgehend auf Quellenangaben zu verzichten – auch wenn einzelne Autorinnen und Autoren es bevorzugten, die geäußerten Feststellungen mit Literatur zu belegen. Zudem stand es ihnen jeweils frei, entweder eher umfassende Antworten zu geben oder persönliche Schwerpunkte zu akzentuieren. Im Folgenden werden die Interviewfragen mit den erläuternden Texten, die allen Expertinnen und Experten schriftlich gestellt wurden, vorgestellt.

Das Buch kann auf verschiedene Art und Weise genutzt werden. Sie können beim Lesen die Beiträge nacheinander auf sich wirken lassen und unterschiedliche Perspektiven zum wirksamen Fachunterricht identifizieren. Sie können aber auch gezielt die Perspektiven einzelner Autorinnen und Autoren nebeneinanderstellen oder eine einzelne Frage herausgreifen, um die verschiedenen Sichtweisen der Autorinnen und Autoren zu kontrastieren, evtl. auch im Quervergleich mit anderen Unterrichtsfächern bzw. anderen Fachbänden. Den Expertinnen und Experten dieses Bandes, die die Interviewfragen mit ihrer fachlichen und fachdidaktischen Expertise beantwortet haben, möchte ich an dieser Stelle herzlich danken.

Interviewfragen

Lehrpersonen müssen sich eine große Zahl von Kompetenzen aneignen. Inzwischen herrscht Konsens darüber, dass diese Kompetenzen, neben den Werthaltungen, den Fähigkeiten zur Selbstregulation und den motivationalen Fähigkeiten, vor allem in den Bereichen der jeweiligen Fachwissenschaft, der Fachdidaktik und der Pädagogik/Psychologie angesiedelt sein müssen.

Welches fachwissenschaftliche und fachdidaktische Wissen und Können der Lehrperson ist aus Ihrer Sicht für die Qualität des Physikunterrichts besonders wichtig?

Im Kontext verschiedener Bildungsstudien wurden Qualitätsmerkmale von wirksamem Unterricht empirisch herausgearbeitet. Oft werden diese Qualitätsmerkmale in Sicht- und Tiefenstrukturen unterschieden. Unter der Sichtstruktur des Unterrichts versteht man alle Merkmale, die direkt durch Beobachtung zugänglich sind, zum Beispiel wechselnder Methodeneinsatz. Die Tiefenstrukturen sind diejenigen Merkmale, die sich der direkten Beobachtung entziehen, aber in hohem Maße für die Qualität des Unterrichts verantwortlich sind, zum Beispiel in welchem Maße Schülerinnen und Schüler während des Unterrichts kognitiv aktiv sind oder wie sich die Schülerinnen und Schüler individuell unterstützt fühlen.

Welche Qualitätsmerkmale halten Sie für den Physikunterricht für essenziell?

Die Fülle an Lernumgebungen sowie Lehr-/Lernformen, die in Methodenbüchern dargestellt werden, sollten eigentlich das Unterrichten erleichtern. Doch die Vielfalt der Möglichkeiten kann auch verunsichern oder zur Willkür verführen. Lehramtsstudierende und Lehrpersonen in der Praxis stehen deshalb oft vor der Frage, welche Methode oder Lernumgebung sie nun einsetzen sollen, um den Physikunterricht besonders wirksam werden zu lassen.

Welche Lernumgebungen und Lehr- / Lernformen halten Sie für einen wirksamen Physikunterricht für besonders bedeutsam?

Grundlage für einen wirksamen Fachunterricht ist die optimale Passung zwischen den Lernangeboten und den Lernvoraussetzungen von Schülerinnen und Schülern. Damit die Passung gelingt, müssen diese Lernvoraussetzungen in die Planung für einen differenzierenden/individualisierenden Unterricht einbezogen werden.

Wie sieht eine gute Differenzierung / Individualisierung Ihrer Meinung nach im Physikunterricht aus?

Standardsituationen sind im Unterricht wiederkehrende Situationen, welche die Unterrichtsqualität absichern sollen, z.B. Lesegelegenheiten, Arrangieren von Übergängen usw.

Welche immer wiederkehrenden fachspezifischen Herausforderungen im Unterrichtshandeln müssen Ihrer Meinung nach die Lehrpersonen bewältigen, um im Physikunterricht eine angemessene Unterrichtsqualität garantieren zu können?

Mit dem Übergang von der Input- zur Output-Orientierung gewinnen Lern- und Leistungsaufgaben an Bedeutung. Dabei wird davon ausgegangen, dass eine bestimmte Aufgabe, also ein Problem, durch die Schülerinnen und Schüler gelöst werden kann, wenn sie die entsprechende Kompetenz besitzen.

Worauf gilt es bei der Entwicklung und dem Einsatz von Aufgaben bzw. Aufgabensets im kompetenzorientierten Physikunterricht besonders zu achten?

Die Fülle an Konzepten, Untersuchungen und praktischen Umsetzungsvorstellungen von erfahrenen Fachdidaktiker/innen und Lehrer/innen überfordern manchmal die Studierenden, Referendar/innen oder Junglehrer/innen. Daher können wenige gezielte Impulse für einen wirksamen Physikunterricht hilfreich sein.

Welche Schritte empfehlen Sie aufgrund Ihrer wissenschaftlichen bzw. erfahrungsbasierten Expertise als „first steps" für angehende Physiklehrer / -innen, die sie für guten Physikunterricht umsetzen können?

Jede Fachdidaktik, jedes Unterrichtsfach hat Besonderheiten, die es gegenüber anderen Fächern und gegenüber allgemeindidaktischen Herangehensweisen auszeichnet.

Was ist Ihrer Ansicht nach das Besondere am Physikunterricht?

Das Lernen über die Naturwissenschaften im Allgemeinen wird in den letzten Jahren verstärkt eingefordert. Dies zeigt zum Beispiel die wachsende Bedeutung des Themas Nature of Science. Schülerinnen und Schüler sollen aus dieser Perspektive im Physikunterricht nicht nur Inhalte der Physik sondern auch etwas über das Wesen der Naturwissenschaften bzw. das Wesen der Physik lernen.

Welche fachlichen und fachdidaktischen Aspekte erachten Sie als bedeutsam, damit das Lernen zum Wesen der Naturwissenschaften wirksam wird?

Neue Medien wie Smartphones und Tablets treten gerade im Physikunterricht verstärkt in Konkurrenz mit herkömmlichen Unterrichtsmaterialien wie Schulbüchern, Mikroskopen usw.

Welchen Umgang mit herkömmlichen bzw. neuen Medien empfehlen Sie im Physikunterricht?

Literatur

Hattie, J. (2009). *Visible Learning. A synthesis of over 800 meta-analyses relating to achievement.* London / New York: Routledge.

Schratz, M. (2016). Guter Unterricht ermöglicht einzigartige Lernwege. In: S.-I. Beutel, K. Höhmann, H. A. Pant & M. Schratz (Hrsg.), *Handbuch Gute Schule. Sechs Qualitätsbereiche für eine zukunftsweisende Praxis* (S. 66–79). Seelze: Klett / Kallmeyer / Friedrich.

CLAUDIA VON AUFSCHNAITER

SCHÜLERORIENTIERTER PHYSIKUNTERRICHT

von Aufschnaiter, Claudia, Prof. Dr., Institut für Didaktik der Physik, Justus-Liebig-Universität Gießen; Arbeitsschwerpunkte: Untersuchung von Prozessen des Konzeptaufbaus und individueller Erlebensdynamiken bei Schülerinnen und Schülern sowie Studierenden, Analyse von Prozessen des naturwissenschaftlichen Denkens und Arbeitens von Lernenden, Erfassung von Prozessen der Diagnostik und Reflexion bei (angehenden) Lehrkräften

Welches fachwissenschaftliche und fachdidaktische Wissen und Können der Lehrperson ist aus Ihrer Sicht für die Qualität des Physikunterrichts besonders wichtig?

Für den Lehrerberuf ist aus meiner Sicht zentral, dass Lehrkräfte bereit und fähig sind, das Fach und dessen lebensweltliche Relevanz (auch) durch die bzw. mit den Augen ihrer Schülerinnen[1] zu sehen (vgl. Hattie, 2009, S. 238). Physik ist nicht an sich „toll", sondern es sind die Aspekte spannend, interessant, lernenswert, die zu den Schülerinnen *passen*. Nur, weil wir täglich von physikalischen Phänomenen umgeben sind, müssen die Phänomene oder ihre physikalische Erklärung nicht zwingend reizvoll für die Schülerinnen sein. Die Einnahme der Perspektive der Schülerinnen hilft, fundiert zu entscheiden, welche Lernangebote die Wahrscheinlichkeit intensiver motorischer, kognitiver und emotional positiv besetzter Auseinandersetzung mit Physik erhöhen.

[1] Es wird die weibliche Form (z. B. Schülerinnen) stellvertretend für beide Geschlechter verwendet, da die weibliche Form auf Ebene der Zeichen im Allgemeinen die männliche Form beinhaltet.

Ausgehend von diesen Überlegungen lassen sich zentrale Wissensbestände und Fähigkeiten beschreiben, über die eine die „Schülerperspektive einnehmende" Lehrkraft verfügen muss. Auf der einen Seite muss die Lehrkraft *diagnostizieren können*, welche (unterschiedlichen) Lernmöglichkeiten, Lernhindernisse und Bedürfnisse Schülerinnen haben. Dazu gehört auch, dass Diagnostik nicht nur als möglichst präzise Leistungsfeststellung verstanden wird, sondern alternative Deutungen für das Verhalten von Schülerinnen sowie Gründe für dieses Verhalten gesucht werden, um daran anschließend gezielte Förderung planen zu können. Diagnostik umfasst zudem mehr als eine punktuelle Kompetenzmessung mithilfe von Tests oder Befragungen („Statusdiagnostik"), sie beinhaltet auch Verfahren, die stärker auf den prozessualen Charakter des Lernens gerichtet sind: Wie werden einzelne Aufgaben bearbeitet („Prozessdiagnostik"), wie entwickeln sich Fähigkeiten, Bereitschaften und Einstellungen während des Lernens („Verlaufsdiagnostik", vgl. von Aufschnaiter, Cappell, Dübbelde, Ennemoser, Mayer, Stiensmeier-Pelster, Sträßer & Wolgast, 2015)? Gerade aus der auf die Prozesse gerichteten Diagnostik erfahren Lehrkräfte, wie Schülerinnen sich bestimmten Aufgaben nähern und in welcher Weise Lernangebote wirken. Voraussetzung für Diagnostik im laufenden Unterrichtsprozess ist, dass Lehrkräfte einen schüleraktiven Unterricht gestalten können, der sie in der Unterrichtsführung entlastet und dadurch Freiräume für diagnostische Aktivitäten schafft. Sie müssen darüber hinaus Kriterien kennen und nutzen können, mit deren Hilfe sich das Handeln, Denken und Lernen von Schülerinnen analytisch beschreiben lässt. Sie müssen z. B. erfassen können, ob die Schülerinnen noch über Beispiele nachdenken oder bereits Regeln für die Bearbeitung von Aufgaben nutzen („Konzeptualisierungsniveau", vgl. von Aufschnaiter & Rogge, 2010), ob sie Inhalte vernetzen und wie lange sie zur Lösung einer Aufgabe brauchen, aber auch, ob die Aufgaben als interessant erlebt werden und das soziale Miteinander „funktioniert". In all diesen Aspekten kann sich Heterogenität entfalten (s. Frage zur Differenzierung unten), die diagnostiziert und mit der angemessen umgegangen werden muss.

Fachliche Kompetenz ist die andere Seite der zentralen Fähigkeiten und Bereitschaften, über die eine Lehrkraft verfügen muss. Die Passung der Angebote zu den diagnostizierten Kompetenzen der Schülerinnen wird ganz wesentlich dadurch bestimmt, dass die Lehrkräfte die Angebote *inhaltlich* geeignet zuschneiden. Lehrkräfte müssen dafür nicht nur über unterschiedliche fachliche Zugänge zu einer bestimmten physikalischen Größe verfügen, u. a., um einen Sachverhalt elementarisieren zu können, sie müssen auch in der Lage sein, fachliche Begründungen für physikalische Regeln entwickeln zu können, die in der Mittel- und Oberstufe unterrichtet werden. Sie müssen erkennen, auf welchen physikalischen Gesetzmäßigkeiten lebensweltlichen

Phänomene beruhen und welche fachlichen Anforderungen bestimmte Aufgaben stellen (vgl. Frage zu Aufgaben). Fachliche Kompetenz stellt zudem eine Voraussetzung für eine differenzierte Diagnostik dar: Lehrkräfte müssen z.B. analysieren können, warum scheinbar falsche Ideen der Schülerinnen aus ihrer Alltagserfahrung fachlich durchaus angemessen sind[2] oder worin genau das Denken der Schülerinnen von der fachlichen Perspektive abweicht.

Welche Qualitätsmerkmale halten Sie für den Physikunterricht für essenziell?

Physikunterricht hat wie jeder Fachunterricht das Ziel, Kompetenzen bei Schülerinnen aufzubauen. Kompetenzen sind nach Weinert (2001, S. 27f.) „die bei Individuen verfügbaren oder durch sie erlernbaren kognitiven Fähigkeiten und Fertigkeiten, um bestimmte Probleme zu lösen, sowie die damit verbundenen motivationalen, volitionalen und sozialen Bereitschaften und Fähigkeiten [sic!] um die Problemlösungen in variablen Situationen erfolgreich und verantwortungsvoll nutzen zu können". Qualitativ hochwertig ist ein Physikunterricht dann, wenn er nicht nur zu einem (kognitiven) Leistungszuwachs führt, sondern auch Bereitschaften und Fähigkeiten zur Auseinandersetzung mit physikalischen Sachverhalten aufbaut. Die besten Leistungsergebnisse bringen wenig, wenn Schülerinnen ihr kognitives Potential nicht entfalten *wollen*, z.B. weil sie Physik als uninteressant erleben oder im Physikunterricht nicht erfahren haben, dass die gemeinsame Arbeit an Problemen ertragreich ist. Ein qualitativ hochwertiger Physikunterricht erreicht also idealerweise die Förderung von Kompetenzen in der ganzen Breite oder aber strebt zumindest eine Förderung in der ganzen Breite an. Es muss dabei betont werden, dass dies *nicht* meint, dass alle Kompetenzen *gleichzeitig* angestrebt werden sollen.

Um herauszufinden, was einen Physikunterricht sowohl für kognitive als auch für motivationale, volitionale und soziale Aspekte von Kompetenz ertragreich macht, ist es nicht hinreichend, alleine auf Ergebnisse von Leistungsmessungen und Befragungen zu schauen, also im obigen Sinne „Statusdiagnostik" zu betreiben. Vielmehr entfaltet sich der gute Physikunterricht auf der Ebene der Prozessqualitäten. Für die *kognitiven Kompetenzen* stellen sich z.B. Fragen der Art: Haben die Schülerinnen bei der Bearbei-

---

[2] Ist die Idee, dass Metalle bei Raumtemperatur kälter sind als Holz fachlich falsch? Ja, wenn es um das „sind" geht (Temperaturgleichgewicht bzw. 0. Hauptsatz der Wärmelehre), nein, wenn es um das „fühlt sich an" geht (Wärmeleitfähigkeit von Metallen höher als von Holz). Die Schülerinnen sagen u.U. „sind", meinen aber vermutlich „fühlt sich an".

tung von Aufgaben das Gefühl, dass sie diese selbst lösen können (Kompetenzerleben)? Verbessern sich ihre Fähigkeiten und Kenntnisse schrittweise bei der Bearbeitung der Aufgaben? Werden überhaupt die Fähigkeiten und Kenntnisse aktiviert, die die Aufgabe aktivieren soll? Verstehen die Schülerinnen eine Information oder eine Erklärung so gut, dass sie sie bei den nachfolgenden Aufgaben nutzen wollen und können? Für *motivationale, volitionale und soziale Kompetenzen* stellen sich Fragen wie: Haben die Schülerinnen den Eindruck, dass der aktuelle Unterricht für sie relevant ist und sie zumindest in Teilen selbst bestimmen können, wie sie die Aufgaben bearbeiten und ggf. auch, mit wem sie zusammenarbeiten (Autonomieerleben)? Befassen sich die Lernenden tatsächlich mit unterrichtlichen Inhalten oder schweifen sie ab? Erleben sie die Zusammenarbeit mit anderen Schülerinnen als ertragreich (Erleben sozialer Eingebundenheit)?[3] Diese Fragen zeigen erneut, dass der Diagnostik – wie erleben, handeln und denken Schülerinnen und was befördert sie – eine tragende Rolle zukommt, hier als ein Ausgangspunkt für die Einschätzung der Qualität von Unterricht. Lehrkräfte, die ihr Augenmerk auf die Schülerinnen richten (können), machen ganz sicher nicht gleich alles „gut", können durch einen analytischen Blick aber nach und nach ihre Angebote verbessern.

Die aufgeführten Fragen zeigen, dass ein Qualitätsmerkmal essentiell ist, das bereits in (1) angesprochen wurde: Der Unterricht muss zu den Lernenden *passen*. Diese Idee ist an sich nicht neu, bereits Vygotsky (1978) hat sie z. B. über die Zone der nächsten Entwicklung („zone of proximal development") beschrieben. Gut passender Unterricht führt zu kognitiver Aktivierung im Sinne einer positiv erlebten Herausforderung, die aber nicht überfordert (u. a. Leuders & Holzäpfel, 2011). Passung ist zudem eine Voraussetzung von „intelligentem Üben" (Meyer, 2004; vgl. auch Hattie, 2009 zu „spaced vs. mass practice"). Passung scheint auch lebensweltlich plausibel: Bekleidung muss gut sitzen („kognitiver Aspekt") und gefallen (motivationaler Aspekt), sonst trägt man sie nicht gerne (volitionaler Aspekt) und fühlt sich darin nicht „vorzeigbar" (sozialer Aspekt). So, wie es lebensweltlich nicht immer leicht ist, ein entsprechend geeignetes Kleidungsstück zu finden, ist es anspruchsvoll, einen für viele Schülerinnen „passenden" Physikunterricht herzustellen. Dieser kann nur in der schrittweisen Annäherung von fachlichen Perspektiven, Lernerperspektiven und unterrichtlichen Umsetzungen entstehen. Eine solche Annäherung wird z. B. mit dem Modell der Didaktischen Rekonstruktion (u. a. Kattmann, 2007) beschrieben, das als ein mögliches Designprinzip für Unterricht genutzt werden kann.

[3] Erlebensqualitäten z. B. beschrieben in Deci und Ryan (1993).

Welche Lernumgebungen und Lehr-/Lernformen halten Sie für einen wirksamen Physikunterricht für besonders bedeutsam?

Bereits in der ersten Frage wurde argumentiert, dass schüleraktive Lehr- / Lernformen notwendig sind, um Lehrkräften Räume für diagnostische Aktivitäten zu eröffnen. Auch aus der Perspektive der Passung sind schüleraktive Lehr- / Lernformen sinnvoll, weil diese ermöglichen, dass Lehrkräfte binnendifferenzierende Angebote gestalten (vgl. nächste Frage). In schüleraktiven Phasen können die Lernenden zudem mehr Autonomie erleben und haben die Möglichkeit, selbst in für alle Schülerinnen identischen Aufgaben ein eigenes Arbeits- und „Denktempo" zu finden. Auch in solchen Phasen kann und sollte die Steuerung durch die Lehrkraft erfolgen: Sie legt fest, welche Ziele erreicht werden sollen und gestaltet die Aufgaben und Arbeitsaufträge entsprechend. Sie kann dabei, wie im Frontalunterricht auch, vergleichsweise engmaschig fragen und anleiten oder eher offene Arbeitsaufträge stellen, wenn die Schülerinnen im Inhalt bereits weiter fortgeschritten sind. Sie behält damit jederzeit die Verantwortung für den Unterricht und das Lernen der Schülerinnen; sie ist, um mit Schecker (2013) zu sprechen, eine Regisseurin.

Für wirksamen Physikunterricht sind nach den bisherigen Überlegungen grundsätzlich alle Arten von schüleraktiven Lehr- / Lernformen bedeutsam, weil über sie Passung besser her- und eingestellt werden kann als in frontal gesteuertem Unterricht. Sie sind auch für den Kompetenzaufbau wesentlich: Experimentieren können Schülerinnen z. B. nur lernen, wenn sie selbst experimentieren, physikalisches Kommunizieren benötigt eigenständige Kommunikationsaktivitäten. Physikalische Kompetenz entsteht, wie auch sportliche Fähigkeiten, primär durch Eigenaktivität und nicht nur dadurch, dass Schülerinnen zuschauen, wie Sportlerinnen agieren oder Regelwerke lesen. Die Parallelität zum Sport zeigt, dass zwei Faktoren für Schüleraktivität wichtig sind:

a) Es gibt explizite Anregung und Anleitung zur „Bewegungsausführung" und auch Rückmeldungen zu den eigenen „Bewegungsversuchen". Viel Schüleraktivität muss also immer mit eher kurzen Frontalphasen verbunden werden, die auf relevante Aspekte fokussieren und inhaltsbezogenes Feedback geben (vgl. explizite Instruktion z. B. in Vorholzer, 2016 oder Feedback in Hattie, 2009).

b) Die Entscheidung, welche Art der Schüleraktivierung gewählt wird, wird deutlich vom Ziel – welche Kompetenz soll aufgebaut bzw. geübt werden – und vom Vorkenntnisstand der Lernenden bestimmt. Einen Schwimmanfänger würde niemand direkt in tiefes Wasser schicken, aber auch nicht im flachen Wasser üben lassen, wie man eine möglichst dynamisch Rollwende macht, wenn das Ziel der Aufbau von Schwimmbewegungen ist.

Schüleraktivierung im Physikunterricht ist deshalb keinesfalls immer das Experiment oder die Rechenaufgabe, sondern sie ist vielfältig und umfasst z. B. auch Fehlersuche, Zuordnungsaufgaben, Gedankenexperimente, Erkläraufträge sowie grafische und technische Konstruktionen. Wichtig ist, dass die Aufgaben mit Blick auf das Ziel ausgewählt sind und nicht den Charakter einer Beschäftigungstherapie haben.

Wie sieht eine gute Differenzierung/Individualisierung Ihrer Meinung nach im Physikunterricht aus?

Differenzierung setzt voraus, dass klar ist, in welchen Aspekten Schülerinnen „heterogen" sein können und in Bezug auf welche(n) dieser Aspekte differenziert werden soll. Heterogenität kann sich im Unterricht in allen Kompetenzfacetten entfalten, die sich aus der Definition von Weinert (2001, s. o.) ableiten lassen: Die Schülerinnen können unterschiedliche allgemeine und fachspezifische kognitive Voraussetzungen haben, sie können unterschiedlich motiviert bzw. interessiert sein, unterschiedlich bereit und in der Lage sein, sich zu engagieren bzw. persistent Aufgaben zu bearbeiten, und sie verfügen über verschieden ausgeprägte soziale Kompetenzen. Eine gute Binnendifferenzierung erfordert zunächst eine positive, wertschätzende Einstellung zu Heterogenität (vgl. weites Verständnis von Inklusion, Werning, 2014), obwohl damit ohne Frage zusätzliche Vorbereitungsarbeit verbunden ist. Heterogenität als Bereicherung im Klassenzimmer wahrzunehmen, ist gar nicht so einfach: Es gibt Schülerinnen, die stören, welche, die der Klasse immer vorauslaufen, die Physik „doof" finden oder alles dreimal erklärt bekommen müssen. Die Auseinandersetzung mit diesen Schülerinnen hilft *der Lehrkraft*, zunehmend Expertise zu typischen Lernschwierigkeiten und Lernmöglichkeiten oder „ungewöhnlichen" Ideen und Fragen aufzubauen, die sie für die Planung zukünftigen Unterrichts nutzbar machen kann. Heterogenität schafft Raum für *die Schülerinnen*, in der Diskussion untereinander andere Sichtweisen kennenzulernen und sich mit diesen auseinander zu setzen. Von Fragen und Fehlern der Mitschülerinnen und dem Versuch, gemeinsam zu klären, was genau falsch ist und warum das Richtige richtig ist, welche Strategien man einschlagen kann, um bestimmte Fehler zu vermeiden oder wo genau die diskutierte Physik im Alltag hilft, können alle Schülerinnen profitieren. Gute Binnendifferenzierung setzt somit am eigenen Erleben an: Heterogenität macht Arbeit, bringt aber die Lehrkraft und die Schülerinnen im Unterricht voran, wenn sie geschickt genutzt wird.

Eine gute Differenzierung richtet sich nicht nur auf allgemeine oder fachspezifische kognitive Kompetenzen, sondern bedenkt auch mögliche Unterschiedene in motivationalen, volitionalen und sozialen Kompetenzen. Differenzierungsmöglichkeiten ergeben sich sowohl in der Ergänzung von für alle Schülerinnen gleich gestellten Aufgaben durch Hilfen oder zusätzliche Angebote, aber auch in grundsätzlich unterschiedlichen Aufgaben, die z. B. auf verschiedene Kontexte Bezug nehmen, kleinschrittige Erfolge für eher wenig persistente Schülerinnen ermöglichen oder einen anderen Grad der Mathematisierung erfordern. Wie auch schon für die beiden vorhergehenden Fragen diskutiert, ist die Herausforderung die Herstellung der Passung. Aufgaben, in denen alle Schülerinnen zu allen Hilfen greifen müssen, sind grundsätzlich zu schwer; Aufgaben, die kaum eine Schülerin bearbeiten möchte, sind grundsätzlich zu uninteressant. Aufgaben, in denen ein Teil der Schülerinnen alle Zusatzaufgaben schafft und dann „arbeitslos" ist, während andere Schülerinnen noch am Kernteil arbeiten, sind nicht hinreichend differenziert. „Gute" Differenzierung entsteht, wie auch guter Unterricht, nur in iterativen Schritten, die kritisch abgewogen werden müssen und Diagnostik sowie Adaption der Maßnahmen erfordern. Gerade Lehranfängern rate ich, sich zunächst auf einen guten Unterricht „für die Mitte" zu konzentrieren und nur eine schlichte Differenzierung zu bedenken: Was mache ich mit Schülerinnen, die schnell mit den Aufgaben fertig sind?[4] Welche kognitiven, motivationalen, volitionalen oder sozialen Probleme könnten bei der Aufgabenbearbeitung entstehen und welche Hilfe / Unterstützung kann ich dann anbieten?

Welche immer wiederkehrenden fachspezifischen Herausforderungen im Unterrichtshandeln müssen Ihrer Meinung nach die Lehrpersonen bewältigen, um im Physikunterricht eine angemessene Unterrichtsqualität garantieren zu können?

Eine zentrale Herausforderung sehe ich in gezielten und straff strukturierten Sammelphasen. Die Schülerinnen äußern in solchen Phasen möglicherweise eine Vielzahl von Ideen, die die Lehrkraft gar nicht „hören" will. Die gewünschten Merksätze fallen nicht, stattdessen werden Beobachtungen und Erfahrungen berichtet oder aber die Schülerinnen schauen ratlos auf die Lehrkraft und geben als Antworten nur einzelne Wörter, die fragend intoniert werden. Vielleicht entstehen sogar Disziplinprobleme, deren geschickte, störungsarme Bewältigung ebenfalls eine immer wiederkehrende Herausforderung ist. Gerade schwierige Sammelphasen können ein Indikator dafür sein, dass die Planung des Unterrichts noch nicht optimal verlaufen ist: Lehrkräfte haben u.U. noch zu wenig genau bedacht, welche Kenntnisse

[4] Es bieten sich Zusatzaufgaben an, dabei muss aber darauf geachtet werden, dass diese dem nachfolgenden Unterrichtsstoff nicht voraus greifen, damit diesbezüglich die Heterogenität möglichst nicht vergrößert wird.

und Fähigkeiten in der Arbeitsphase entstehen sollen und dann kritisch geprüft, ob die Aufgaben diese Kenntnisse tatsächlich hervorbringen können (vgl. auch nächste Frage). Im Kern ist dann gar nicht die Sammelphase die Herausforderung, sondern die Planung des Lernprozesses, der der Sammelphase voran geht.

Damit Sammelphasen – wie auch andere frontal geführte Unterrichtsphasen – nicht zu einem zähen Frage-Antwort-Spiel werden, müssen Lehrkräfte methodische Varianten gezielt einsetzen können, die auch in solchen Phasen viele Schülerinnen kognitiv beteiligen. Hier müssen Ablöseprozesse stattfinden von dem, was wir fast alle selbst als Schülerinnen erlebt haben: Fragen wie „Kann mir mal jemand sagen, was wir gerade gemacht haben?" oder „Welchen Merksatz wollen wir jetzt aufschreiben?" haben ein hohes Risiko, nur wenige Schülerinnen kognitiv zu aktivieren. Wie bei der Frage nach wirksamen Lernumgebungen angedeutet, plädiere ich für mehr Mut zu kurzen aber klaren Lehreraktivitäten: Es könnten z. B. Merksätze vorgestellt und die Schülerinnen aufgefordert werden, den auszuwählen, der am besten zu den Beobachtungen passt bzw. diese erklärt. Es wäre möglich, zur Fehlersuche in den Merksätzen oder Zeichnungen aufzufordern oder aber nach Hilfen zu fragen, wie man sich einen bestimmten Sachverhalt plausibel zu einem späteren Zeitpunkt wieder rekonstruieren kann. Solche Sammelphasen nehmen die Schülerperspektive insofern „ernst", als dass sie anerkennen, dass Dinge verstanden worden sein können, ohne dass die eigenständige und verallgemeinernde Formulierung des gerade erst erfassten Sachverhaltes bereits gelingt.

Worauf gilt es bei der Entwicklung und dem Einsatz von Aufgaben bzw. Aufgabensets im kompetenzorientierten Physikunterricht besonders zu achten?

Für den Einsatz von Aufgaben ist es besonders wichtig, zwischen Erarbeitungsaufgaben und „Übungsaufgaben" bzw. Aufgaben zur Leistungsmessung zu unterscheiden. Erarbeitungsaufgaben setzen zwar immer bestimmte allgemeine und ggf. auch fachspezifische Kompetenzen voraus, z. B. bestimmte Lese- und Rechenfähigkeiten, bauen aber auch neue Kenntnisse und Fähigkeiten auf. Erarbeitungsaufgaben sind nur dann solche, wenn sie wirklich bearbeitbar sind, ohne dass die Kenntnisse und Fähigkeiten, auf die die Aufgabe abzielt, bereits vorhanden sind. Übungsaufgaben zielen hingegen darauf ab, bestimmte Lösungen zielsicherer herzustellen (z. B. die Zahl von Rechenfehlern zu verringern) und / oder die Bearbeitungsgeschwindigkeiten zu erhöhen, die Kompetenzen können zunehmend sicher eingesetzt werden. Bei genauer Betrachtung sind einige Aufgaben, die als Erarbeitungsaufgaben ausgewiesen werden, eher Übungsaufgaben, weil sie ohne Kenntnis der adressierten Phänomene, Gesetze, Regeln oder Formeln nicht bearbeitbar sind. Die Herausforderung beim Einsatz von Aufgaben liegt zunächst vor allem in der *fachlichen* Durchdringung bestehender Aufgaben, die Lehrkräfte typischerweise aus dem Internet, aus Schul- und Fachbüchern sowie aus Unterrichtszeitschriften entnehmen. Die dort gemachten Vorschläge scheinen auf den ersten Eindruck oft plausibel, sind teilweise optisch ansprechend aufgearbeitet und suggerieren Entlastung in der Vorbereitung. Bei genauer Betrachtung sind sie aber nur begrenzt für das Erarbeiten bzw. Üben im Unterricht (mit der spezifischen Lerngruppe) geeignet, weil sie Kenntnisse und / oder Fähigkeiten voraussetzen, die (noch) nicht vorhanden sind, durch die Aufgabe(n) aber auch nicht entstehen können. Um diese Fähigkeiten und Kenntnisse zu extrahieren, ist es hilfreich, sich selbst bei der Lösung der Aufgaben zu „beobachten": Welches Wissen setze ich zur Bearbeitung ein? Welche Verfahren nutze ich? Was kann ich bei der Bearbeitung neues herausfinden?

Welche Schritte empfehlen Sie aufgrund Ihrer wissenschaftlichen bzw. erfahrungsbasierten Expertise als „first steps" für angehende Physiklehrer/-innen, die sie für guten Physikunterricht umsetzen können?

Es klingt fast ein bisschen banal, aber es ist zunächst wichtig zu akzeptieren, dass das Herstellen guten Unterrichts sehr anspruchsvoll ist. Es gibt weder die eine gute Methode, noch den einen möglichen inhaltlichen Weg oder den schnellen Erfolg im Sinne von Qualitätsmerkmalen (siehe oben). Aus dieser Akzeptanz heraus wird als erster Schritt die gründliche Planung von Unterricht besonders relevant: Die Planung kann mehrfach durchdacht und dabei zwischen verschiedenen Alternativen abgewogen werden; idealerweise gibt es Möglichkeiten des Einholens von Beratung zur Planung oder es wird sogar gemeinschaftlich geplant. Die Beratung bzw. das gemeinsame Planen sollte genutzt werden, um jede Überlegung zu hinterfragen: Warum glaube ich / glauben wir, dass es so am besten funktioniert? Welche Schwierigkeiten könnten entstehen? Setzt der Unterricht sinnvoll an dokumentierten Schülervorstellungen an? Welche Alternativen – inhaltlich und methodisch – gibt es? Weil es für ein und denselben Inhalt immer unterschiedliche Wege gibt, ist als zweiter Schritt wichtig, Unterricht als gründlich geplante „Erprobung" zu begreifen. Hier kann helfen, sich bereits im Planungsprozess zu überlegen, an welchen Stellen welche Evidenz für das Gelingen oder auch Misslingen der Planung gesammelt werden kann. Auch das Mitnehmen von Beobachterinnen und die gemeinsame Nachbesprechung ist ein wichtiges Instrument zur Analyse der Wirkung der Lernangebote. Hat man akzeptiert, dass Unterrichten anspruchsvoll ist, stellt das Misslingen, die „in den Sand gesetzte Stunde", kein Scheitern, sondern eine Anregung zu Veränderung und Weiterentwicklung dar.

Was ist Ihrer Ansicht nach das Besondere am Physikunterricht?

Das Besondere an den Naturwissenschaften ist ihre empirische Herangehensweise: Aus Erfahrungen und Beobachtungen kann ein Bedürfnis nach Erklärung und Theorie erwachsen, aus Theorie kann ein Bedürfnis nach Vorhersage für reale Ereignisse und der empirischen Überprüfung erwachsen. Im Kontrast zum Biologie- und Chemieunterricht sehe ich gerade in der Physik viel Potential, eine gute Balance zwischen den Phänomenen und den zugehörigen Erklärungen / Theorien herzustellen. In der Chemie ist der Sprung von den makroskopischen Eigenschaften zu den mikroskopischen Deutungen nach meiner Einschätzung größer, in der Biologie entsteht gerade für Schülerinnen der Mittelstufe seltener ein von der Erfahrung abstrahierendes Bedürfnis nach Erklärungen. Das Wechselspiel zwischen den für Schülerinnen leicht(er) zugänglichen erfahrbaren Aspekten und den meist anspruchsvolleren nicht-erfahrbaren Deutungen (vgl. von Aufschnaiter & Rogge, 2010) schafft auch Möglichkeiten zur Binnendifferenzierung (vgl. oben) und deutet darauf hin, dass sowohl Regelhaftigkeiten von Phänomenen als auch zugehörige Erklärungen relevant sind und als Lernziele einen Wert haben.

Welche fachlichen und fachdidaktischen Aspekte erachten Sie als bedeutsam, damit das Lernen zum Wesen der Naturwissenschaften wirksam wird?

Lehrkräfte können das Wesen der Naturwissenschaften nur explizit im Sinne der Antwort auf die Frage nach wirksamen Lernumgebungen unterrichten, wenn sie selbst die Charakteristika verinnerlicht haben (beschrieben z. B. in Kremer & Mayer, 2013). Dazu gehört u. a., dass Lehrkräfte Argumentation wertschätzen bzw. provozieren. Es geht nicht um die eine „richtige" Antwort, sondern um begründete Schlussfolgerungen bzw. fundierte Behauptungen, die nicht für immer gültig sind bzw. sein müssen, aber vor dem Hintergrund der aktuell vorliegenden Daten und darauf bezogener theoretischer Überlegungen sachangemessen erscheinen. Lehrkräfte, die sich intensiv und selbstreflexiv mit den Charakteristika von Naturwissenschaften auseinander setzen, können leichter im Unterricht explizit auf die Charakteristika eingehen und sich implizit danach verhalten, indem sie nach Begründungen für Überlegungen fragen, fachlich falsche, aber plausible Überlegungen zulassen und mit den Schülerinnen nach Möglichkeiten zur empirischen Prüfung suchen.

Welchen Umgang mit herkömmlichen bzw. neuen Medien empfehlen Sie im Physikunterricht?

Wie auch schon oben für die Methoden diskutiert, stellt sich auch für Medien die Frage nach deren Beitrag zur Passung, sowohl auf einer kognitiven als auch auf einer motivationalen, volitionalen und sozialen Ebene. Was kann das Medium, was reale Begegnungen mit dem Gegenstand nicht können? Macht es das Medium wahrscheinlicher oder unwahrscheinlicher, dass sich Schülerinnen mit dem Gegenstand befassen? Erleichtert das Medium das Verstehen oder behindert es dieses womöglich, weil die Nutzung des Mediums z. B. Kompetenzen erfordert, über die die Schülerinnen (noch) nicht sicher verfügen? Ein durchdachter und mit Blick auf den Etrag für das Lernen begründeter Einsatz von Medien scheint mir besonders für die Nutzung digitaler Medien relevant. Deren großes Potenzial – z. B. schneller Zugriff auf Informationen, Möglichkeit der Verbindung verschiedener Darstellungsformen – kann gleichzeitig auch ein Risiko für eine Überforderung der Lernenden – z. B. zu viele Informationen oder Ablenkung von relevanten Sachverhalten – bergen.

Literatur

Deci, E. L. & Ryan, R. M. (1993). Die Selbstbestimmungstheorie der Motivation und ihre Bedeutung für die Pädagogik. *Zeitschrift für Pädagogik, 39(2)*, 223–238.

Hattie, J. A. C. (2009). *Visible Learning. A synthesis of over 800 meta-analyses relating to achievement*. London / New York: Routledge.

Kattmann, U. (2007). Didaktische Rekonstruktion – eine praktische Theorie. In: D. Krüger & H. Vogt (Hrsg.), *Theorien in der Biologiedidaktischen Forschung. Ein Handbuch für Lehramtsstudenten und Doktoranden* (S. 93–104). Berlin-Heidelberg: Springer-Verlag.

Kremer, K. & Mayer, J. (2013). Entwicklung und Stabilität von Vorstellungen über die Natur der Naturwissenschaften. *Zeitschrift für Didaktik der Naturwissenschaften, 19*, 77–101.

Leuders, T. & Holzäpfel, L. (2011). Kognitive Aktivierung im Mathematikunterricht. *Unterrichtswissenschaft, 39*(3), 213–229.

Meyer, H. (2004). *Was ist guter Unterricht?* Berlin: Cornelsen Scriptor.

Schecker, H. (2013). Moderator oder Regisseur? *Der mathematische und naturwissenschaftliche Unterricht, 66*(7), 387.

von Aufschnaiter, C., Cappell, J., Dübbelde, G., Ennemoser, M., Mayer, J., Stiensmeier-Pelster, J., Sträßer, R. & Wolgast, A. (2015). Diagnostische Kompetenz: Theoretische Überlegungen zu einem zentralen Konstrukt der Lehrerbildung. *Zeitschrift für Pädagogik, 61*(5), 738–757.

von Aufschnaiter, C. & Rogge, C. (2010). Wie lassen sich Verläufe der Entwicklung von Kompetenz modellieren? *Zeitschrift für Didaktik der Naturwissenschaften, 16*, 95–114.

Vorholzer, A. (2016). *Wie lassen sich Kompetenzen des experimentellen Denkens und Arbeitens fördern? Eine empirische Untersuchung eines expliziten und eines impliziten Instruktionsansatzes*. Berlin: Logos Verlag.

Vygotsky, L. S. (1978). *Mind in society. The development of higher psychological processes*. Cambridge, MA: Harvard University Press.

Weinert, F. E. (2001). Vergleichende Leistungsmessungen in Schulen – eine umstrittene Selbstverständlichkeit. In: F. E. Weinert (Hrsg.), *Leistungsmessungen in Schulen* (S. 17–31). Weinheim / Basel: Beltz.

Werning, R. (2014). Stichwort: Schulische Inklusion. *Zeitschrift für Erziehungswissenschaft*, 4(17), 601–623.

ANDREAS BOROWSKI / ALEXANDER KAUERTZ /
KNUT NEUMANN

GUTER PHYSIKUNTERRICHT – VON DER THEORIE ZUM HANDELN

Borowski, Andreas, Prof. Dr., Universität Potsdam, Lehrstuhl für Didaktik der Physik; Arbeitsschwerpunkte: Professionswissen von (angehenden) Lehrkräften, Mathematik in der Physik, Smartphone-Experimente im Physikunterricht

Kauertz, Alexander, Prof. Dr., Universität Koblenz-Landau, Campus Landau, FB7: Natur- und Umweltwissenschaften; Arbeitsschwerpunkte: Physikkompetenz, Lernprozesse und Unterrichtsqualität, naturwissenschaftlicher Sachunterricht, naturwissenschaftliche Frühförderung und Professionalisierung von Elementarpädagoginnen und -pädagogen

Neumann, Knut, Prof. Dr., Leibniz-Institut für die Pädagogik der Naturwissenschaften und der Mathematik (IPN), Didaktik der Physik, Kiel; Arbeitsschwerpunkte: Diagnose und Entwicklung physikalischer Kompetenz, professionelle Kompetenz von Physiklehrkräften und ihre Entwicklung, Identifikation und Förderung von Physiktalenten

Welches fachwissenschaftliche und fachdidaktische Wissen und Können der Lehrperson ist aus Ihrer Sicht für die Qualität des Physikunterrichts besonders wichtig?

Eine Voraussetzung für guten Unterricht ist anwendbares Wissen im Bereich des Faches, der Fachdidaktik und der (allgemeinen) Pädagogik. Dieses Wissen muss mit vielfältigen (potentiellen) Anwendungssituationen verknüpft sein und beinhaltet auch das Wissen darüber, wie erfolgreich daraus abgeleitete Entscheidungen waren oder sein können.

Mit Blick auf das Fachwissen müssen Lehrpersonen über ein fundiertes Wissen in den wesentlichen Bereichen der (Schul-)physik verfügen. Dabei geht es nicht um die Kenntnis möglichst vieler mathematischer Formeln oder Formalismen, sondern um ein vertieftes Verständnis. Ein solches Verständnis erfordert ein hoch vernetztes, um die grundlegenden Ideen der Physik organisiertes Wissen. Neben der Kenntnis z. B. der Maxwell-Gleichungen ist es ebenso wesentlich zu wissen, welche Aussagen sich damit über physikalische Systeme ableiten lassen und welche Relevanz sie in der Physik besitzen. Dieses Verständnis schließt auch ein übergreifendes Wissen darüber ein, was Physik als Wissenschaft und menschliche Aktivität ausmacht. Zum Fachwissen einer Lehrperson gehört entsprechend auch ein fundiertes, reflektiertes Wissen über die Denk- und Arbeitsweisen. Besondere Bedeutung hat das Wechselspiel zwischen empirischen und theoretischen Überlegungen. Darüber hinaus muss Physik als Wissenschaft mit bestimmten Standards und Normen wahrgenommen werden. Wenig Bedeutung kommt auch hier der reinen Kenntnis mathematischer oder rechnerischer Tricks oder technischer Finessen und Herausforderungen zu. Bislang wenig erforscht aber plausibel zu erwarten ist, dass Physiklehrpersonen ein breites Allgemeinwissen auch in den Bereichen Gesellschaft und Kultur besitzen, dass ihre Interessen nicht ausschließlich auf den physikalisch-technischen Bereich begrenzt sind und ihr Wissen in diesen Bereichen soweit professionalisiert ist, dass es für den Unterricht nutzbar ist.

Beim fachdidaktischen Wissen lassen sich ebenso wie beim Fachwissen grundlegende Ideen identifizieren, denen eine größere Bedeutung zukommt als einzelnen Fakten. Grundlegend sind unseres Erachtens die Ideen,

a) dass Lernende Erfahrungen, Vorwissen und Weltsichten mitbringen, die zukünftiges Lernen bedingen (Beispiele: Schülervorstellungen, learning progressions, Kontexte),

b) dass effektives Lernen nur in strukturierter kognitiver Auseinandersetzung mit angemessenen Herausforderungen, der Lernsituation und dem sozialen Umfeld erfolgen kann (Beispiele: kognitive Aktivierung, Passung, soziale Ko-Konstruktion, Science-Technology-Society-Ansatz),

c) dass das Motivieren, Einfordern und Unterstützen von physiktypischen Denkprozessen die zentrale Aufgabe von Lehrpersonen ist (Beispiele: Lehrpersonen als Moderatoren von Lernen, scaffolding),

d) dass allgemeinbildender Physikunterricht nicht nur physikalische Modelle und Theorien zum Gegenstand hat, sondern vor allem, dass physikalisches Denken als Weltsicht in alle Bereiche des Lebens integriert ist (Beispiele: Bewertung und Kommunikation, naturwissenschaftliches Problemlösen).

Diesen grundlegenden Ideen lassen sich nahezu alle physikdidaktischen Theorien, Modelle und Ansätze zuordnen. Dabei sind einige sehr abstrakt, etwa Kompetenzmodelle, andere sind unmittelbar relevant für die Unterrichtsgestaltung, z. B. Kontextaufgaben. Das wichtigste Werkzeug einer Lehrperson sind Aufgaben, da diese zur Diagnose, Strukturierung, Unterstützung oder als prototypisch physikalische Herausforderung dienen. An ihnen werden zudem die Grundpositionen deutlich, bzw. sie werden durch die Lehrperson in die Unterrichtshandlung übersetzt.

Lehrpersonen müssen im Unterrichtsalltag handlungsfähig bleiben, daher kommt spezifischen physikdidaktischen Beschreibungen vor allem illustrierender Charakter für die grundlegenden Ideen zu – ähnlich wie spezifische fachliche Modelle lediglich Beispiele für das prinzipielle Denken der Physik sind. Bei der Planung, Durchführung und Analyse von Unterricht müssen Lehrpersonen kreativ, flexibel und (selbst-)kritisch sein und ihre Erfahrungen anhand der fachdidaktischen Grundideen einordnen, um eine stete Weiterentwicklung ihrer Expertise zu sichern und eine Anpassung an ihre spezifische Situation vornehmen zu können. Fachdidaktisches Grundlagenwissen und konkrete Handlungsempfehlungen übernehmen dabei die Funktion, diesen Prozess anzustoßen und aufrecht zu erhalten, ohne aber selbst unmittelbar im Unterricht wirksam werden zu müssen / können. Die Wirkung liegt in der kritischen Auseinandersetzung mit diesen Ideen, den Erfahrungen im Unterricht und eigenen fachdidaktischen Positionen, was zu einer Weiterentwicklung dieser Positionen führt. Dieses Reflexionsvermögen ist eine wesentliche Kompetenz einer guten Lehrperson, da sie Voraussetzung für die Entwicklung unterrichtsnaher Kompetenzen ist (z. B. Auswahl, Aufbereitung, Einsatz von Aufgaben, Diagnose von Lernstand und Leistung, ...).

Eine Lehrperson sollte sich bewusst sein – und dieses Bewusstsein sollte sich in ihrem Unterricht widerspiegeln – dass sie nicht ausschließlich unterrichtet, damit die Lernenden anschließend Physik können, sondern auch damit die Lernenden später physikalisches Wissen, Denken, Arbeiten als Option für Entscheidungen in ihrem Leben haben und nutzen können.

Welche Qualitätsmerkmale halten Sie für den Physikunterricht für essenziell?

Zahlreiche Studien haben gezeigt, dass die Klassenführung (englisch: *classroom management*), also die effiziente Koordinierung und zielgerichtete Sicherung aller unterrichtsbezogener Aktivitäten im Klassenraum, eine notwendige Bedingung für fachbezogenes Lernen ist. Hier stellt die Physik als experimentelle Disziplin besondere Anforderungen. Das Experimentieren in Kleingruppen, wie es im Physikunterricht regelmäßig zum Einsatz kommt, muss sorgfältig vorbereitet werden. Die Gruppenarbeit muss im Klassengespräch vorbereitet werden, die Arbeitspläne der einzelnen Gruppen klar und strukturiert sein, und am Ende müssen die Ergebnisse der Gruppen sinnstiftend zusammengeführt werden. Nicht zuletzt müssen die Übergänge zwischen diesen Phasen effizient organisiert werden. Eine weitere wichtige Bedingung für produktives Lernen für alle Lernenden ist eine für die Lernenden erkennbare Strukturierung des Unterrichts an Lernprozessen. Da Lernen ein individueller kognitiver Prozess ist, müssen die Lernenden in Bezug auf das zu Lernende kognitiv aktiv sein, so dass kognitive Aktivierung eine dritte notwendige Bedingung ist.

Allgemeindidaktisch sind verschieden Methoden beschrieben, wie diese Bedingungen erreicht werden können. Damit Unterricht aber zu Physikunterricht wird, kommen weitere Bedingungen hinzu. Wesentliches Bezugskriterium (zumindest für die Mittelstufe) ist die Frage, inwieweit der Unterricht zu einer naturwissenschaftlichen Grundbildung beitragen kann. Die Lernenden müssen kognitiv aktiviert sein, jedoch sind dabei im physikalischen Sinne nur solche Denkprozesse relevant, die sich auf die Identifikation, Anwendung oder Entwicklung physikalischer Modelle auf der Grundlage von physikalischen Vorstellungen (Theorien) beziehen. Die Identifikation, Anwendung und Entwicklung folgt dabei den naturwissenschaftlichen Arbeitsweisen, die neben dem Experimentieren (z. B. in der Strukturierung als Fragestellung, Hypothese, Planung, Durchführung, Auswertung, Schlussfolgerung charakterisierbar) auch Formalisieren (z. B. Variablen identifizieren, Idealisierungen vornehmen, klassifizieren und strukturieren von Information) oder Darstellen (dokumentieren, protokollieren, Diagramme oder Fachsprache nutzen) umfasst. Ein wesentliches Qualitätsmerkmal ist dabei nicht nur, dass solche Prozesse vorkommen, sondern dass sie auch expliziert und reflektiert werden. Dabei sollten die Lernenden darüber diskutieren, welches Ziel diese Prozesse haben, was die Qualität solcher Prozesse auszeichnet und wie sich solche Prozesse von anderen Arten der

Bearbeitung eines Problems, einer Aufgabe oder eines Phänomens unterscheiden.

Da das Erreichen einer naturwissenschaftlichen Grundbildung (für die Mittelstufe) das Ziel des Physikunterrichts ist, muss Physikunterricht zudem verschiedene Bereiche der Lebenswelt ins Zentrum des Physikunterrichts rücken. Diese Bereiche werden zum einen über Phänomene aus Natur und Technik eingebracht, die Ausgangspunkt für die Erarbeitung physikalischer Modelle sind. Zum anderen ist deutlich zu machen, wie Arbeitsweisen und physikalische Weltsicht zur (interdisziplinären) Lösung wesentlicher Fragen und Probleme der Gesellschaft oder des Individuums beitragen können. Phänomene als Beispiele für das Vorkommen der erarbeiteten Physik im Alltag lösen diesen Auftrag an den Physikunterricht nicht ein und werden von den Lernenden als „alibihaft" empfunden.

Die verschiedenen Bereiche der Lebenswelt berühren oft auch Themen der modernen Physik und machen es möglich, die Rolle von Physik für die Gesellschaft aufzuzeigen. Physik als wissenschaftliche Grundlage des Physikunterrichts ist eine dynamische Disziplin mit zahlreichen Facetten und Ausprägungen. Sie wird für Schule aus Gründen der Komplexitätsreduktion auf einen statischen und sowohl welt- als auch wissenschaftsfremden Kern reduziert. Der Eindruck, den Lernende so in der Schule von Physik gewinnen können, ist nur begrenzt valide für Physik als Wissenschaft und ermöglicht damit auch keine Einschätzung des Potenzials von Physik für die Gesellschaft. Die komplexitätsreduzierte Physik der Schule in den aktuellen Stand der Wissenschaft einzubetten, ist eine Herausforderung, vor der moderner Physikunterricht steht, wenn die Rolle der Physik im Sinne einer Grundbildung adäquat von den Lernenden wahrgenommen werden soll.

Welche Lernumgebungen und Lehr-/Lernformen halten Sie für einen wirksamen Physikunterricht für besonders bedeutsam?

Lernumgebungen und Lehr- / Lernformen sind Mittel zum Zweck und sind abhängig vom Lernziel, der Lerngruppe und dem Lerngegenstand. Die Reihenfolge, die Übergänge zwischen den Umgebungen und Formen und die Häufigkeit ihres Einsatzes lassen sich nicht standardisieren. Wesentlicher als eine möglichst große Zahl von Lehr- / Lernformen erscheint die Vertrautheit der Lernenden (und der Lehrperson) mit den Formen oder dem Format der Lernumgebung und die Passung zwischen Lernumgebung und Lernenden. Wenn die Form oder das Format bereits zu viele kognitive Ressourcen bindet, kann ein effektives Lernen verhindert werden. Das spricht dafür, ein kleines aber gut beherrschtes Repertoire zur Verfügung zu haben, das wiederholt eingeübt wird und in seiner Vielfalt für möglichst viele Lernende adäquat ist.

Ein wesentliches methodisches Element im Physikunterricht ist das Experiment, das in unterschiedlichen Funktionen eingesetzt wird. Als Gegenbewegung zu rezeptartigen Vorgaben beim Experimentieren wird ein Experimentieren mit geringen Vorgaben gesehen, das meist als experimentelle Lernumgebung konzipiert wird (z. B. als Stationenlernen). Untersuchungen zeigen, dass Lernende mit solchen offenen Experimentiersettings im Hinblick auf Wissenserwerb überfordert sind, wenn sie nicht bereits ein hinreichend großes methodisches und inhaltliches Vorwissen haben. Andererseits zeigt sich, dass Lernende durch die größere Selbstbestimmung motivierter sind. Bereits Lernende in der Grundschule können ihre Arbeit im Wesentlichen entlang naturwissenschaftlicher Problemlöseprozesse strukturieren, haben aber Schwierigkeiten im Hinblick auf kognitiv anspruchsvolle Teilprozesse wie der Aktivierung von Vorwissen. Hier können Lehrpersonen unterstützen und spezifisch das Setting für die Lernenden anpassen. Wesentlich für die Lern-Wirksamkeit experimenteller Lernumgebungen ist eine theoriegeleitete und in Bezug auf die Funktion reflektierte Einbettung in den weiteren Physikunterricht. Im Sinne der Zielklarheit von Unterricht sollte den Lernenden die Funktion der Lernumgebung transparent gemacht werden – auch wenn z. B. aus Motivationsgründen inhaltlich ggf. ein überraschendes, kontraintuitives Resultat erwartet wird.

Wie sieht eine gute Differenzierung/Individualisierung Ihrer Meinung nach im Physikunterricht aus?

Eine Passung an die Lernvoraussetzungen herzustellen bedeutet sowohl eine Passung im kognitiven als auch im affektiven Bereich zu erreichen. Im kognitiven Bereich sind dies vor allem das Vorwissen und die bereits verfügbaren Kompetenzen. Hierbei sind neben den fachlichen Kompetenzen auch die überfachlichen Kompetenzen wie z. B. die Sprachfähigkeit zu berücksichtigen. Im affektiven Bereich sind Interesse, das Selbstkonzept und die Selbstwirksamkeitserwartung wesentliche Faktoren. Da Physikunterricht stark durch Aufgaben strukturiert und geprägt wird, basieren übliche Strategien zur Anpassung z. B. in prinzipiell unterschiedlichen Lösungswegen (mathematisch, explorativ, nachvollziehend, konstruktiv, ...), in Komplexitätsvariation (offene, geschlossene Fragen, spezifische Informationen vs. umfangreiche Informationen, verschiedene sprachliche Niveaus) oder in Unterstützungsangeboten (Hilfekarten, Feedback durch [teilweise] Musterlösung, peer-tutoring).

Grundsätzliche Schwierigkeiten entstehen durch Abstraktheit der physikalischen Beschreibung. Diese beruht zum einen auf der Mathematisierung und den Problemen mit mathematischen Algorithmen. Zum anderen basieren sie in einer fehlerhaften Analogiebildung zwischen Alltagserfahrung und physikalischen Theorien (etwa beim Kraftkonzept). Ein differenzierender Unterricht erlaubt auch eine Förderung „nach oben" also von leistungsstarken Schülerinnen und Schülern. Hierzu gehört, dass z. B. abstrakte (mathematische) Zugänge zur Lösung und komplexe Erklärungen und Beschreibungen von Phänomenen als Alternative angeboten werden.

Welche immer wiederkehrenden fachspezifischen Herausforderungen im Unterrichtshandeln müssen Ihrer Meinung nach die Lehrpersonen bewältigen, um im Physikunterricht eine angemessene Unterrichtsqualität garantieren zu können?

Der Physikunterricht braucht Vor- und Nachbereitung um erfolgreich sein zu können. Physiklehrpersonen müssen deshalb insbesondere auch die Planung und Reflexion von Physikunterricht unter Berücksichtigung der einschlägigen Qualitätskriterien für Physikunterricht beherrschen. Eine erfolgreiche Planung entlastet die Lehrperson im Unterricht und erlaubt ihr sich z. B. auf die Klassenführung zu konzentrieren. Außerdem können so das Unterrichtsziel, die (kognitiven und affektiven) Schülervoraussetzungen sowie die Unterrichtsmethoden bzw. Lehr- / Lernformen systematisch aufeinander abgestimmt werden.

Eine wiederkehrende Herausforderung des Physikunterrichts ist das Experimentieren zur Demonstration und in Kleingruppen. Schülerinnen und Schüler müssen dabei kognitiv und affektiv mit einbezogen werden. Das Experimentieren sollte nicht als unreflektierte Abfolge vorgegebener Handlungsanweisungen verstanden werden, sondern muss vorbereitet und reflektiert werden. Zudem muss die Lehrperson erreichen, dass die Konzentration während der Arbeitsphase erhalten bleibt. Dies kann z. B. durch eine Verankerung des Experiments in einen kontextorientierten Unterricht erreicht werden.

Für einen nachvollziehbaren Unterrichtsverlauf ist es zudem wichtig, dass die einzelnen Phasen des Unterrichts, aber auch aufeinanderfolgende Unterrichtsstunden miteinander vernetzt werden. So konnte z. B. gezeigt werden, dass sich die inhaltliche (vertikale) Vernetzung positiv auf die Leistung von Schülerinnen und Schülern auswirkt. Aufgaben können zu einer hohen Vernetzung von Konzepten beitragen, Experimente unter einer interessanten und motivierenden Fragestellung betrachten sowie Lernprozesse initiieren und steuern. Das Formulieren bzw. die Vorbereitung der Durchführung von Aufgaben ist eine wesentliche Standardsituation für Lehrpersonen. Ein großes Repertoire an Aufgaben, Fragestellungen und möglichen Varianten ist daher eine wichtige Ressource für Lehrpersonen. Verbunden mit der Fähigkeit, Aufgaben flexibel hinsichtlich der Offenheit, der Komplexität und dem

Abstraktionsgrad anzupassen, prägt das Repertoire und sein Einsatz die Qualität von Physikunterricht.

Worauf gilt es bei der Entwicklung und dem Einsatz von Aufgaben bzw. Aufgabensets im kompetenzorientierten Physikunterricht besonders zu achten?

Kompetenz in Physik ist die Fähigkeit zur Anwendung von Wissen im Zusammenhang mit dem Einsatz weiterer (naturwissenschafts- oder physikspezifischer) Fähigkeiten und Fertigkeiten. Diese Fähigkeiten und Fertigkeiten sind: 1) Fragen stellen, 2) Modelle entwickeln und verwenden, 3) Experimente planen und durchführen, 4) Daten analysieren und interpretieren, 5) Mathematik und mathematisches Denken nutzen, 6) Wissenschaftliche Erklärungen konstruieren, 7) Wissenschaftlich argumentieren, 8) Informationen gewinnen, bewerten und darstellen. Die damit verknüpften Wissensbestände ergeben sich aus den curricularen Vorgaben und deren Strukturierung (z. B. durch die Basiskonzepte der Bildungsstandards).

Physikalische Kompetenz aufzubauen, erfordert die Erarbeitung von Wissen im Kontext unterschiedlicher Fähigkeiten und Fertigkeiten – vom Planen eines Experiments, über das Analysieren von Daten und das wissenschaftliche Argumentieren bis hin zum wissenschaftlichen Erklären. Diese Kompetenzen müssen systematisch in auf einander abgestimmten Aufgaben erarbeitet werden und „fliegen den Schülerinnen und Schüler nicht zu". Das heißt beispielweise, dass Daten im Zusammenhang mit unterschiedlichem fachlichem Wissen analysiert werden müssen. Neben der Variation der Fähigkeiten und Fertigkeiten in ihrer Kombination mit physikalischem Wissen ist beim Aufbau von Kompetenz also vor allem auf eine Systematik über die Aufgaben hinweg zu achten – dies wird in der Literatur auch als Kohärenz der Lernmaterialien (englisch: *curriculum coherence*) bezeichnet. Der Kohärenz kommt eine zentrale Bedeutung beim systematischen Aufbau von Kompetenz über die Schulzeit zu.

Zur Diagnose von Kompetenz sind spezifische Aufgaben notwendig, die es den Schülerinnen und Schülern erlauben, ihre Fähigkeiten und Fertigkeiten in Kombination mit verschiedenem physikalischem Wissen zu zeigen. Welche Fähigkeiten und Fertigkeiten in welcher Kombination erfasst werden, hängt von der konkreten Fragestellung ab. Soll allgemein untersucht werden, inwieweit Schülerinnen und Schüler physikalische Kompetenz erworben haben, sollten möglichst viele unterschiedliche Fähigkeiten und Fertigkeiten in Kombination mit möglichst unterschiedlichem Wissen erfasst werden. Sollen konkretere Aussagen über den Kompetenzstand der Schülerinnen und Schüler gewonnen werden, müssen ausgewählte Fähigkeiten oder Fertigkeiten – z. B. die Fähigkeit Experimente zu planen – in Kombination mit möglichst diversem Wissen – z. B. über verschiedene Bereiche der Physik hinweg – erprobt werden.

Welche Schritte empfehlen Sie aufgrund Ihrer wissenschaftlichen bzw. erfahrungsbasierten Expertise als „first steps" für angehende Physiklehrer/-innen, die sie für guten Physikunterricht umsetzen können?

Den Kern guten Physikunterrichts bilden klare Ziele, die den Lernenden und den Lehrenden bekannt sind. Ziele stellen die Maßgabe dar, nach der sich weitere Entscheidungen bei der Planung von Physikunterricht richten und ermöglichen ein zielgerichtetes Mitdenken der Lernenden. Je nach Ziel ergeben sich andere Strukturierungen, andere Methoden und Medien. Als Voraussetzung für guten Unterricht ist es daher für die (angehende) Physiklehrperson zunächst wichtig, sich bewusst zu machen, was die Lehr-Lernziele des jeweiligen Physikunterrichts eigentlich sein sollen. Es geht also nicht darum zu definieren, was die Schülerinnen und Schüler im Unterricht tun sollen, sondern was sie lernen sollen.

Ein zweiter wesentlicher Schritt ist Zielklarheit auf Seiten der Schülerinnen und Schüler herzustellen. Dazu ist es nicht ausreichend, den Schülerinnen und Schüler die Ziele einfach mitzuteilen („Heute wollen wir …"). Vielmehr ist es wichtig, Einigkeit mit den Schülerinnen und Schülern über das Ziel und seine Relevanz zu erreichen – z. B. indem mit den Schülerinnen und Schülern zunächst die Fragestellung für die entsprechende Unterrichtseinheit erarbeitet wird. Für die Erarbeitung des Konzepts der Reflexion könnte dies z. B. sein: „Warum kann ich mich selber in einem Fenster sehen?" oder auch „Wann kann ich mich in einem Fenster selber sehen?". Der dritte Schritt zur Sicherung von Zielklarheit ist eine prägnante und möglichst präzise Beschreibung des Ziels und der Produkte, die kennzeichnen, dass das Ziel erreicht wurde (nicht: was zu tun ist!). Daraus lassen sich auch für die Schülerinnen und Schülern nachvollziehbare einzelne Lernaktivitäten ableiten, die zur Erarbeitung der formulierten Fragestellung durchgeführt werden müssen. Das Produkt der Aktivität könnte im obigen Beispiel etwa die Formulierung einer (kleineren) eigenen Fragestellung sein, die Planung eines Experiments oder eine Datenanalyse. Im letzten Schritt des Unterrichts ist eine Prüfung durch Lernende und die Lehrperson notwendig, ob das Produkt zum Ziel passt und die Qualität zufriedenstellend ist. Dazu wird ein Rückbezug auf den Prozess der Lerneinheit genommen und damit einhergehend reflektiert, welche Probleme auftraten und wie sie gelöst wurden. Dies dient nicht nur der Überprüfung ob die Lernziele auch erreicht wurden (z. B. um es dem Fach- bzw. Studienleiter zu demonstrieren), sondern evaluiert auch aus Sicht der Lernenden und der Lehrperson die abgelaufenen Lernprozesse. Aus Sicht der Lehrperson werden zusätzlich auch die getroffenen Unterrichtsentscheidungen reflektiert. Eine Klärung und Reflexion des Erreichens der Ziele des eigenen Physikunterrichts in dieser Form ist die Voraussetzung für den eigenen Entwicklungsprozess zu einer guten Lehrperson.

Was ist Ihrer Ansicht nach das Besondere am Physikunterricht?

Die Frage nach dem Besonderen im Physikunterricht, führt zu unweigerlich zu der Frage: Warum überhaupt Physikunterricht? Dafür lassen sich zwei verschiedene Begründungsansätze unterscheiden: zum einen das Bedarfsargument der Gesellschaft im politischen und ökonomischen Bereich, zum anderen das Bedürfnisargument des Individuums im kulturellen und anthropologischen Bereich. Im politischen und ökonomischen Bereich werden im Physikunterricht und nur dort fachliche Inhalte und Kompetenzen vermittelt um sich Zusammenhänge in unserer hochtechnisierten Welt erarbeiten zu können. Ein Beispiel ist der mündige Bürger, der Entscheidungen zur Frage der Atomenergie nachvollziehen oder sogar (z. B. durch politische Wahlen) treffen muss. Es werden aber auch Grundlagen für verschiedene (Ausbildungs)-Berufe (z. B. des Elektrikers) gelegt, die ein Verständnis physikalischer Konzepte (z. B. das des elektrischen Stroms) erfordern. Die größten Stärken des Physikunterrichts liegen aber im Bereich der kulturellen und anthropologischen Entwicklung der Schülerinnen und Schüler. Die Physik gilt als hoch mathematisierte Wissenschaft, die Prozesse aus der Natur in (mathematische) Modelle übersetzt um andere Prozesse bzw. neue Phänomene vorherzusagen. Das Spezielle der Physik ist dabei u. a. die Beschreibung des Prozesses und die Stufe der Abstraktion, die es erlaubt verschiedene Phänomene mit sehr ähnlichen Konzepten (z. B. dem Feldkonzept) zu beschreiben. Diese Stufe der Abstraktion –verbunden mit einer stärkeren Mathematisierung des Physikunterrichts (in der Sekundarstufe II) – demonstriert eine Art der Weltbegegnung, die zu einer persönlichen Weiterentwicklung des Welt- und Wissenschaftsverständnisses der Schülerinnen und Schüler führen kann.

Welche fachlichen und fachdidaktischen Aspekte erachten Sie als bedeutsam, damit das Lernen zum Wesen der Naturwissenschaften wirksam wird?

Für das Lernen über die Natur der Naturwissenschaften lassen sich zwei wesentliche Gründe anführen. Zum einen ist ein Verständnis der Natur der Physik – oder der Naturwissenschaften im Allgemeinen – mit ihren Denk- und Arbeitsweisen ein wesentliches Ziel des Physikunterrichts. Insbesondere weil ein solches Verständnis den Schülerinnen und Schüler hilft, zu verstehen, wie physikalisches Wissen entsteht und damit wissenschaftliche und populärwissenschaftliche Veröffentlichungen in ihrer Qualität anhand ihrer Vorgehensweise zu beurteilen. Zum anderen sollte ein Verständnis der Natur der Physik bzw. der Naturwissenschaften das Lernen über Physik bzw. über die Naturwissenschaften unterstützen. Die Idee ist: Wer versteht wie physikalisches Wissen entsteht kann sich auch selber besser physikalisches Wissen aneignen. Damit dies funktioniert ist es notwendig die Natur der Physik bzw. die Natur der Naturwissenschaften an den richtigen Stellen im Unterricht zu thematisieren. So könnte z. B. die Subjektivität von Erkenntnissen bei der Auswertung und Diskussion von Messergebnissen mit den Schülerinnen und Schülern thematisiert werden und die Schülerinnen und Schüler damit in ihrem Verständnis unterstützt werden, warum unterschiedliche Gruppen zu (leicht) unterschiedlichen Ergebnissen kommen. In ähnlicher Weise kann die Thematisierung des Modellcharakters physikalischer Modelle (z. B. der Modelle des Aufbaus von Materie) den Schülerinnen und Schülern helfen zu verstehen, dass ihnen nicht sukzessive ein neues, besseres Modell vermittelt wird (was sonst die Frage aufwerfen könnte, warum man ihnen nicht gleich das „richtige" Modell vermittelt), sondern unterschiedliche Modelle, die je nach Anwendungssituation einen (mathematisch oder argumentativ) einfacheren Zugang zum Problem ermöglichen können. Aus Sicht der Lehrperson ist es also zunächst wesentlich, die Natur der Naturwissenschaften selber zu verstehen und Bezüge zu physikalischem Fachwissen zu erkennen. Im Unterricht müssen diese dann an angemessener Stelle durch die Lehrperson expliziert werden.

Welchen Umgang mit herkömmlichen bzw. neuen Medien empfehlen Sie im Physikunterricht?

Medien unterstützen die Motivation der Schülerinnen und Schüler und können Sachverhalte unterschiedlich abstrakt darstellen. Sie übernehmen damit eine Mittlerfunktion zwischen Wahrnehmungen, mentalen Modellen und physikalischen Modellen. Dadurch unterstützen sie sowohl das physikimmanente Denken als auch durch die Verknüpfung von Alltagserfahrung und Physik die motivationalen Prozesse der Lernenden. So wie bei den Methoden kommt es bei den Medien auch immer auf den zielgerichteten Einsatz der Medien an.

Als ein neues Medium rückt zunehmend das Smartphone in den Fokus von Lehrpersonen sowie Physikdidaktikerinnen und Physikdidaktikern. Das Smartphone kann als Messinstrument in Situationen innerhalb und außerhalb des Klassenraums dienen. Dabei erzielt die Verwendung von Smartphones in klassischen Experimentiersituationen im Klassenraum wenig

Vorteile gegenüber herkömmlichen Schülerexperimenten. Der Vorteil des Mediums Smartphone liegt u. a. in der Verwendbarkeit in Alltagssituationen wie z. B. der Messung der Beschleunigung im Bus, beim Fahrradfahren oder in der Achterbahn. Hierdurch können authentische und erlebte Informationen in den Unterricht eingebracht und dort bearbeitet werden, was zu einer Förderung der Motivation führen kann.

Modellbildungssysteme und Simulationen eignen sich im Physikunterricht als Mittler zwischen Phänomen und einer abstrakten Darstellung. Bei der Verwendung bzw. Auswahl dieser Medien ist auf Multimediaeffekte wie z. B. simultanes Anbieten von gesprochen Erläuterungen zur animierten Darstellung, zu achten. Wichtig ist hierbei, dass je nach Lehr- / Lernziel der Zusammenhang zwischen der gezeigten Information und dem Phänomen bzw. der abstrakten Darstellung explizit besprochen wird.

REGULA BRUN-SCHLEGEL

VON DER KONFRONTATION MIT DEM ALLTAG ZUM VERSTÄNDNIS DER PHYSIK

Brun-Schlegel, Regula, Lehrerin für Integrierte Naturwissenschaften, Sekundarstufe 1, Emmenbrücke und Dozentin für die fachpraktische Lehrpersonenausbildung an der PH Luzern

Welches fachwissenschaftliche und fachdidaktische Wissen und Können der Lehrperson ist aus Ihrer Sicht für die Qualität des Physikunterrichts besonders wichtig?

Für das Gelingen von wirksamem, gutem Physikunterricht ist meiner Meinung nach ein fundiertes fachwissenschaftliches Wissen auch für Lehrpersonen der Sekundarstufe 1 sehr wichtig. Damit sie die Lerninhalte kritisch und korrekt bearbeiten können, ist entscheidend, vor allem das Konzept, das dahinter steht, verstanden zu haben. Je besser die wissenschaftlichen Zusammenhänge verstanden werden, umso mehr gelingt es, die Vorstellungen der Lernenden zu klären und zu verstehen. Nur so ist es möglich, Fehlvorstellungen der Lernenden zu erkennen und zu korrigieren. Nur wenn sie selber zum Beispiel das Actio-Reactio-Prinzip richtig als Wechselwirkung zwischen zwei verschiedenen Körpern begriffen haben und nicht fälschlicherweise als Kräftegleichgewicht an ein und demselben Körper interpretieren, gelingt es, diese häufig vorkommende Fehldeutung bei den Lernenden überhaupt zu erkennen und darauf eingehen zu können. Dabei ist es notwendig, Physik-Schulbücher kritisch zu durchleuchten. Vertieftes fachwissenschaftliches Wissen ist für mich das Fundament, um einen Lerninhalt kompetenzorientiert und adressatengerecht vorbereiten zu können. Um nochmals auf das vorher genannte Beispiel von Actio-Reactio und Kräftegleichgewicht zurückzukommen, beginnt dann die Überlegung, wie ich diese falsche Vorstellung fachdidaktisch aufgreifen kann, um die Lernenden möglichst nachhaltig mit einem Aha-Erlebnis zur richtigen Vorstellung bringen zu können. Allgemein ist es von Vorteil, fachdidaktisch breitgefächertes Wissen zur Verfügung zu haben, weil dadurch Beweglichkeit beim Einsetzen einer naturwissenschaftlichen Methode bzw. beim Erarbeiten eines Lerninhalts entsteht. Ein Beispiel wäre die Frage nach einem geeigneten Stundeneinstieg zum Thema Geschwindigkeit, der je nach Passung zu den Lernvoraussetzungen der Klasse z. B. als Gesprächsanlass mit einem „Concept Cartoon" (Keogh & Naylor, 1999), als Aufgabe, die einen kognitiven Konflikt auslöst, oder als Experiment in einem außerschulischen Kontext gestaltet werden kann. Für mich gilt die Vorstellung vom gedanklichen Wechselspiel der fachwissenschaftlichen Ebene eines Themas zur fachdidaktischen Ebene und zurück, nach der Frage, wie die Schülerinnen und Schüler welche Kompetenzziele eines Themas erreichen sollen. Ebenso gelingt es mit fachwissenschaftlich und fachdidaktisch fundiertem Hintergrund besser, Experimente für leistungsschwache Lernende zu vereinfachen und ihnen gleichzeitig einen wissenschaftlich korrekten Zugang zu ermöglichen.

Welche Qualitätsmerkmale halten Sie für den Physikunterricht für essenziell?

Qualität im Physikunterricht heißt für mich, dass die Lernenden im Stande sind, selbstständig zu einer naturwissenschaftlichen Problemstellung ein Experiment zu entwickeln bzw. auszuführen und aus den Beobachtungen zu einer fachlich richtigen Erkenntnis zu gelangen. Es ist mir bewusst, dass dies ein hoher Anspruch ist, der nicht immer erreicht werden kann. Für mich ist es schon ein Highlight, wenn das einige Male gelingt. Um dieses Ziel zu erreichen braucht es geschickt formulierte, motivierende Problemlösefragen und -aufgaben zu einem Thema, sowie entsprechende unterstützende Aufträge dazu. Durch einen an Alltagsvorstellungen orientierten Unterrichtseinstieg sollen die Lernenden aufbauend auf erwartete und irritierende Beobachtungen mittels Experimenten zur Erkenntnis von Basiskonzepten hingeführt werden. Anschließend folgt eine Vertiefungs- und Übungsphase. Dazu gehört auch, dass die Lernenden Experimente zu erweiterten Fragestellungen selbst vorschlagen, entwickeln und durchführen. Dabei sind regelmäßig formative Beurteilungsaufgaben bzw. Lernstandserfassungen angezeigt, um zu überprüfen, ob der Lerninhalt verstanden wurde, oder gegebenenfalls noch zusätzliche Aufgaben notwendig sind. Diese Vorgehensweise benötigt Zeit und Raum und vor allem Geduld, weil solche Denkprozesse meist mehr

Zeit brauchen als im Lehrplan dafür vorgesehen ist. Wenn mir dies so gelingt, habe ich sehr viel erreicht, auch wenn es nicht direkt sichtbar ist. Auch braucht es Mut und Beharrlichkeit von Seiten der Lehrperson, den Unterricht so zu gestalten, weil ein Denkprozess nach außen weniger gut zu vertreten ist als eine Vielzahl gelöster Arbeitsblätter.

Welche Lernumgebungen und Lehr-/Lernformen halten Sie für einen wirksamen Physikunterricht für besonders bedeutsam?

Weil Physik für die Lernenden so anspruchsvoll zu begreifen und eine abstrakte Sache ist, konstruieren sie in ihren Köpfen Vorstellungen von einem naturwissenschaftlichen Sachverhalt. Viele solcher unwissenschaftlichen Präkonzepte sind in der Physik besonders stabil. Um diese Präkonzepte zu korrigieren, d. h. wirksamen Physikunterricht zum Gelingen zu bringen, braucht es meiner Meinung und Erfahrung nach geschickt geleiteten, gut strukturierten Unterricht mit hoher Eigenaktivität der Lernenden und passend eingesetzte, wechselnde Methoden, insbesondere auch ein gutes Maß an Konfrontations- bzw. Problemlöseaufgaben, um die Lernenden in ihrem Denken zu irritieren und aufzurütteln. Ein Beispiel aus der Elektrizitätslehre soll das aufzeigen. Viele Lernende sind der Auffassung, Elektronen würden im Stromkreis z. B. durch das Lämpchen teilweise verbraucht. Diese Verbrauchsvorstellung „widersteht" in manchen Fällen meinen unterrichtlichen Bemühungen, sie richtig zu stellen. Es braucht einerseits von meiner Seite im Unterricht immer wieder Konfrontations- / Problemfragen und Aufgaben an die Lernenden, damit sie selber zur Erkenntnis gelangen, dass ihre Vorstellung so gar nicht stimmen kann, und andererseits eine sorgfältige Wahl der Begriffe und Erklärungen. Der Begriff Stromquelle sollte vermieden bzw. überdacht werden, denn er nährt bei den Lernenden die Vorstellung vom Strom als Brennstoff. Für mich ist der Begriff Ladungstrenner wirksamer und hilfreicher, denn so wird Elektronenüberfluss und -mangel bildlicher erklärt. Ebenso kann die Bezeichnung „Verbraucher" für eine Lampe bei den Lernenden die Assoziation fördern, dass Elektronen verbraucht würden. Grundsätzlich soll eine Lernumgebung problem- und handlungsorientiert sein, sowie Bezug zum Alltagsgeschehen der Lernenden haben. Natürlich gehören neben dem Experimentieren je nach Thema auch Werkstattunterricht oder Leitprogramme dazu. Ich halte Werkstattunterricht aber nur dann für sinnvoll, wenn die Schüler zu einfachen Lerninhalten naturwissenschaftliche Gesetze beobachten und erkunden sollen, wie zum Beispiel beim Thema Magnetismus.

Wie sieht eine gute Differenzierung/Individualisierung Ihrer Meinung nach im Physikunterricht aus?

Bevor ich mit Differenzierung / Individualisierung im Physikunterricht beginnen kann, ist es von Bedeutung für die weitere Entwicklung des Unterrichts, die Präkonzepte der Lernenden zu kennen. Dann müssen zuerst Schülerinnen und Schüler die grundlegenden Konzepte zu einem Thema entwickeln bevor mit dem Differenzieren begonnen werden kann. Nach meiner Erfahrung können das auch leistungsschwache Schüler schaffen. Dazu gehört, dass ich je nach Leistungsstärke der Schüler und Stabilität der Schülervorstellungen noch einen zusätzlichen Zugang zu einem Thema z. B. in Form einer weiteren Erarbeitungsaufgabe anbiete. Bei der Vertiefungs- / Übungsphase beginnt für mich das eigentliche Differenzieren / Individualisieren in Form von Aufgaben mit unterschiedlich anspruchsvollen Anforderungen, um sowohl den Leistungsstärkeren als auch den Leistungsschwächeren gerecht zu werden. Je nach Leistungsniveau kann sogar noch ein Angebot an unterschiedlich schwierigen Synthese- / Transferaufgaben gemacht werden. Vor allem beim Grad der Mathematisierung gibt es gute Möglichkeiten zu differenzieren. Dabei gilt der Grundsatz, dass alle das Konzept verstanden haben sollten, aber berechnen müssen nicht alle gleich vertieft, Qualität vor Quantität. Zum Beispiel beim Themenbereich Geschwindigkeit ist es im Unterrichtsgeschehen wichtig, zuerst die Geschwindigkeit als Verhältnis von Weg zur Zeit und den Begriff der Momentangeschwindigkeit kognitiv verstanden und erfahren zu haben, um erst dann mit Berechnungen / Aufgaben / Diagrammen unterschiedlicher Anforderungen zu beginnen, um so auf die Leistungsstärken der Lernenden einzugehen.

Welche immer wiederkehrenden fachspezifischen Herausforderungen im Unterrichtshandeln müssen Ihrer Meinung nach die Lehrpersonen bewältigen, um im Physikunterricht eine angemessene Unterrichtsqualität garantieren zu können?

Für die Sekundarstufe 1 finde ich es elementar, die folgenden fachspezifischen Herausforderungen zu beherrschen. An erster Stelle steht für mich, bei einem Lerninhalt einen Bezug zum Alltagsgeschehen der Lernenden zu schaffen, z. B. Beispiele von Hebeln in der Natur und in der Technik zu kennen. Des Weiteren gehören durchdachte, problemorientierte, motivierende Konfrontationsaufgaben zum Beispiel in Form von Concept Cartoons dazu. Unter Konfrontationsaufgabe ist eine Lernaufgabe gemeint, die sich auf lebensweltliche Probleme oder Phänomene bezieht, neugierig macht, irritiert und zum Nachdenken anregt. Ebenso soll sie bei den Lernenden unterschiedliche Denkanstöße fördern und somit das Bedürfnis wecken, etwas

Neues verstehen zu können. Ein Beispiel aus der Praxis ist die Fragestellung „Warum springt ein Ball?" im Themenbereich Impulserhaltung. Die Lernenden gelangen über die Irritation und das Experimentieren zur Erkenntnis, dass nicht nur elastische Bälle, sondern auch Stahlkugeln beim Fallenlassen hochspringen und sich verformen und lernen, die Situation physikalisch für alle fallen gelassenen „Bälle" durch die Impulserhaltung zu interpretieren. Bei den Concept-Cartoon-Aufgaben werden unterschiedliche Vorstellungen / Präkonzepte in Form eines visualisierten Dialogs unter verschiedenen Schülern diskutiert und Lösungsansätze besprochen. Ebenfalls eine wiederkehrende Herausforderung für mich ist, abstrakte Lerninhalte mit Hilfe von Modellen für die Lernenden sichtbar und erklärbar zu machen. Das heißt, die Schüler vollziehen einen Wechsel vom Phänomen zum Modell, um das Phänomen in ihrem Denken verstehen zu können und wieder zurück. Dabei ist es enorm wichtig, die Schüler auf die Unzulänglichkeit von Modellen hinzuweisen, so dass sie als Hilfsmittel gesehen werden, um Abstraktes auf eine verständliche Ebene zu bringen. In der Optik erhalten die Lernenden beispielsweise mit einer bewussten Einführung des Lichtstrahls als Modell eine Möglichkeit, um optische Vorgänge, wie die Bildentstehung im Auge, beschreiben und erklären zu können. Dabei ist es wichtig, immer wieder zwischen der Erfahrungswelt und der Modellwelt zu unterscheiden, damit die Ebenen für die Lernenden bewusst gewechselt werden. Denn das Lichtstrahlmodell ist Zurechtlegung, um Reflexions- und Brechungsphänomene grafisch darzustellen und zu erklären. Mit diesem Modell kann der Vorgang des Sehens auf der optischen Bank und mit dem Zeichnen des Strahlengangs dargestellt bzw. die Bildentstehung vom Objekt bis zum Bild auf der Netzhaut erklärt werden, mit der Erkenntnis für die Schüler, dass auf der Netzhaut eigentlich ein umgekehrtes, seitenverkehrtes und verkleinertes Bild entsteht, das erst noch vom Hirn „gelesen" werden muss. Mit dem Sezieren eines Kuhauges kann sogar noch experimentell verifiziert werden, dass auf der Netzhaut ein kleines, verkehrtes Bild entsteht. Auch wichtig ist eine gut durchdachte Struktur im Physikunterricht, damit die Lernenden zu den Kompetenzzielen eines Lerninhalts geführt werden können.

Worauf gilt es bei der Entwicklung und dem Einsatz von Aufgaben bzw. Aufgabensets im kompetenzorientierten Physikunterricht besonders zu achten?

Da Kompetenzaufbau je nach Lerninhalt einen über mehrere Unterrichtseinheiten andauernden Lernprozess darstellt, sind Aufgabensets in der Physik so einzusetzen, dass sie kompetenzfördernd sind und die Lernenden motivieren können. Luthiger, Wilhelm und Wespi (2014) entwickelten ein Prozessmodell und ein Kategoriensystem für kompetenzorientierte Aufgabensets. Bei den dort beschriebenen Konfrontationsaufgaben ist es wichtig, darauf zu achten, dass sie eine große Authentizität besitzen, d. h. für die Lernenden möglichst realitätsnah sind. Für den Physikunterricht setze ich solche Aufgaben gerne ein, weil sie die Schülerinnen und Schüler sehr gut motivieren können und vor allem Präkonzepte aufgreifen sowie Raum für divergierendes Denken offen lassen, was ich im Physikunterricht als sehr wertvoll erachte. Dieser Aufgabentyp sollte vorstrukturiert und selbstdifferenzierend aufgebaut sein. Erarbeitungsaufgaben bzw. Übungs- und Vertiefungsaufgaben sollten fachlich eng orientiert sein d. h. eine große Authentizität und im Aufbau eine nachvollziehbare Logik aufweisen, damit die Lernenden ihre individuellen Vorstellungen ordnen und ergänzen / erweitern können. Unterschiedliche Präkonzepte werden auf diese Weise berücksichtigt. Schließlich finde ich wichtig, dass die Lernenden über eine fachlich richtige Vorstellung verfügen, bevor sie erfolgreich eine Synthese- / Transferaufgabe bewältigen sollen. Damit meine ich, dass sie mit den schon erworbenen Kompetenzen Analogien bilden können. Zum Beispiel müssen die Lernenden zuerst die Gesetzmäßigkeiten beim Hebel verstanden haben, bevor sie in der Natur nach Analogien suchen (Wiesensalbei, Kiefergelenk beim Mensch und Tieren u. a.). Beim Gebrauch der vorhergehend erwähnten Aufgabensets im Unterricht, finde ich es sehr zentral, den Wissensstand der Lernenden wiederkehrend mit formativen Beurteilungsaufgaben zu überprüfen. Deshalb ist es wichtig, dass diese so erstellt sind, dass dadurch die individuellen Vorstellungen der Lernenden sichtbar werden, und überprüfbar wird, ob die verlangte Kompetenz erreicht worden ist. So erhalten die Lehrperson und die Lernenden ein sachorientiertes Feedback, um das weitere Unterrichtsgeschehen vorbereiten zu können. Summative Beurteilungsaufgaben sollten in der Physik natürlich die Beherrschung der zu erlernenden Kompetenzen überprüfen mit möglichst vielen Stufen aus der Taxonomie nach Bloom (1956). Offene Fragestellungen mit mehreren Lösungen in einer Beurteilungssituation finde ich nur dann sinnvoll, wenn die Schülerinnen und Schüler diese Form der Aufgabe erlernt und geübt haben, sonst sind sie überfordert.

Welche Schritte empfehlen Sie aufgrund Ihrer wissenschaftlichen bzw. erfahrungsbasierten Expertise als „first steps" für angehende Physiklehrer/-innen, die sie für guten Physikunterricht umsetzen können?

Zu den „first steps" gehören für mich vor jeder Erarbeitung eines Lerninhalts drei einfache Fragen, die das Fundament für meinen Physikunterricht bilden: Was? Wie? Warum? Mit dem „Was" meine ich die Überlegung, das Festlegen, welche Kompetenzziele mit den Lernenden erreicht werden sollen.

Meiner Erfahrung nach überfüllen Studierende oft ihr Unterrichtsprogramm, ohne genau zu überlegen, was die Schüler eigentlich erreichen sollen und was für sie wesentlich ist, um einen Lerninhalt zu verstehen. Mit dem „Wie" meine ich, auf welche fachdidaktische Art das Unterrichtsgeschehen aufbereitet werden soll, immer im Hinblick auf das Erreichen der Kompetenzziele. Ich mache immer wieder die Erfahrung, dass Studierende zuerst eine Methode wählen ohne zu überlegen, ob das auch die Richtige ist, um die Lernziele zu erreichen. Beim „Warum" geht es um die Überlegung, warum es für die Schüler wichtig ist, diesen Lerninhalt zu verstehen, welche Bedeutung er für sie hat, wo ein Phänomen dazu im Alltag zu beobachten ist. Dann möchte ich den angehenden Physiklehrerinnen und -lehrern folgenden Grundsatz mitgeben: „Lieber weniger als mehr". Haben Sie Mut, sich auf weniger Lerninhalte zu beschränken, lassen Sie den Schülerinnen und Schülern Zeit und Raum, beim naturwissenschaftlichen Beobachten, Überlegen und um wissenschaftlich richtige Konzepte aufzubauen. Auch wenn Sie die Vorgaben im Lehrplan nicht erfüllen, bewirken Sie bei den Jugendlichen ein naturwissenschaftliches, kritisches Denken und Handeln, ein Bewusstsein für naturwissenschaftliche Zusammenhänge. Für wirksamen Physikunterricht finde ich dieses Anliegen viel wichtiger, als möglichst alle vorgegebenen Lerninhalte „abzuarbeiten". Drittens finde ich aktivierende, motivierende Unterrichtseinstiege mit Alltagsbezug zum Gelingen von gutem Physikunterricht zentral. Sie geben dem Unterrichtsgeschehen damit einen Start, mit dem Sie die Lernenden „packen", für ein Thema motivieren und das weitere Unterrichtsgeschehen darauf aufbauen können. Siehe Interviewfrage „fachdidaktische Herausforderungen".

Was ist Ihrer Ansicht nach das Besondere am Physikunterricht?

Ich bin nach einer Physiklektion erfreut, wenn es mir annähernd gelingt, ein physikalisches Phänomen für die Schülerinnen und Schüler „erfahrbar", „sichtbar" und „spürbar" gemacht zu haben, ein Phänomen zu verstehen, und begeistert, wenn die Jugendlichen einen Zugang zur Physik finden. Dann war mein Unterricht wirksam. Es ist auch eine Genugtuung für mich zu sehen, wenn die Lernenden motiviert und begeistert mitdenken und mitarbeiten bzw. meine Unterrichtsideen übernehmen und zu ihrer Sache machen, im Alltagssprachgebrauch ausgedrückt, wenn „der Funke überspringt". Siebtklässlern, die erstmals zu mir in den Physikunterricht kommen, ist das naturwissenschaftliche Arbeiten und Denken noch sehr fern. Es ist eine Freude für mich zu sehen, wenn sie dann nach ein bis zwei Jahren integriertem Naturwissenschaftsunterricht entdecken, dass Physik spannend sein kann, sich für naturwissenschaftliche Zusammenhänge interessieren, sich naturwissenschaftliches Denken angeeignet haben, sich für ein an sich trockenes Physikthema begeistern können, und dass sie in der Lage sind, ein Alltagsphänomen zu verstehen. Das zu erreichen, ist ein hoher Anspruch an mich selber und an meinen Unterricht und gelingt manchmal nur teilweise oder gar nicht. Dies motiviert mich aber, nochmals zu überdenken, wie ich meinen Unterricht so optimieren kann, dass er den Zugang zu einem Lerninhalt möglichst vielen Lernenden ermöglicht. Ebenso freut mich, wenn die Schülerinnen und Schüler die Kompetenz erworben haben, ein physikalisches Experiment selbstständig durchzuführen und zu protokollieren, sowie z. B. eine Gesetzmäßigkeit daraus zu formulieren bzw. berechnen zu können. Noch größer ist meine Genugtuung, wenn die Lernenden in der Lage sind, ein Experiment zu einer Problem- / Fragestellung aus der Physik selber zu entwickeln und durchzuführen, um zu der Erkenntnis zu gelangen, mit diesem Versuch die Fragestellung beantwortet bzw. die Problemstellung gelöst zu haben oder gegebenenfalls noch weiter forschen zu müssen. Wenn die Schülerinnen und Schüler diese Kompetenz erreichen, dann habe ich viel bewirkt in meinem Unterrichtsgeschehen. Auch freut es mich, wenn ehemalige Lernende positives Feedback zum erfahrenen Physikunterricht geben bzw. zurückmelden, einen Zugang zu vielen Phänomen der unbelebten Natur gefunden zu haben und sie sogar erklären zu können, z. B. nicht nur Gefallen zu finden, wenn sie einen Regenbogen sehen, sondern auch, weil sie dieses Phänomen erklären können.

Welche fachlichen und fachdidaktischen Aspekte erachten Sie als bedeutsam, damit das Lernen zum Wesen der Naturwissenschaften wirksam wird?

Dazu gehört für mich in erster Linie das Fördern des naturwissenschaftlichen Denkens, d. h. die Schülerinnen und Schüler lernen, wie naturwissenschaftliche Erkenntnisse gewonnen werden können. Sie sollen im Unterrichtsgeschehen dazu hingeleitet werden zu erkennen, was ein Experiment ist, wozu ein Experiment dient und welche Rolle die Untersuchungsbedingungen dabei spielen. Die Lernenden sollen lernen, was das Aufstellen einer Hypothese, was genaues Beobachten, Protokollieren und Interpretieren eines Experiments bedeutet, z. B. eine Hypothese aufstellen, wie sich ein Tischtennisball auf dem Luftstrom über einem blasenden Fön verhält. Anschließend soll beobachtet werden, wie der Ball über dem Fön auf einer Höhe bleibt und sich gleichzeitig noch dreht und beim langsamen Drehen des Föns plötzlich aus dem Luftstrom fällt. Diese Beobachtungen werden genau protokolliert, und eine Erklärung dazu gesucht. Die Lernenden sollen im Unterricht erforschen und untersuchen lernen, d. h. sie sollen überlegen, wie sie ein solches Phänomen erklären können. Wichtig ist, dass sie überlegen, wie dieses Phänomen erforscht werden soll, sie sollen Fragen stellen lernen, was es alles braucht, um Phänomene erklären zu können. Sie sollen auch eine erforschte Gesetzmäßigkeit beschreiben lernen, beispielsweise die selbst gefundenen Gesetze am Hebel in eigenen Worten beschreiben können. Das Erlernen der vorhergehend beschriebenen naturwissenschaftlichen Methoden ist für die Lernenden wichtig, um naturwissenschaftliche Zusammenhänge verstehen zu können. Für mich gehört auch dazu, dass die Schülerinnen und Schüler wichtige Persönlichkeiten, die die Erkenntnisse und Gesetze in der Physik nachhaltig geprägt haben, kennenlernen und deren Bedeutung für das heutige Weltbild erkennen, z.B. Galilei, Newton, Bernoulli, Curie, Rutherford, Einstein u.a. Da wir im Unterricht immer von Naturwissenschaften sprechen, finde ich es wichtig, den Lernenden auch aufzuzeigen, was mit nicht-naturwissenschaftlichen Erkenntnissen gemeint ist bzw. welche Bedingungen erfüllt sein müssen, um von exakter naturwissenschaftlicher Erkenntnis zu sprechen. Damit meine ich zum Beispiel den Unterschied zwischen der Astronomie und der Astrologie.

Welchen Umgang mit herkömmlichen bzw. neuen Medien empfehlen Sie im Physikunterricht?

Das Wichtigste bei dieser Frage ist für mich, offen und kritisch zu sein im Umgang mit Medien im Physikunterricht, egal ob herkömmlich oder neu. Entscheidend ist grundsätzlich, wie Medien im Unterricht eingesetzt werden, welche Kompetenzen ich damit erreichen will. Prinzipiell halte ich es für vielversprechend, dass für den Physikunterricht neue Medien wie ein Smartphone oder ein Tablet eingesetzt werden können. Dies ist für die Lernenden sehr motivierend, da die Benutzung des Smartphones im Schulalltag wegen bekannten negativen Effekten normalerweise nicht erlaubt ist. Sie können aber den Physikunterricht bereichern. Das Smartphone kann beispielsweise als Stoppuhr, Taschenrechner oder zur Speicherung von Messwerten dienen. Bei der Dokumentation und Auswertung von Experimenten kann als sinnvolle Ergänzung die Foto- oder Videofunktion benutzt werden. Der Einsatz der standardmäßig eingebauten Sensoren im Smartphone / Tablet (Beschleunigungssensoren, Mikrofon, GPS-Empfänger u.a.) und der entsprechenden App halte ich für eine gute Alternative zu den klassischen Experimenten, z.B. zu schiefe Ebene, freier Fall, Schallpegel messen, Frequenzen darstellen u.a., die im Physikunterricht mit den üblichen Materialien ohnehin durchgeführt werden. So kann das Smartphone / Tablet ohne größere Anpassungen des Unterrichts in den Lernprozess eingebaut werden. Im Alltag kann beispielsweise der Beschleunigungsverlauf einer Fahrstuhlfahrt ermittelt werden, mit dem Einsatz des Tablet- / Smartphone-Mikrofons als Sensor die Analyse des Klangs einer Kirchenglocke oder die Flügelschlagfrequenz einer Honigbiene über den Summton der Flügel untersucht werden. Der Einsatz dieser neuen Medien eröffnet mir neue Möglichkeiten, ein Experiment auch einmal anders in meinem Unterricht anzugehen. Ein gutes Schulbuch und die üblichen Labormaterialien, um Experimente durchzuführen, gehören aber nach wie vor zum Grundstock einer guten Physiksammlung. Die Lernenden sollen auch den Umgang mit Physikmaterialien wie Kraftmessern, Bunsenbrennern, Stativmaterial und vielem anderem lernen sowie eine Versuchsanleitung oder einen Theorietext in einem Buch lesen können. Das Internet ist zum Recherchieren sicher hilfreich für die Lernenden. Sie müssen aber zur Wachsamkeit angehalten werden, Sachverhalte nicht einfach zu übernehmen, sondern kritisch zu überprüfen, ob sie auch richtig sind.

Literatur

Bloom, B.S., Englehart, M.D., Furst, E.J., Hill, W.H. & Krathwohl, D.R. (1956). *Taxonomy of Educational Objectives* (Handbook 1: Cognitive Domain). New York: Longman.

Keogh, B. & Naylor, S. (1999). Concept Cartoons, teaching and learning in science: an evaluation. *International Journal of Science Education, 21*(4), 431–446.

Luthiger, H., Wilhelm, M. & Wespi, C. (2014). Entwicklung von kompetenzorientierten Aufgabensets. *Journal für Lehrerinnen- und Lehrerbildung, 14*(3), 56–66.

HANS E. FISCHER / HENDRIK HÄRTIG

PHYSIKUNTERRICHT MUSS SICH STETIG ANPASSEN UND WEITERENTWICKELN

Fischer, Hans E., Prof. Dr., Universität Duisburg-Essen; Campus Essen, Didaktik der Physik; Arbeitsschwerpunkte: Lehr- / Lernforschung im Physikunterricht an Schule und Universität, Lehrerbildung, Unterrichtsstruktur, qualitative Unterrichtsanalyse, Testentwicklung

Härtig, Hendrik, Prof. Dr., Universität Duisburg-Essen; Campus Essen, Didaktik der Physik; Arbeitsschwerpunkte: Einfluss literaler Fähigkeiten auf Kompetenzerwerb in Physik, experimentelle Kompetenzen in Physik, Einfluss von Antwortformaten auf Testperformanz, Übergang von schulischer in berufliche Bildung in naturwissenschaftlich-technischen Ausbildungen

Welches fachwissenschaftliche und fachdidaktische Wissen und Können der Lehrperson ist aus Ihrer Sicht für die Qualität des Physikunterrichts besonders wichtig?

Für den Abschnitt der universitären Ausbildung herrscht weitestgehend Konsens, dass zunächst fachliche Grundlagen geschaffen werden müssen. An einem Beispiel lässt sich das ganz gut fassen: Zunächst sollte man selber die Newton'schen Axiome verstanden haben und zum Beispiel komplexe

Probleme und Aufgaben unter Verwendung der Axiome erfolgreich lösen können. Nur dann kann es gelingen, physikalische Konzepte im Rahmen einer fachdidaktischen Unterrichtsplanung für Lernende aufzubereiten. Es zeigt sich daher erwartungskonform, dass fachliches Wissen eine notwendige, wenn auch nicht hinreichende, Bedingung für fachdidaktisches Wissen ist. Daraus folgt bezogen auf das Fachwissen tatsächlich die Forderung der meisten Lehrenden, dass Lehramtsstudierende zumindest die Grundlagen der klassischen Physik, aber auch Grundzüge moderner Physik auf universitärem Niveau beherrschen sollten. Welche Inhalte das genau sind, und bis zu welchem Grad sie zu beherrschen sind, ist mit Sicherheit abhängig von der angestrebten Schulform. Dies wird jedoch zumeist auch berücksichtigt, indem vor allem Gymnasialanwärterinnen und Gymnasialanwärter in die Fachvorlesungen des Ein-Fach-Bachelors müssen. Das Fachwissen von Lehrpersonen bezieht sich aber nicht nur auf das akademische Wissen, natürlich müssen sie auch das für die Schule relevante Wissen beherrschen und darüber hinaus fachliche Bedingungen für die Transformation akademischen Wissens auf unterschiedliche Schulniveaus. Wir unterscheiden hier z.B.: (1) verschiedene Wege zur Lösung einer Aufgabe identifizieren und anwenden (2) Lösung einer Aufgabe aus theoretischer Sicht planen (3) physikalische Randbedingungen einer Schulaufgabe erkennen (4) Aufgaben zielgruppengerecht vereinfachen (5) Zusammenhänge, Gemeinsamkeiten und Unterschiede physikalischer Phänomene erkennen.

Bezogen auf das fachdidaktische Wissen ist aktuell ein Defizit, dass es noch nicht so kanonisiert ist, wie das fachliche Wissen. Vor einigen Jahren wurden von der Deutschen Physikalischen Gesellschaft mehrere Module für das fachdidaktische Studium für den Seiten- bzw. Quereinstieg in das Lehramt Physik vorgeschlagen. Auch wenn die hier vorgeschlagenen Inhalte für ein richtiges Lehramtsstudium nicht ausreichen, listen sie wichtige Inhalte des Professionswissens auf, wie z.B.: Gestaltung des Physikunterrichts durch Lern- und Leistungsaufgaben, unterrichtsbezogenes Experimentieren, Bildungsstandards und Kompetenzen, Differenzierung, Motivation und Interesse, Nature of Science, Schülervorstellungen und Lernprozesse, Unterrichtsmethoden, digitale Medien, physikspezifische und übergreifende Unterrichtskonzeptionen. Dies verdeutlicht die große Breite an Inhalten, die innerhalb eines fachdidaktischen Studiums relevant sind. Da sich Umfang und Struktur der fachdidaktischen Studienanteile zwischen den verschiedenen Standorten erheblich unterscheiden, kann aktuell aber kaum von einem einheitlichen Curriculum fachdidaktischen Wissens gesprochen werden.

Welche Qualitätsmerkmale halten Sie für den Physikunterricht für essenziell?

Wir sollten zunächst festlegen, was wir unter Unterrichtsqualität verstehen wollen, dazu Befunde empirischer Forschung nutzen und zunächst die Variablen als mögliche Einflussfaktoren auf drei Ebenen – Lehrerseite, Schülerseite und Unterricht – benennen:

Auf der Lehrerseite scheinen, nach Literaturlage und ohne ausreichende Betrachtung der Handlungsrelevanz und des Effekts im Unterricht, das Professionswissen, Interesse und Motivation der Lehrpersonen und ihre Lehrerfahrung wichtige Variablen zu sein. Auf der Schülerseite werden die kognitiven Fähigkeiten, das Vorwissen, Interesse und Motivation und der sozioökonomische Hintergrund als relevante Variablen genannt. Im Unterricht muss zunächst zwischen der Oberflächenstruktur und der Tiefenstruktur unterschieden werden, um latente und manifeste Variablen zu unterscheiden und um der Lehrperson Planungskriterien an die Hand zu geben. Dabei wirkt hauptsächlich die Tiefenstruktur auf Unterrichtserfolg, wobei dieser als ein Zuwachs der latenten Fähigkeiten der Lernenden definiert ist. Einige Variablen, die sich in der Tiefenstruktur des Unterrichts verorten lassen, sind die kognitive Aktivierung, Klassenführung (insbesondere bezogen auf Schülerexperimente), die Sachstruktur, die Unterstützung von Autonomie und die Orientierung an Lernprozessen. Die Bewertung der Ergebnisse des Unterrichts hängt natürlich auch von den intendierten latenten Fähigkeiten (z. B. eher Scientific Literacy oder fachliche Orientierung) und Erwartungen ab, nach denen dann die Instrumente gestaltet werden, mit denen die Ergebnisse erfasst werden. Die manifesten Variablen, wie z. B. Medieneinsatz, Methoden oder Sozialformen, haben nach vielen Untersuchungen geringen bis keinen Einfluss auf den Zuwachs der latenten Fähigkeiten.

Die Optimierung dieses Netzes aus Variablen auf allen drei Ebenen ist verständlicherweise keine triviale Aufgabe. In unseren eigenen Untersuchungen hat sich für die Tiefenstruktur z. B. die Orientierung an Lernprozessen als Variablenausprägung ergeben, die Physikunterricht mit großer Effektstärke verbessern konnte. Gerade für Physikunterricht ist noch zu erwähnen, dass Experimentalunterricht in allen Schulformen eine besondere Rolle spielt. Forschungsergebnisse deuten jedoch darauf hin, dass gerade Schülerexperimente häufig suboptimal organisiert werden. Wenn man etwas salopp bewertet, wird im wesentlichen Lernzeit verschwendet, wenn ohne inhaltliche und strukturelle Einbindung in einen größeren naturwissenschaftlichen Kontext und ohne geplanten Diskurs höchstens manuelle Geschicklichkeit im Umgang mit Geräten und das Vermögen, Arbeitsanweisungen sequenziell abzuarbeiten, gefördert werden können. Der kommunikative Umgang mit eigenen Ideen ist deshalb ein wesentlicher Aspekt der in den naturwissenschaftlichen Fächern anzustrebenden Lernprozesse. Einen Ansatz für eine zunächst fachunabhängige Beurteilung von Unterrichtsstrategien bieten die sogenannten Basismodelle von Oser und Baeriswyl (2001). Sie gehen davon aus, dass das Strukturieren von Unterrichtshandlungen nach wenigen Basismodellen dazu beiträgt, bestimmte Lehrziele zu verfolgen und auch zu erreichen. Die Organisierung des Unterrichts erfolgt nach fachdidaktischen und kognitionspsychologischen Erkenntnissen über Lernprozesse.

Physikunterricht kann z. B. nach den Unterrichtszielen „Lernen durch Eigenerfahrung", „Konzeptbildung" und „Problemlösen" so gestaltet werden, dass Gesichtspunkte der Effizienz und Effektivität unterrichtlicher Prozesse für die Planung und Durchführung des Unterrichts in den Vordergrund rücken. Je nach Einschätzung der Klassensituation, der Kompetenzen und der Vorlieben der Lernenden und Lehrenden kann die Sichtstruktur aber unterschiedlich ausfallen. Die Erfolgsaussicht eines solchen Unterrichtsansatzes wird dadurch plausibel, dass nicht adäquate Unterrichtsdrehbücher und mangelnde Interaktionsmöglichkeiten im Inhaltsbereich ursächlich für die mittelmäßige Leistung und das mangelnde Interesse von Schülerinnen und Schülern an naturwissenschaftlichen Fächern zu sein scheinen.

Welche Lernumgebungen und Lehr-/Lernformen halten Sie für einen wirksamen Physikunterricht für besonders bedeutsam?

Verschiedene Lernziele bzw. Kompetenzerwartungen werden unterschiedliche Lehr- und Lernformen erforderlich machen. Als ein Merkmal guten (Physik)unterrichts sollte deshalb die den Zielen angemessene Gestaltung des Unterrichts gelten. Gleichzeitig ist festzustellen, dass vor allem die Tiefenstruktur den Erfolg des Unterrichts bestimmt (siehe vorangegangene Frage), die Methoden sind dagegen ein Aspekt der Oberflächenstruktur. Wir würden daher vorschlagen, dass die geplanten Methoden vor allem auf die Lernprozesse abzustimmen und an die jeweiligen Gegebenheiten der Schule anzupassen sind. Aus diesen Gründen lässt sich kaum eine Methode als besonders wirksam einschätzen. Was zunächst überraschen mag ist, dass inzwischen auch der Frontalunterricht wieder als eine probate Unterrichtsmethode berücksichtigt wird. Ausgangspunkt dafür war unter anderem Hatties Meta-Analyse zu wirksamen Mechanismen für erfolgreiches Lernen. Darin zeigt sich, dass die sogenannte „direct instruction" für bestimmte Lernprozesse eine höchst effektive Unterrichtsmethode sein kann. Ein Bestandteil dieser Methode ist eine vorangestellte Instruktionsphase, im Sinne klassischen Frontalunterrichts, die dann in Übungsphasen mit Feedback mündet. Auch andere Studien deuten darauf hin, dass entdeckendes Lernen im Physikunterricht als einzige Methode kaum lernwirksam sein kann.

Vielleicht muss man für alle Methoden festhalten, dass die jeweilige Passung zum Lernprozess, die Passung zu den individuellen Voraussetzungen der Lernenden und die Qualität der Methodenanwendung stimmen müssen. Sowohl im internationalen Vergleich, als auch in Interventionsstudien finden sich zum Beispiel Belege dafür, dass lehrkraftzentrierte Phasen notwendig sind, um in angemessener Zeit Lernfortschritte erzielen zu können. Ansonsten besteht die Gefahr, dass die Lernenden überfordert sind, und sie das eigentliche Lernziel kaum erreichen können. So konnten wir in einer Studie zu experimenteller Kompetenz feststellen, dass zu offene Experimente zu geringerem Lernen führen.

Dies soll nicht als Votum missverstanden werden, Physik im Sinne der Weitergabe von deklarativem Fachwissen hauptsächlich frontal zu unterrichten. Wichtig ist allerdings, die Lernenden auf alternative Lernumgebungen vorzubereiten. Für das experimentelle Lösen physikalischer Aufgaben und Probleme bedeutet das z. B., dass die Schülerinnen und Schüler das notwendige Fachwissen, aber auch Fähigkeiten und Fertigkeiten für das Experimentieren vorher erworben haben müssten. So kann z. B. die Variablenkontrollstrategie sehr effektiv in einer direkten Instruktionsphase vermittelt und geübt werden, weil die Anwendung einer solchen Strategie notwendig, aber nicht hinreichend, für erfolgreiches Lösen experimenteller Aufgaben sein kann. Bezogen auf die Ausgangsfrage lässt sich sagen: Eine besonders wirksame Methode gibt es nicht, die Wahl der Methode hängt vom jeweiligen Ziel ab, und die Lernenden sind auf die Methode entsprechend vorzubereiten.

Wie sieht eine gute Differenzierung/Individualisierung Ihrer Meinung nach im Physikunterricht aus?

Gute Differenzierung beginnt bei der Unterrichtsplanung. Bevor eine Lehrkraft mit einem neuen Unterrichtsabschnitt beginnt, sollte sie sich über die bereits vorhandenen Kompetenzen der Schülerinnen und Schüler informieren. Selbst wenn die spezifische Lerngruppe bereits bekannt ist, werden die Lernenden im neuen Thema individuell unterschiedliche Vorerfahrungen, Wissen oder auch Fragen haben. Zu häufig gehen wir davon aus, dass die bis dahin unterrichteten Aspekte noch geläufig und anschlussfähig sind. Dabei gibt es relativ sichere Ergebnisse bzgl. Vergessenseffekte. Dazu kommt, dass manches physikalisch nicht belastbare Vorwissen überaus stabil ist. Mittels Tests für das Vorverständnis (z. B. des Kraftkonzepts, Force Concept Inventory) konnte in der Vergangenheit gezeigt werden, dass selbst Physikstudierende nach den Grundlagenvorlesungen mitunter zu sogenannten Alltagskonzepten greifen anstatt zu physikalisch adäquaten Erklärungen.

Differenzierung beginnt also damit, den Kompetenzstand regelmäßig für alle Schülerinnen und Schüler differenziert zu erfassen. Die Ergebnisse müssen dann in die Unterrichtsplanung einbezogen werden. Auf der einen Seite heißt das selbstverständlich, dass der Physikunterricht, bezogen auf den Kompetenzstand der Lerngruppe, einen Kompetenzzuwachs ermöglichen sollte. Auf der anderen Seite werden individuelle Lernangebote erforderlich sein, da nicht alle Schülerinnen und Schüler auf dem gleichen Stand sind bzw. das gleiche Lerntempo haben. Ausgehend von einer Orientierung des Unterrichts an Lernprozessen kann der Lernprozess mit unterschiedlichen Methoden individuell unterschiedlich gestaltet werden. Je nach Lerngegenstand und Unterrichtsphase lassen sich beispielsweise Gruppenpuzzle, Peer Tutoring oder Stationenlernen verwenden, um individuelle Bedarfe der Schülerinnen und Schüler zu berücksichtigen (bis zur Einzelbetreuung bei Inklusion).

Günstigerweise findet eine Diagnose unterrichtsbegleitend statt, allerdings muss für den Physikunterricht ein Mangel an geeigneten Diagnoseinstrumenten konstatiert werden. Eine Überprüfungsphase am Ende einer Unterrichtsreihe ist keine Diagnose mit dem Ziel der Förderung. Denn dann ist zwar ein Lernpotenzial individuell festgestellt, aber innerhalb des Unterrichts wird keine Lerngelegenheit zur Kompensation bzw. Förderung im gerade getesteten Inhaltsbereich geboten.

Welche immer wiederkehrenden fachspezifischen Herausforderungen im Unterrichtshandeln müssen Ihrer Meinung nach die Lehrpersonen bewältigen, um im Physikunterricht eine angemessene Unterrichtsqualität garantieren zu können?

Für den derzeit hauptsächlich vorgesehenen Physikunterricht in der Mittel- und Oberstufe lassen sich einige Herausforderungen identifizieren. Zum Beispiel ist das wiederkehrende Bearbeiten fachlicher Konzepte auf unterschiedlichen Niveaus gefragt. Zwischen zwei Unterrichtseinheiten in demselben Teilgebiet liegen aber mitunter mehrere Schuljahre. Dabei sollen die Schülerinnen und Schüler das jeweilige Teilgebiet zunehmend komplexer und physikalisch umfassender behandeln und deshalb möglichst auf das vorher bereits Behandelte zurückgreifen. Angesichts exponentieller Vergessenskurven ist dies kein einfach zu lösendes Problem. Unter anderem verlangt das, dass man manche Abläufe innerhalb des Spiralcurriculums im Idealfall in Klasse 5 oder 6 schon festlegt, damit es 4 oder 5 Jahre später zu nutzbaren Anschlussstellen führt.

Nach den KMK-Standards müssten übergeordnete Konzepte der Physik vertikal vernetzt werden (Energie; Struktur der Materie; System und Wechselwirkung). Neben der Orientierung an Leitideen tragen auch die Thematisierung physikalischer Arbeitsweisen (theoretisch und experimentell) und epistemologischer Aspekte der Physik zur Konstruktion eines roten Fadens durch die Physik bei (Kompetenzbereich der KMK-Standards Erkenntnisgewinnung). Den Lehrkräften muss es gelingen, im Hinblick auf die Kompetenzentwicklung in allen Kompetenzbereichen und bezogen auf die übergeordneten Konzepte der Physik, die Teilgebiete zu entwickeln und aufzuzeigen, dass sie inhaltlich verbunden sind.

Unabhängig vom fachlichen Konzept benötigt eine Lehrperson von der Primarstufe bis zum Abitur deshalb die Fähigkeit, fachliche Themen adressatengerecht und anschlussfähig zu unterrichten. Dazu gehören unbedingt die in der Antwort zur ersten Frage skizzierten Herausforderungen bei der Transformation akademischen Wissens auf das jeweilige Schulniveau und die Gewährleistung von Anschlussfähigkeit durch vertikale Vernetzung der Inhalte bezogen auf unterschiedliche kognitive und kulturelle Voraussetzungen der Schülerinnen und Schüler. Geschieht dies nicht, stehen die traditionellen physikalischen Teilgebiete (Mechanik, Optik usw.) meist unverbunden nebeneinander. Insofern überrascht es vielleicht nicht, dass mehrere Untersuchungen belegen, dass es nicht möglich ist, einem größeren Teil der Schülerinnen und Schüler in der Mittelstufe physikalische Konzepte so zu vermitteln, dass sie, ohne weiteren Unterricht in der Oberstufe, nach einiger Zeit noch von ihnen angewandt werden können.

Bezogen auf den eingangs erwähnten hauptsächlich vorgesehenen Physikunterricht wäre daher eine denkbare Konsequenz, statt Biologie, Chemie und Physik das Fach Naturwissenschaft einzuführen und dort *Naturwissenschaft als Modus der Weltbegegnung* zu unterrichten, wie es Jürgen Baumert in seiner Grundstruktur der Allgemeinbildung vorschlägt. Naturwissenschaft wäre dann ein Hauptfach mit vier bis fünf Unterrichtsstunden pro Woche und dadurch mit viel weniger Problemen in den Bereichen Anschlussfähigkeit, Intensität und Wichtigkeit, aber sicher mit anderen, immer wiederkehrenden Problemfeldern. An Hauptschulen, teilweise auch Realschulen und Gesamtschulen in Nordrhein-Westfalen und Baden-Württemberg existiert seit einigen Jahren naturwissenschaftlicher Unterricht.

Immer wiederkehrend wären dann z. B. die Berücksichtigung gesellschaftlicher Fragestellungen und die Diskussion wissenschaftstheoretischer und ethischer Fragen, die wiederum durch politische Bedingungen beeinflusst werden.

Auch methodische Probleme oder Klassenführung erfordern von der Lehrperson in gewisser Weise immer wiederkehrende, aber für Physikunterricht spezifische Problemlösungen. Allerdings, wie bei den genannten inhaltlichen Themen, sind sie auch immer wieder anders zu bearbeiten. Benötigt werden, sowohl auf ein Unterrichtsjahr in unterschiedlichen Jahrgangsstufen bezogen als auch in zeitlicher Entwicklung, bezogen auf eine Altersgruppe, immer unterschiedliche Problemlösungen obwohl das Problem den

Namen behält, wie z. B. „Gruppenarbeit“ und „Frontalunterricht“ oder „Prävention“ und „Regelklarheit“. Das macht den Beruf als Lehrerin und Lehrer so interessant. Es bleibt nichts konstant.

Worauf gilt es bei der Entwicklung und dem Einsatz von Aufgaben bzw. Aufgabensets im kompetenzorientierten Physikunterricht besonders zu achten?

Zunächst ist grundsätzlich zwischen den zwei genannten Aufgabentypen zu differenzieren: Lernaufgaben müssen sich grundlegend von Leistungsaufgaben unterscheiden. Dies ist bereits durch das Ziel des Aufgabeneinsatzes begründet. Bei Lernaufgaben geht es um den Erwerb oder Ausbau bestimmter Kompetenzen, es ist also intendiert, dass die Schülerinnen und Schüler nicht über alle lösungsrelevanten Kompetenzen verfügen, und dass sie das Recht haben, sich bei der Entwicklung von Konzepten zu irren. Bei Leistungsaufgaben soll der Lernstand erfasst werden, aus diesem Grund ist die Erwartungshaltung, dass die Aufgaben prinzipiell von den Schülerinnen und Schülern durch die bis dahin erworbenen Kompetenzen lösbar sein sollten. Das heißt für beide Aufgabentypen ist zu bestimmen, welche Kompetenzen im Lösungsprozess benötigt werden.

Durch diese zugrundeliegenden Kompetenzen lassen sich alle Aufgaben klassifizieren. Weitere Merkmale der Aufgaben sind die inhaltlichen Anforderungen der Aufgaben im Sinne der zur Lösung notwendigen Schritte oder der kognitiven Prozesse, die beim Lösen ablaufen müssen. Hauptsächlich darüber kann die Aufgabenschwierigkeit eingestellt werden. Aber auch zum Beispiel das Aufgabenformat (Experimentieraufgabe oder schriftlicher Test), das Antwortformat (Multiple-Choice oder offene Antwort) sind schwierigkeitserzeugend: Die selbe Aufgabe ist mit einem offenen Antwortformat im Mittel schwieriger als im Multiple-Choice Format, Experimentieraufgaben erfordern andere Kompetenzen als schriftliche Tests, sich an Gelerntes zu erinnern kann einfacher sein als Wissen auf andere Gebiete zu transferieren und anzuwenden, und der Umgang mit einzelnen Fakten ist einfacher als der Umgang mit vollständigen Konzepten.

Sowohl für Lern- als auch für Leistungsaufgaben gilt, dass eine Passung zu den Fähigkeiten und Fertigkeiten der Lernenden anzustreben ist. Das heißt, ein Leistungstest sollte eben nicht für alle zu schwierig oder zu leicht sein, ideal wäre ein bezüglich der Lösungshäufigkeit normalverteiltes Antwortverhalten. Oder Lernaufgaben sollten individuell Lernpotenziale aufzeigen und (gestufte) Lernhilfen enthalten. Darüber hinaus strebt man üblicherweise an, konstruktirrelevante Merkmale einer Aufgabe zu variieren. Zum Beispiel ist das Antwortformat aus physikalischer Perspektive nicht wichtig, folglich werden sowohl MC- als auch offene Aufgaben genutzt, oder man verwendet verschiedene Kontexte einerseits um verschiedene Präferenzen der Lernenden zu berücksichtigen, andererseits um die Aufgaben nicht zu monoton zu gestalten.

Welche Schritte empfehlen Sie aufgrund Ihrer wissenschaftlichen bzw. erfahrungsbasierten Expertise als „first steps" für angehende Physiklehrer/-innen, die sie für guten Physikunterricht umsetzen können?

Wir können davon ausgehen, dass auch angehende Physiklehrkräfte in ihren ersten Berufsjahren eben nicht fertig ausgebildet sind, sondern eher am Anfang eines Lernprozesses stehen. Die Pädagogen sprechen deshalb von der dritten Phase der Lehrerausbildung. In der Universität werden im Wesentlichen die notwendigen theoretischen, wissenschaftlichen Grundlagen vermittelt und in einigen Bundesländern in ersten Ansätzen mit Unterrichtspraxis verbunden. Diese müssen innerhalb der ersten Berufsjahre in Handlungswissen transferiert werden.

Wenn man die ersten Berufsjahre als dritte Lernphase ansieht, ist im Wesentlichen zu empfehlen, was wir auch für die Lernprozesse der Schülerinnen und Schüler vorgeben. Ein zentrales Element ist die Fokussierung auf bestimmte (Lern)ziele und die damit verbundene Reduktion zusätzlicher kognitiver Belastung. Etwas konkreter an einem Beispiel: Ein Referendar möchte eine Unterrichtseinheit zur Variablenkontrollstrategie entwickeln. Das wesentliche Lernziel lässt sich also dem Kompetenzbereich Erkenntnisgewinnung zuordnen. Eine Möglichkeit wäre dann, einen den Schülerinnen und Schülern bereits bekannten Fachinhalt zu verwenden, um auch für die Lerngruppe das Unterrichtsziel sehr deutlich in nur einem Kompetenzbereich benennen zu können. Dieses Vorgehen klingt ungewöhnlich, weil es scheinbar den Fortgang des Unterrichts verlangsamt und den Unterricht einengt. Gleichzeitig hilft es aber der Lehrkraft und den Lernenden, dem roten Faden zu folgen. Angesichts der Komplexität der Physik ist Redundanz außerdem nicht schädlich.

Geht es also in der hypothetischen Stunde um den Ausbau der Variablenkontrollstrategie als Element des Kompetenzbereichs Erkenntnisgewinnung, könnte man zum Beispiel ein bereits in vorigen Stunden eingeführtes Konzept (Basismodell Konzeptbildung) wieder aufgreifen. Der Referendar könnte dann die folgende Einheit entlang des Basismodells Problemlösen gliedern: Wie lässt sich das Gesetz (z. B. $s = {}^{1}/{}_{2}\, a\, t^{2}$) experimentell nachvollziehen? Er gibt eine Situation vor (z. B. freier Fall), und die Lerngruppen haben ausschließlich die Aufgabe, für das ihnen bekannte Konzept Experimente zu entwickeln, die die physikalische Beziehung abbilden. Um die Ideen der Schülerinnen und Schüler zu antizipieren, böte es sich an, fachdidaktische Literatur zum Vorwissen zu recherchieren, zum Beispiel zu der Frage: Ist mein Lernziel für diese Altersgruppe überhaupt realistisch? Im Unterricht selbst kann der Referendar dann, weil das Lernziel ja „nur" die Variablenkontrolle ist, viele Dinge helfend bereitstellen, zum Beispiel Versuchsmaterial oder auch Protokollbögen. Die zentrale Frage für die Unterrichtsvorbereitung und -durchführung ist in jedem Fall: Was sollen meine Schülerinnen und Schüler am Ende gelernt haben, allerdings sowohl aus einer fachlichen Sicht als auch aus der Sicht einer Planung der zum Erreichen des Ziels erforderliche Lernprozesse, die sich aus dem Charakter des fachlichen Ziels ergeben: Ich möchte erreichen, dass meine Klasse erste eigene Erfahrungen mit dem physikalischen Inhalt macht, ein physikalisches Konzept entwickelt, ein Problem löst, Sozialbeziehungen organisiert (z. B. bei Gruppenarbeit) oder Routinen entwickelt. Auch hier, bei der Unterrichtsorganisation nach einem Basismodell, ist wieder die Konzentration auf **ein** Ziel wichtig, wie z. B. auf den *Konzeptaufbau*. Basismodelle entlasten die Lehrkraft dadurch, dass sie den Unterricht strukturieren. Es werden z. B. Kapazitäten für Klassenführung, Diagnose und Erklärungen frei.

Was ist Ihrer Ansicht nach das Besondere am Physikunterricht?

Guter Physikunterricht hat mehrere wichtige Aspekte, die ihm in gesellschaftlich organisierten Bildungsprozessen eine besondere Rolle zuweisen. Dabei muss zwischen den verschiedenen Schulstufen unterschieden werden. In der Primarstufe kommt es sicher darauf an, erste Zugänge zum naturwissenschaftlichen Arbeiten zu verschaffen, einfache Phänomene zu systematisieren und eventuell die Idee der Vorhersagbarkeit der Ergebnisse physikalischer Prozesse zu thematisieren. In Mittelstufe und Oberstufe müsste Physik als Modus einer spezifischen Weltbegegnung, als Grundlage eines modernen Weltbildes und Physik und Technik als prägende Faktoren gesellschaftlich-kultureller Entwicklungen unterrichtet werden. Die Physik ist schließlich die Wissenschaft, die gegen Mystik, Aberglaube, Obskurantismus und Übernatürliches grundlegend zur Aufklärung beigetragen hat und dies immer noch tun sollte, gerade in der Schule. Außerdem kann am Beispiel der Physik der Charakter einer paradigmatischen Wissenschaft besonders gut deutlich gemacht werden, und sie ist ein wichtiges Studien- und Berufsfeld, Wissenschaftspropädeutik gehört also auch zu den Zielen.

Darin eingebettet, da ein Modus der Weltbegegnung etwas durchaus Praktisches sein kann, sollte im Physikunterricht die Fähigkeit vermittelt werden, komplexe Sachverhalte unseres Lebens begreifbar zu machen. Das ist sicher nicht trivial, da sich die Sachverhalte des täglichen Lebens meist als physikalisch nur sehr kompliziert beschreibbar erweisen. Da aber Technik und Naturwissenschaften eine große Rolle im täglichen Leben spielen, ist grundlegende exemplarische Einsicht in einzelne Errungenschaften und die Thematisierung ihrer gesellschaftlichen Relevanz und Problematik ein Schlüssel für Schülerinnen und Schüler für ihre individuelle Entwicklung in der Gesellschaft. Der Physikunterricht kann dazu beitragen, insbesondere mit Blick auf technische gesellschaftliche Herausforderungen und den von den KMK-Standards geforderten Kompetenzbereich Erkenntnisgewinnung, die Schülerinnen und Schüler zu mündigen Bürgern zu machen und ihnen damit Chancen auf Teilhabe zu ermöglichen.

Gleichzeitig sind zentrale Elemente des Physikunterrichts, wie physikalische Modellierung, Mathematisierung oder abstraktes Denken, Schlüsselqualifikationen für viele Bereiche des Lebens. So konnte in der jüngeren Vergangenheit zum Beispiel gezeigt werden, dass die im Physikunterricht erworbenen Kompetenzen prädiktiv für den Erfolg in einem technischen Ausbildungsberuf sind (u. a. KFZ-Mechatronik), und einige Physiker organisieren in Banken und Sparkassen die Computertechnologie.

Welche fachlichen und fachdidaktischen Aspekte erachten Sie als bedeutsam, damit das Lernen zum Wesen der Naturwissenschaften wirksam wird?

Die empirische Befundlage bezogen auf Lernen zum Wesen der Naturwissenschaften ist divers. In einer Zusammenfassung zeigt Driver, Leach und Millar bereits 1996, dass die Schülerinnen und Schüler im Mittel kein angemessenes Verständnis haben. Sie sehen Wissen als absolut an und nicht paradigmatisch und veränderlich, sie haben wenig Wissen über naturwissenschaftliche Methoden und mitunter auch ein Bild von den Wissenschaftlerinnen und Wissenschaftlern, das vor allem von den Medien geprägt ist und nur wenig Realitätsbezug hat. Gleichzeitig besteht aber in gewisser Weise auch auf der wissenschaftstheoretischen Ebene nicht zwingend Einigkeit hinsichtlich der Frage, wie der naturwissenschaftliche Erkenntnisprozess zu beschreiben ist. Das ist nicht verwunderlich, da die Epistemologie ein Teilgebiet der Philosophie ist und dort nicht konsensuell diskutiert wird. Für naturwissenschaftlichen Unterricht wird daher ein theoretisches Minimalmodell wissenschaftlichen Arbeitens herangezogen, das selber kritisch hinterfragt werden könnte. Trotzdem dient das Modell durchaus dazu, Schülerinnen und Schüler Kompetenz bezüglich naturwissenschaftlicher Arbeitsweisen, Methoden oder Techniken zu vermitteln. Grundbestandteile sind die zum Beispiel von Lederman (1992) dargestellten Aspekte, wie das hypothesengeleitete Experimentieren / Problemlösen und Grundsätze naturwissenschaftlicher Erkenntnis, wie: naturwissenschaftliches Wissen besitzt einen vorläufigen Charakter und verändert sich im Laufe der Zeit, stützt sich auf empirische Belege, wird objektiv durch Beobachtungen und Experimente gewonnen, ist aber auch subjektiv und theoriegeladen, stellt ein Produkt menschlicher Kreativität dar und ist von sozialen, kulturellen und technologischen Aspekten geprägt. Es bleibt die Frage, wie es gelingen kann, Schülerinnen und Schüler von der offensichtlichen Relevanz solcher Aspekte zu überzeugen, die, als wichtigste Konsequenz, naturwissenschaftliches Wissen diskutierbar machen. Wir wissen inzwischen, dass das schwierig ist, es gibt Untersuchungsergebnisse, die nahelegen, dass die Natur der Naturwissenschaften, oder auch nur einzelne Aspekte davon, eher einen längeren Zeitraum zur Vermittlung benötigen. Einzelne, kurze Interventionen scheinen nicht geeignet zu sein, um wirksames Lernen zu erreichen. Zusätzlich könnte man vermuten, dass die eigene Erfahrung mit wissenschaftlichen Prozessen eine große Rolle spielt: Da es um das Wesen naturwissenschaftlicher Erkenntnisprozesse selbst geht, erreicht man eine höhere Wirksamkeit eventuell dadurch, dass entsprechende Inhalte in außerschulischen Lernorten oder Schülerlaboren thematisiert werden. Hier haben die Schülerinnen und Schüler unter Anleitung durch Lehrpersonen oder Wissenschaftlerinnen und Wissenschaftler die Chance, den direkten Zugriff auf das eigentliche Lernziel auszuprobieren und damit den Prozess der eigenen Erkenntnisgewinnung zu reflektieren. Ebenfalls Konjunktur haben historische Beispiele in der Literatur oder in den Bildmedien, die als „Geschichte" oder als Rollenspiel genutzt werden können, um über die Natur der Naturwissenschaften im Unterricht zu reden. An originären Beispielen lassen sich bestimmte Merkmale gut nachvollziehbar beschreiben und analysieren. Empirisch abgesicherte Aussagen über die Wirksamkeit dieser Lernangebote gibt es allerdings noch nicht.

Welchen Umgang mit herkömmlichen bzw. neuen Medien empfehlen Sie im Physikunterricht?

Im Rahmen des Physikunterrichts gibt es einerseits viele Medien, die auch sonst vorkommen, von der Tafel über Bücher bis hin zu Computern allgemein. Andererseits gibt es Medien, die insbesondere im Physik- oder im naturwissenschaftlichen Unterricht relevant sind oder physikspezifisch genutzt werden, wie Computer bei der computergestützten Messwerterfassung, bei Computersimulationen, systemdynamischer Modellbildung oder wie Videoanalysesoftware zur physikalischen Analyse von Bewegungen. Die Physik ist also medienaffin und nicht selten sind gerade die Physiklehrkräfte für die Wartung und Entwicklung der Computerlabore an den Schulen zuständig. Gleichzeitig verlangt ein effektiver Medieneinsatz eine gewisse Erfahrung im Umgang mit den Medien. Dies ist bei Schulbüchern oder der Tafel kaum eine Hürde, weil Gelegenheiten in allen Fächern bestehen. Beim

Einsatz von Computern in Schülerexperimenten oder bei bestimmter Simulations- oder Modellbildungssoftware ist dies aber zu beachten.

Bislang werden Medien im Rahmen der Unterrichtsplanung eher auf einer Sichtstrukturebene behandelt. Die erwartete Medienvielfalt berücksichtigen Physiklehrkräfte, indem sie immer wieder alle relevanten und zur Verfügung stehenden Medien nutzen. Vielfach bleibt die Nutzung aber auf eine inhaltliche Komponente beschränkt: Das Internet wird genutzt um eine Formel nachzuschlagen oder beim Experimentieren wird ohne sonstige Veränderung Maßband und Stoppuhr durch Sensoren des Smartphones ersetzt. Medien werden bei der Unterrichtsplanung selten auf der Ebene der Tiefenstruktur berücksichtigt. Aus der Medienpädagogik lässt sich die Annahme in den Fachunterricht übernehmen, dass jedes Medium bestimmte Potenziale hat, aber auch bestimmte Anforderungen stellt. Beides müsste im Physikunterricht zielabhängig berücksichtigt werden. Je nach Unterrichtsziel kann es sinnvoll sein ein Realexperiment durchzuführen, wenn z. B. Prinzipien des Experimentierens unterrichtet werden oder bestimmte Aspekte, wie z. B. die Auswertung von Daten im Mittelpunkt stehen. Eine Simulation kann sinnvoll sein, wenn es darum geht bestimmte funktionale physikalische Beziehungen zu verdeutlichen, weil die Ergebnisse sofort zur Verfügung stehen und alle möglichen Repräsentationsformen genutzt werden können (Tabellen, Graphen, usw.). Dafür müssen Schülerinnen und Schüler gezielt vorbereitet werden. So ist es zum Beispiel im Mathematikunterricht üblich, den Taschenrechner selbst zum Unterrichtsgegenstand zu machen und über mehrere Stunden seine Funktionen zu erlernen. Das Multimeter oder Software für Modellbildung führt man im Physikunterricht aber kaum gezielt als Werkzeug ein, sondern benennt häufig nur die Funktion für den jeweiligen Einsatz.

Medien sollten also selbst Lernziel sein, um ihr Potential für physikalische Lernziele nutzen zu können.

Literatur

Driver, R., Leach, J. & Millar, R. (1996). *Young people's images of science*. McGraw-Hill Education (UK).

Lederman, N. G. (1992). Students' and teachers' conceptions of the nature of science: A review of the research. *Journal of research in science teaching, 29*(4), 331–359.

Oser, F. K. & Baeriswyl, F. J. (2001). Choreographies of Teaching: Bridging Instruction of Learning. In: V. Richardson (Ed.), *Handbook of research on teaching* (4th ed.) (pp. 1031–1065). Washington: American Educational Research Association.

RAIMUND GIRWIDZ / BIANCA WATZKA / ROGER ERB

WIRKSAMER PHYSIKUNTERRICHT BILDET DIE STRUKTUR DER PHYSIK AB UND FÖRDERT DIE PERSÖNLICHKEITSENTWICKLUNG

Girwidz, Raimund, Prof. Dr., Ludwig-Maximilians-Universität München; Arbeitsschwerpunkte: Lehren und Lernen mit Multimedia im Physikunterricht

Watzka, Bianca, Dr., Ludwig-Maximilians-Universität München; Arbeitsschwerpunkte: Lehren und Lernen mit Sensoren sowie mit Visualisierungen und Repräsentationen

Erb, Roger, Prof. Dr., Goethe-Universität Frankfurt; Arbeitsschwerpunkte: Experimentieren im Physikunterricht, Didaktik der Optik

Welches fachwissenschaftliche und fachdidaktische Wissen und Können der Lehrperson ist aus Ihrer Sicht für die Qualität des Physikunterrichts besonders wichtig?

Physik ist im besten Wortsinne aufklärerisch.

Physik ist ein Zugang zur Welt, der auf einem in der Gesellschaft akzeptierten und in Technik und Alltag erfolgreichen Kanon von Methoden beruht. Weil diese Herangehensweise, die ganz wesentlich auf einer Wechselbeziehung zwischen Theorie und Experiment beruht, von jeder bzw. jedem (im Prinzip) angewendet werden kann, ist Physik im besten Wortsinne aufklärerisch. Im Physikunterricht ist es notwendig, den Erfolg dieses Zugangs zu verdeutlichen und die hierfür nötigen Methoden zu lehren. Allerdings geht dies nicht ohne Inhalte, an denen sie exemplarisch aufgezeigt und erprobt werden. Umgesetzt finden sich diese Anforderungen in den Kompetenzbereichen der Bildungsstandards, die neben den „Erwerb von Fachwissen" gleichberechtigt die Entwicklung von Kompetenzen in „Erkenntnisgewinnung", „Kommunikation" und „Bewertung" setzen. Hierfür benötigen die Lehrkräfte selbst Kompetenzen, die es ihnen ermöglichen, entsprechende Prozesse im Unterricht zu initiieren. Da hierbei ständig wechselnden Situationen und damit Herausforderungen zu begegnen ist, kann gutes Unterrichten nicht einfach „nachgemacht" werden, sondern es müssen die grundlegenden Zielsetzungen und Prozesse verstanden werden und die Reflexion über Unterricht muss geschult werden. Studien haben gezeigt, dass erfolgreicher Unterricht gelingt, wenn Lehrkräfte – neben pädagogischen Kompetenzen – über gutes fachdidaktisches und fachliches Wissen verfügen.

Als allgemein akzeptiert kann gelten, dass Lehrkräfte in ihrem Studium das Fachwissen auf einer Stufe über derjenigen erwerben, in der sie später unterrichten. Dabei sollten alle Gebiete der klassischen Physik angesprochen werden und auch für Lehrkräfte für die Sekundarstufe I Themen der modernen Physik. Verbunden damit sind die wesentlichen fachdidaktischen Studieninhalte, die zum Teil eng mit dem Fachwissen verknüpft sind, wie etwa Planung und Analyse von Unterricht, Verwendung und Einsatz von Aufgaben, Experimenten und Medien, Umgang mit Schülervorstellungen, Entstehung und Entwicklung der Naturwissenschaften (nature of science) und Fragen der Leistungsbewertung (vgl. Großmann, S. & Hertel, I., 2014). Ein wichtiges Anliegen ist es, werdende Lehrkräfte erkennen zu lassen, dass Aussagen über guten Physikunterricht kein Ergebnis eines abgeschlossenen Wissenskanons, sondern Gegenstand eines ständigen Diskurses sind – Studierende müssen daher in ihrem Studium auch in jeweils aktuelle fachdidaktische Forschung eingeführt werden.

Welche Qualitätsmerkmale halten Sie für den Physikunterricht für essenziell?

Schülerinnen und Schüler müssen ihre eigene Kompetenz erleben können.

Guter Unterricht setzt eine produktive Unterrichtsatmosphäre durch entsprechende Organisation voraus. Wesentliche fachspezifische Qualitätsmerkmale für den Physikunterricht sind neben der fachlichen Korrektheit und angemessenen Elementarisierung das Eingehen auf Schülervorstellungen und das Einführen fachspezifischer Darstellungsweisen und Methoden. Hierfür ist die kognitive Aktivierung der Schülerinnen und Schüler unerlässlich. Oft jedoch gelingt dies nicht, und die Lernenden erleben den Physikunterricht in einem rezeptiven Muster. Gesetze und Formeln werden dann schlicht auswendig gelernt und mit einer gegebenen Aufgabe je nach Passung zusammengefügt. Dies äußert sich auch in den Ergebnissen einer Vielzahl von Studien, die außerdem zeigen, dass Schülerinnen und Schüler die Physik zwar durchaus als relevant für unsere heutige Gesellschaft wahrnehmen, den Fachunterricht zugleich aber als uninteressant ansehen. Soll Physikunterricht von den Schülerinnen und Schülern als interessant und nützlich erlebt werden, ist es notwendig, Unterrichtsinhalte nicht lediglich innerhalb der Zuordnung im Fach und der Methoden zu sehen, sondern auch Interessen der Schülerinnen und Schüler zu berücksichtigen. Dabei spielen Themen eine Rolle, die intelligente Fragen aus dem Alltag, die Verbindung zu positiv konnotierten Themen wie Sport und den eigenen Körper betreffen, aber auch weniger bekannte Aspekte, wie Fragestellungen der Modernen Physik oder spezielle astrophysikalische Sachverhalte behandeln. In jedem Fall aber dürfen entsprechende Themen, Fragen und Phänomene nicht korrumpiert werden, etwa indem sie auf kurzem Weg doch zur fachsystematisch vorgebrachten Physik führen oder aber das typisch physikmethodische, die eigene Erkenntnisgewinnung, nicht ermöglichen – Gefahren, die gerade bei komplexen Sachverhalten auftreten. Auch wenn diese Interessen bedient werden, so bleibt Physikunterricht eine anstrengende Angelegenheit, die nur dann erfolgreich ist, wenn sich diese Anstrengung für die Schülerinnen und Schüler lohnt. Als wichtig wird das Erleben der eigenen Kompetenz, oft neben dem Bedürfnis nach Autonomie und dem nach sozialer Eingebundenheit angesehen (Deci & Ryan, 1993). Schülerinnen und Schüler lernen eben nicht nur für das Leben, sondern auch für die Schule – oder besser: um sich in diesem Kontext vor ihnen selbst, vor peers, Eltern und Lehrkräften als kompetent zu erleben. Physikunterricht muss Möglichkeiten bieten, diese Kompetenz und ihre individuelle Entwicklung auch in heterogenen Lerngruppen zu erleben.

Welche Lernumgebungen und Lehr-/Lernformen halten Sie für einen wirksamen Physikunterricht für besonders bedeutsam?

Die Gründe für die jeweils gewählten Argumentationsstrategien, sowie Arbeits- und Sozialformen müssen für Schülerinnen und Schüler erkennbar sein.

Erfolgreicher Physikunterricht setzt die Kenntnis voraus, welche Lernform dem aktuellen Kenntnisstand der Lerngruppe und dem jeweiligen Fachinhalt angemessen ist. Dabei reicht das Spektrum durchaus von kooperativen, schülerzentrierten Unterrichtsphasen bis hin zu solchen, in denen die Lehrkraft ganz wesentlich in einem fragend-entwickelnden Unterrichtsgespräch die Vorgehensweise lenkt. Der Grund für die Notwendigkeit dieser Vielfalt ist die Vielfalt der Inhalte, die auf jeweils ganz unterschiedliche Voraussetzungen bei den Schülerinnen und Schülern trifft. So lassen manche Themen eine unmittelbare Verknüpfung mit bereits Bekanntem erkennen, etwa aus dem Alltag. Es gibt Themen, die vorab gut zu strukturieren sind und deshalb ein Herangehen in Einzel- oder Gruppenarbeit erlauben, bei dem die Lehrkraft lediglich Impulse gibt und berät. Diese Arbeitsphasen können sowohl theoretische, als auch experimentelle Lernaktivitäten enthalten. Andere Inhalte, bei denen auf wenig Vorwissen und Vorerfahrungen aufgebaut werden kann, verlangen möglicherweise eine stärker strukturierte Einführung und Anleitung durch die Lehrkraft. Ein Grund, weshalb Physik typischerweise als schwierig angesehen wird, ist die Vielfalt der Argumentationsweisen, das Zusammenspiel von Theorie und Experiment, aber auch das Heranziehen von Alltagserfahrungen, Vernachlässigungen und Hervorhebungen einzelner Sachverhalte, die von Laien als nicht nachvollziehbar empfunden werden. Es ist daher für guten Physikunterricht unabdingbar, dass die jeweilige Argumentationsstrategie nicht nur implizit angewendet, sondern auch explizit angesprochen wird. Sonst führt zwar beispielsweise das Unterrichtsgespräch inhaltlich zum gewünschten Ergebnis, es wird aber nicht als exemplarisch und weiterführend erlebt, da die Vorgehensweise nicht auf künftige Probleme und Aufgaben angewendet werden kann. Aus dem gleichen Grund bleiben viele Phasen eigenständigen Arbeitens von Schülerinnen und Schülern erfolglos. Denn entweder herrscht Ratlosigkeit über die richtige Vorgehensweise oder sie erscheint beliebig, so dass die Lernenden den Sinn nicht verstehen. Auch eine zu enge Führung kann die kognitive Aktivierung unmöglich oder zumindest unnötig machen. Eine Vielfalt der Argumentationsstrategien sowie der Arbeits- und Sozialformen, deren jeweilige Bedeutung den Schülerinnen und Schüler klar wird, ist erfolgversprechend. (Wieso wird dieses Experiment durchgeführt? Wieso wird diese Annahme gemacht? Wieso kann das gut in einer Partnerarbeit entwickelt werden?)

Wie sieht eine gute Differenzierung/Individualisierung Ihrer Meinung nach im Physikunterricht aus?

Erfolgreicher Physikunterricht bietet unterschiedliche Lösungswege und -strategien an, sowohl nacheinander, als auch nebeneinander.

Eine gute Differenzierung setzt eine kompetente Individualdiagnose mit klaren Zielen und Kompetenzerwartungen voraus. Deshalb sollten Lehrpersonen ein Methodenrepertoire zur Feststellung individueller Unterschiede bei Schülerinnen und Schülern beherrschen. Das Diagnoseergebnis kann dann unterschiedliche Differenzierungsstrategien nahelegen, die den Umgang mit dem breiten Leistungs-, Interessens- und Begabungsspektrum von Lernenden erleichtern können. Dabei sollten die differenzierenden Maßnahmen einerseits auf die verschiedenen Anlässe, Ziele und Kompetenzerwartungen, andererseits auf die jeweiligen Unterrichtsphasen abgestimmt sein. Ein wichtiges Ziel aus Sicht der Physik ist, dass Lernende die grundlegenden Zusammenhänge „verstehen". Nicht ganz einfach ist aber, zu beschreiben, was „verstehen" in diesem Zusammenhang bedeutet. Zum einen gehört hierzu, dass der Sachverhalt nicht nur in seinem Umfeld, sondern auf einer übergeordneten Modellebene eingeordnet werden kann. Zum anderen gehört hierzu die Kenntnis, dass man typische Sachverhalte und die Lösung eines Problems auf mehr als eine Art angehen und dabei mit ganz unterschiedlichen Strategien erfolgreich sein kann (siehe vorherige Interviewfrage). (Das ist schon aus wissenschaftstheoretischer Sicht unabdingbar: Gäbe es nur einen Lösungsweg, wie sollte man dann die Richtigkeit der Lösung beurteilen?) Diese Vielfalt findet sich im Physikunterricht oft nicht wieder – stattdessen wird nur ein Weg zur richtigen Lösung beschrieben. Erfolgreicher Physikunterricht bietet dagegen unterschiedliche Lösungswege und -strategien an, sowohl nacheinander, um die Vielfalt zu verdeutlichen, als auch nebeneinander, um unterschiedliche Lernvoraussetzungen und Arbeitsvorlieben zu bedienen. Es gibt mittlerweile eine große Zahl von Anregungen für Lernaufgaben und Unterrichtsvorschläge, um unterschiedlichen Lernvoraussetzungen und Interessen der Lernenden gerecht zu werden. Um die jeweils richtigen auszuwählen, hat u.a. die Kenntnis alterstypischer Schülervorstellungen für die Vorbereitung des Physikunterrichts einen besonderen Stellenwert, da diese den Lernweg der Lernenden beeinflussen. Zur Einschätzung der Bedeutung von und des Umgangs mit Schülervorstellungen ist eine hohe fachliche Qualifikation erforderlich. (Worauf begründet sich die Newton'sche Mechanik, wenn doch im Alltag die aristotelische Sicht erfolgreich ist? Woher kommt die Idee der teilchenhaften Struktur der Materie?)

Welche immer wiederkehrenden fachspezifischen Herausforderungen im Unterrichtshandeln müssen Ihrer Meinung nach die Lehrpersonen bewältigen, um im Physikunterricht eine angemessene Unterrichtsqualität garantieren zu können?

Lehrkräfte müssen die Vielfalt physikalischer Themen und ihre Verknüpfungen in den Alltag kennen und nutzen.

Lehrkräfte benötigen grundlegende Kompetenzen, um Physikunterricht unter immer wieder neuen Bedingungen erfolgreich zu gestalten. Zugleich aber sollten sie Strategien für wiederkehrende Arbeitsphasen und vertraute Herausforderungen im Unterricht bereithalten. Solche Herausforderungen erwachsen aus allen Unterrichtsphasen, angefangen beim Stundenbeginn mit der effektiven Wiederholung und Aktivierung relevanten Vorwissens oder der Motivierung, über die Erarbeitungsphase, ggf. mit dem Durchführen von Demonstrations- oder Schülerexperimenten und der Sicherungsphase.

Ergebnisse aus Studien zeigen z. B., dass das Experimentieren im Physikunterricht, aber auch das schüler- und sachgerechte Erklären und das Erarbeiten von Gesetzen hohe Anforderungen an die Lehrperson stellen. So sind Experimente oft nicht optimal in das Unterrichtsgeschehen eingebunden, und häufig sind nicht alle Lernenden beim Experimentieren beteiligt. Hier können Lehrpersonen Strategien entwickeln, um trotz knapper Unterrichtszeit solche Unterrichtsphasen erfolgreich zu gestalten. Auch das induktive und deduktive Vorgehen bei der Herleitung von Gesetzen ist eine typische Tätigkeit im Physikunterricht, bei der Lehrpersonen auf große Schwierigkeiten stoßen können. Diese beginnen oft schon bei einer mangelhaften Aktivierung und Wiederholung von notwendigem Vorwissen, gefolgt von einer unzureichenden Sequenzierung der Erarbeitungsschritte im Rahmen der Elementarisierung. Zwar geben auch Schulbücher und Lehrerhandreichungen Hinweise für die schrittweise Erarbeitung von Inhalten, allerdings werden diese oft den tatsächlichen Lernvoraussetzungen und der realen Unterrichtssituation nicht optimal gerecht. Dazu müssen Lehrpersonen neben Kenntnis erfolgversprechender Elementarisierung und didaktischer Rekonstruktion vor allem die Fähigkeit besitzen, ihre Vorgehensweise schüler- und sachgerecht zu erklären. Dies schließt auch das adressatengerechte und fachspezifische Kommunizieren von Ideen und Ansätzen ein, sei es durch grafische und symbolische Darstellungen, Tabellen, Diagramme oder Formeln.

Eine oft zu wenig beachtete Herausforderung ist die längerfristig angelegte Ausbildung der Interessen der Schülerinnen und Schüler an physikalischen Themen. Es reicht nicht aus, den Physikunterricht durch Anwendungsbeispiele oder attraktive Unterrichtstätigkeiten hin und wieder interessant zu gestalten, vielmehr müssen Lehrkräfte die Vielfalt physikalischer Themen und ihre Verknüpfungen in den Alltag kennen und nutzen.

Worauf gilt es bei der Entwicklung und dem Einsatz von Aufgaben bzw. Aufgabensets im kompetenzorientierten Physikunterricht besonders zu achten?

Aufgaben sollen eine aktive Auseinandersetzung mit physikalischen Sachverhalten initiieren.

Aufgaben können unter unterschiedlichen Blickwinkeln beschrieben werden. Eine grundlegende Zielsetzung ist jedoch allen Sichtweisen gemein: Aufgaben sollen eine aktive und herausfordernde Auseinandersetzung mit physikalischen Sachverhalten initiieren. Anders als aus psychologischer Perspektive sind also Aufgaben nicht von Problemen abzugrenzen. Sie können und sollen Lernende durchaus zu Problemlöseprozessen anregen und nicht nur das Abarbeiten von bereits beherrschten Arbeitsprogrammen beinhalten. Im Sinne der Kompetenzorientierung sollen sie Fähigkeiten und Fertigkeiten fordern und fördern, bestimmte Probleme zu lösen, sowie die dazu gehörenden motivationalen, volitionalen und sozialen Komponenten mobilisieren. Daher zielen Aufgaben auf Ergebnisse ab, die für die Lernenden erkennbar sind und ihnen ein neues, interessantes und sinnvolles Resultat liefern (sowohl inhaltlich als auch prozessbezogen).

Neben den Aspekten des Übens und Vertiefens sind das Anregen eines zielorientierten Erarbeitens neuer Sachverhalte und das Planen sinnvoller, outputorientierter Lernaktivitäten charakteristisch für kompetenzorientierte Aufgaben. Dies beinhaltet Gestaltungsmerkmale wie Kontextanbindung und sinnstiftende Rahmung bei der Aufgabenstellung, klare Formulierungen nicht nur fachlicher Ziele und die Passung der Anforderungen an Vorarbeiten im Unterricht, Inhalte und natürlich die Leistungsfähigkeit der Schülerinnen und Schüler.

Das Spektrum von Aufgabentypen kann von Reproduktions- bis zu Transferaufgaben reichen und sollte lehrplankonforme Inhalte, unterschiedliche Kompetenzbereiche und verschiedene Anforderungsebenen ansprechen. Dies macht Aufgabensets sinnvoll oder zumindest eine Strukturierung in Teilaufgaben, durch die die Realisierung verschiedener Anforderungsebenen und eine Binnendifferenzierung im Unterricht leichter werden. Eine Einteilung in Sequenzen erleichtert auch das Angebot spezieller Lernhilfen, die auf die jeweiligen Kompetenzbereiche (Fachwissen, Erkenntnismethoden, Kommunikation und Bewertung) ausgerichtet sind.

Im Sinne einer neuen Aufgabenkultur sollte das Bearbeiten einer Aufgabe ein reichhaltiges Spektrum von Lernaktivitäten abdecken. Dazu gehören neben Berechnungen auch experimentelle Arbeiten, Modellieren mit Idealisierungen sowie Beschreibungen von Abläufen und Verfahren, Erklärungen und Begriffsvernetzungen.

Welche Schritte empfehlen Sie aufgrund Ihrer wissenschaftlichen bzw. erfahrungsbasierten Expertise als „first steps" für angehende Physiklehrer/-innen, die sie für guten Physikunterricht umsetzen können?

Schülergerechtes Unterrichten verlangt angepasste Kommunikation.

Folgende Aspekte können als Leitlinie für die Planung des ersten eigenen Unterrichts hilfreich sein. Vorausgesetzt sind dabei fachliche Kompetenz und eine gründliche Sachanalyse.

1) Lernende zu einer aktiven Teilnahme am Unterricht zu motivieren, ihr Interesse zu wecken und ihre Aufmerksamkeit zu binden, ist für ertragreiches Lernen wichtig. Zugleich wird hierdurch eine lernförderliche Atmosphäre in der Klasse unterstützt. Ansatzpunkte bieten beispielsweise überraschende Phänomene, die Verknüpfungen mit Alltagserfahrungen und Schülerinteressen zeigen.
2) Das Methodenrepertoire für eine kognitive Aktivierung der Lernenden sollte schnell ausgebaut und eingeübt werden. Hierzu gehören das Formulieren von interessanten Fragestellungen und herausfordernden Problemstellungen, passende Übungs- und Lernaufgaben (auch mit experimentellen Komponenten) und die Umsetzung klar strukturierter kooperativer Sozialformen.
3) Schülergerechtes Unterrichten verlangt angepasste Kommunikation, stimmige Leistungsanforderungen, Anknüpfung an Vorwissen, Umgang mit Schülervorstellungen und Heterogenität, sowie einfach verständliche und einleuchtende Erklärungen. Zusammen mit gut konzipierten Elementarisierungen der fachlichen Inhalte hilft dies, nicht über die Köpfe der Schülerinnen und Schüler hinweg zu unterrichten, sondern den Unterricht an den tatsächlichen (aktuellen, realen) Bedürfnissen der Lernenden auszurichten.
4) Die Unterrichtsstunde muss gut geplant sein und sich an theoriegeleiteten Schritten orientieren. Dazu gehört ein „roter" Faden (den auch die Lernenden erkennen), eine passende Phasenstruktur, gut durchdachte Überleitungen, vorgeübte Leitfragen, Schlüsselsätze und Ergebnisformulierungen. Hilfreich ist ein Blick auf bewährte Unterrichtsmuster zu zentralen Themen, die sich in der Fachliteratur, in Lehrerhandreichungen und teilweise auch in Schulbüchern finden. (Einführung des Kraftbegriffs

statisch oder dynamisch? Beginn der Elektrizitätslehre mit der Einführung des elektrischen Stromkreises oder des Ladungsbegriffs?)

5) Schließlich sind die kontinuierliche Arbeit an der eigenen Präsentationskompetenz und eine effektive, konsequente und transparente Klassenführung sowie die Weiterentwicklung der eigenen Lehrerpersönlichkeit in den ersten Berufsjahren besonders wichtig. Hierbei können neue Medien interessante Hilfsmittel sein. So kann die Aufnahme des eigenen Unterrichts ein wertvolles Feedback geben und die eigene Reflexionskompetenz stärken. Auch eine gemeinsame Diskussion von Unterrichtsvideos in der Fachgruppe bietet eine Möglichkeit, das eigene Unterrichtshandeln zu optimieren. Dazu genügt schon ein geeignetes Smartphone an der Rückwand des Physiksaals, das den eigenen Unterricht aus der Schülerperspektive heraus aufnimmt.

Was ist Ihrer Ansicht nach das Besondere am Physikunterricht?

Das Besondere des Physikunterrichts wird wesentlich durch die charakteristische Struktur der Physik bestimmt.

Das Besondere des Physikunterrichts wird wesentlich durch die charakteristische Struktur der Physik bestimmt: ihre Inhalte, ihre Methoden und Erkenntniswege, ihre Wissensrepräsentationen und schließlich die Aussagen und ihr Erklärungswert.

1) Fragestellungen und Inhalte sind charakteristisch: Die Physik befasst sich mit den Formen und Eigenschaften der uns umgebenden Materie, ihren Grundbausteinen und deren gegenseitigen Wechselwirkungen. Die Physik strebt an, Gesetzmäßigkeiten grundlegend, systematisch und wenn möglich quantitativ zu erfassen sowie Phänomene einfach, eindeutig und komprimiert zu beschreiben. Dies geschieht oft mithilfe von mathematischen Formulierungen. Der Physikunterricht muss dabei häufig eine Brücke zwischen einem unscharfen Alltagsverständnis über Naturprozesse in unserer Umgebung und der wissenschaftlichen Sichtweise herstellen.

2) Methoden und Erkenntniswege sind spezifisch, wobei vor allem das Wechselspiel von Theorie und Experiment von zentraler Bedeutung ist. Der Physikunterricht kann daraus abgeleitet wichtige naturwissenschaftliche Arbeitsweisen aufzeigen, objektive Betrachtungsweisen einüben und pragmatische Vorgehensweisen vermitteln.

3) Die Darstellung von Wissen, die Strukturierung und die Wissensrepräsentationen schulen kognitive Fähigkeiten und Fertigkeiten in einer besonderen, fachspezifischen Weise. Klar definierte Begriffe, Konzepte

und Gesetze sowie Anforderungen an Modellvorstellungen und Theorien fordern und fördern besondere kognitive Aktivitäten und Kommunikationsformen.

4) Erklärungswert und Nutzen physikalischer Aussagen werden auch im Physikunterricht erkennbar und erstrecken sich über einen weiten fachspezifischen Erkenntnisbereich. Daten, Gesetzmäßigkeiten und physikalische Verfahren helfen bei Technikfragen, Anwendungen und dem Lösen von Umweltproblemen und prägen nicht zuletzt unser Weltbild. Sie liefern auch ganz konkrete Beiträge zur Alltagsbewältigung der Schülerinnen und Schüler, etwa in den Bereichen Verkehr, Elektrizität, Wärme- und Energietechnik. Sachbezug und objektivierende Betrachtungen erschließen wichtige Grundlagen und Perspektiven, die auch bei vielen gesellschaftlichen und politischen Bewertungen und Entscheidungen heranzuziehen sind.

Welche fachlichen und fachdidaktischen Aspekte erachten Sie als bedeutsam, damit das Lernen zum Wesen der Naturwissenschaften wirksam wird?

Ein angemessenes wissenschaftliches Verständnis der Natur der Naturwissenschaften ist Teil der naturwissenschaftlichen Grundbildung (scientific literacy).

Naturwissenschaften haben das Ziel, einen rationalen Zugang zur Erklärung der Welt anzubieten. Stärker aber als Biologie, Chemie und die anderen Natur- und Technikwissenschaften sucht die Physik nach den letzten Begründungszusammenhängen hinter den Phänomenen. Sowohl dieses Ziel, als auch die Wege, sich ihm anzunähern, bilden das konstituierende Element der Physik, und es ist – stärker als die Inhalte selbst – das Ziel, dies im Physikunterricht als Kulturleistung der Menschheit zu vermitteln. Zugleich aber ist es Aufgabe des Unterrichts, auch die Grenzen und den Aspektcharakter dieses Zugangs zu verdeutlichen. Dies leistet der Inhaltsbereich „Nature of Science", der sich wesentlich dem Kompetenzbereich „Erkenntnisgewinnung" zuordnen lässt. „Nature of Science" bietet aber speziell für den Physikunterricht noch eine weitere, wichtige Chance: Mit den zugehörigen Themen lassen sich auch Schülerinnen und Schüler für Physik interessieren, die sich ihren Inhalten sonst eher nicht zuwenden. Dadurch, dass „Nature of Science" das Werden der Physik beschreibt und dabei auch die Rolle der Forscherinnen und Forscher in der Gesellschaft berücksichtigt, wird nämlich auch die „weiche" Seite der Physik erkennbar. Physik ist zwar eine Naturwissenschaft, aber ebenso wie Geistes- und Sozialwissenschaften menschengemacht, ihre Ergebnisse sind nicht festgefügt, sondern fortwährend Diskussionsgegenstand, und damit ist ihre Entwicklung auch im Zusammenhang mit den einzelnen Personen und der Gesellschaft zu verstehen. Ein angemessenes wissenschaftliches Verständnis der Natur der Naturwissenschaften ist daher Teil der naturwissenschaftlichen Grundbildung (scientific literacy). Zu diesem Bereich gehören viele Einzelaspekte, die sich in die Bereiche „Nature of Scientific Knowledge", „Methods of Science" und „Institutions and Social Practices in Science" gliedern lassen (Osborne, Collins, Ratcliffe, Millar & Duschl, 2003).

Welchen Umgang mit herkömmlichen bzw. neuen Medien empfehlen Sie im Physikunterricht?

Ein kompetenter Medieneinsatz im Unterricht verlangt eine adaptive Nutzung der Darstellungsvielfalt und multipler Repräsentationen.

Der Einsatz von Medien im Physikunterricht ist kein Selbstzweck: Es geht nicht um Medienerziehung, sondern um die Nutzung der Medien im Unterricht und für den Lernprozess.

Informations- und Kommunikationstechnologien entwickeln sich rasant. Dadurch wandelt sich auch das Physiklernen und -lehren mit Medien, und es erwachsen stets neue Anforderungen an die Lehrperson. Trotz der beeindruckenden technischen Entwicklung verwenden nicht nur traditionelle Unterrichtsmedien, wie etwa Schulbücher und Unterrichtsfilme, sondern auch neue Medien als Ausdrucksmittel vorwiegend Bild, Film, Ton und Text. Ein effektiver Medieneinsatz im Unterricht setzt also mindestens den kompetenten Umgang mit diesen Ausdrucksmitteln voraus. Dementsprechend gehört zu den Grundlagen, aus denen heraus der Einsatz eines bestimmten Mediums entschieden werden kann, das Wissen über sein Potenzial und Einsatzbedingungen, aber auch über mögliche Schwierigkeiten. So kann ein Film oder eine Animation eines Experiments Vorteile bieten, etwa wenn der Vorgang im Original zu schnell abläuft, aber auch von Nachteil sein, weil ein primäres Erleben nicht nur den Fokus auf das Erwünschte lenkt (also durchaus auch fehlerbehaftet sein kann).

Heute aktuell sind „digitale Medien", wobei der Begriff vorrangig einen technischen Aspekt betont. Didaktisch interessant sind vor allem Beiträge, die unter dem Begriff Multimedialernen zu finden sind. Multimediales Lernen wird erfolgreich, wenn Lernende aus dargebotenem Wort- und Bildmaterial tragfähige mentale Repräsentationen aufbauen. Dabei sind vornehmlich drei Stärken multimedialer Lernumgebungen zu nennen: Die Multimodalität (Integration verschiedener Sinnesbereiche), Multicodierung (Darstellung in verschiedenen Codesystemen) und die Interaktivität des

Mediums. Ein kompetenter Einsatz im Unterricht verlangt, multiple Repräsentationen und die Darstellungsvielfalt adaptiv zu nutzen, dabei den Cognitive Load und die Grenzen des Arbeitsgedächtnisses zu berücksichtigen sowie den Aufbau mentaler Modelle und eine kognitive Flexibilität zu unterstützen.

Wissensstrukturierung, Situierung und Vernetzung von Wissen (auch in sozialen Netzwerken), aber auch entdeckendes Lernen und Modellieren mit Simulations- und Modellbildungs-Programmen lassen sich über Internet und Web2.0-Technologien unterstützen und fördern. Der aktuellen Entwicklung entsprechend sollten Lehrpersonen auch mobile Endgeräte zeitlich und räumlich flexibel mit den eingebauten Sensoren und mit modernen Messtechniken für Experimente und Datenauswertung nutzen. So können sie mit digitalen Medien letztlich auch zu einem lebenslangen Lernen hinführen.

Literatur

Deci, E. L. & Ryan, R. M. (1993). Die Selbstbestimmungstheorie der Motivation und ihre Bedeutung für die Pädagogik. *Zeitschrift für Pädagogik, 2*, 223–238.

Großmann, S. & Hertel, I. (Hrsg.). (2014). *Zur fachlichen und fachdidaktischen Ausbildung für das Lehramt Physik – Eine Studie der Deutschen Physikalischen Gesellschaft e. V.* Bad Honnef: DPG.

Osborne, J., Collins, S., Ratcliffe, M., Millar, R. & Duschl, R. (2003). What „Ideas-about-Science" Should Be Taught in School Science? A Delphi Study of the Expert Community. *Journal of Research in Science Teaching, 40*, 692–720.

ALEXANDRA GRAF

DIE KINDER MÜSSEN FÜHLEN, DASS ICH SIE MAG

Graf, Alexandra, Oberstudienrätin, Deutsche Schule Valencia; Preisträgerin Helmholtz-Lehrerpreis 2013

Welches fachwissenschaftliche und fachdidaktische Wissen und Können der Lehrperson ist aus Ihrer Sicht für die Qualität des Physikunterrichts besonders wichtig?

„Die Lehrperson sollte natürlich alles wissen und können." Dieser Forderung kann man leider nie gerecht werden. Ich halte die klassischen Themengebiete Mechanik, Elektrizitätslehre, Optik, Thermodynamik, Akustik für wichtig aber auch vertiefte Einblicke in neuere Themen (spezielle Relativitätstheorie, Quantenmechanik oder Teilchenphysik), um den Bezug zu aktuellen Forschungsthemen herzustellen. Daneben sind sichere Experimentierkenntnisse unverzichtbar. Unabhängig vom behandelten Themengebiet soll die Physikstunde eine klare Struktur aufweisen, die mit den Inhalten eng verknüpft ist. Bei Demonstrations- / Schülerexperimenten müssen die Jugendlichen das Ziel und den Alltagsbezug kennen. Die Stärken des lehrerzentrierten und dennoch schülerorientierten Unterrichts sollten hier nicht unterschätzt werden.

Meine Erfahrungen mit Kollegeninnen und Kollegen und als Mutter, sowie Gespräche mit anderen Eltern haben mir gezeigt, dass das induktive Schülerexperiment nicht immer der Schlüssel zum Erfolg ist, besonders dann nicht, wenn der Zeitrahmen für die Vor- und Nachbereitung nicht ausreichend ist. Oft ist dem „Durchschnittsschüler" mit einer gut strukturierten Stunde der Lehrkraft mehr gedient, da nicht jeder ein versierter Experimentator ist. Eine Möglichkeit, physikalisch interessierte Schülerinnen und Schüler zusätzlich selbst experimentieren zu lassen, bieten spezielle Arbeitsgemeinschaften / Wahlkurse (z. B. „Jugend forscht").

Für eine gute Schüler-Lehrer-Beziehung ist darüber hinaus die Wertschätzung der Schülerinnen und Schüler durch die Lehrkraft ein wichtiger Grundbaustein, um die Jugendlichen zu motivieren. Ich bin sogar der Meinung: „Die Kinder müssen spüren, dass ich sie mag."

Besonders in Zeiten, in denen die Bezugspersonen der Jugendlichen nicht mehr so eindeutig und stetig sind, kommt uns Lehrkräften verstärkt die Rolle eines Pädagogen im ursprünglichen Sinn und damit einer fördernden Vertrauensperson zu. Aus der distanzbehafteten öffentlichen Lehranstalt der letzten Jahrhundertmitte ist durch die gesellschaftlichen Entwicklungen ein stärker empathischer Lebensraum für Jugendliche geworden. Dies erfordert menschenbezogeneres Lehrerverhalten. Man mag dies bedauern, aber das von einer gegenseitigen Vertrauensbasis getragene Miteinander zwischen Lehrenden und Lernenden ist eine sehr wertvolle Lebenserfahrung, die in vielen Elternhäusern nicht mehr gewährleistet wird. Dass dies auch zum Anvertrauen persönlicher Schülerprobleme führen kann, bestätigt nur den Wert dieses Handelns.

Welche Qualitätsmerkmale halten Sie für den Physikunterricht für essenziell?

Nach meiner Meinung geben die Sichtstrukturen einen äußeren Rahmen für einen wirksamen Physikunterricht vor, der notwendig und wichtig ist. Die Tiefenstrukturen sind aber doch entscheidender für den Erfolg und die Nachhaltigkeit des Unterrichts. Es ist nicht möglich, als Lehrer ein Patentrezept zu finden. Voraussetzungen sind in jedem Fall, für eine gewisse Disziplin und klare Strukturen im Unterrichtsablauf zu sorgen und die Kinder im Auge zu behalten. Der Kraft- und Zeitaufwand ist immer geringer, wenn mögliche Störungen im Vorfeld verhindert werden und nachträgliches Reagieren nicht nötig ist.

Störungen wirkt man entgegen, wenn die Schülerinnen und Schüler das Gefühl haben, da abgeholt zu werden, wo sie momentan stehen. Ein Wechsel der Methoden bietet die Möglichkeit, Schülerinnen und Schüler auf verschiedenen Ebenen anzusprechen. Zusätzlich zum fragend-erarbeitenden Unterrichtsgespräch mit Demonstrationsexperimenten sollten aber auch Schülerexperimente, offener Unterricht und Stationenlernen sowie Projektunterricht und der Einsatz moderner Medien miteinbezogen werden. Hierbei sollte man das Erfolgsrezept nicht in einer einzigen Methode suchen, denn auch dauernde Schülerexperimente verlieren ihren Reiz, zumal der Lerneffekt nach Schülerexperimenten nicht deutlich höher ist. Dies habe ich sowohl im Gespräch mit Kollegen / Innen als auch aus eigener Erfahrung festgestellt. Die richtige Mischung ist wichtig und sie kann, je nach Klasse und Arbeitswillen der Klasse, auch ganz verschieden ausfallen. In manchen Klassen, kann es durchaus sinnvoll sein, die Neugierde durch ein geführtes Unterrichtsgespräch zunächst zu bündeln und einen reibungslosen, konzentrierten Unterrichtsablauf zu gewährleisten und erst danach zu offeneren Unterrichtsformen überzugehen. Dies herauszufinden und umzusetzen zeichnet die gute Lehrkraft aus.

Unerlässlich bei der Planung der Unterrichtsstunden ist es, sich den Lernprozess auch einmal aus Schülersicht vor Augen zu führen. Das fördert auch eine positive Beziehung zwischen Schülerinnen und Schülern und der Lehrkraft und man behält als Lehrkraft die „Bodenhaftung". Die Schülerinnen und Schüler dürfen und wollen auch gern gefordert werden, nachdem man ihnen die nötigen Werkzeuge zur Problemlösung an die Hand gegeben hat. Allerdings erscheint mir auch hier eine dem Schüler zugewandte Haltung seitens der Lehrkraft äußerst wichtig. Der größte technische Aufwand und Medieneinsatz im Unterricht wird wenig Anklang finden, wenn die Wertschätzung der Lehrkraft für die Kinder fehlt.

Welche Lernumgebungen und Lehr-/Lernformen halten Sie für einen wirksamen Physikunterricht für besonders bedeutsam?

Wer nach dem Referendariat seine neue Stelle als Lehrkraft antritt hat, fühlt sich häufig „erschlagen" von zusätzlichen Aufgaben (z. B. als Klassenleiter) und dem deutlich höheren Stundendeputat. Man befürchtet, das in der Ausbildung erworbene Wissen nicht so umsetzen zu können, wie man es sich vorgestellt hatte. Glücklicherweise ist dem nicht so: Die Schülerinnen und Schüler verzeihen auch, wenn etwas nicht perfekt läuft. Dies sollte aber die Ausnahme bleiben. Im Hinblick auf die angesprochenen Lehr- und Lernformen ist eine gute Mischung zwischen darbietendem und erarbeitendem Unterricht anzustreben. Einseitigkeit langweilt (dies zeigen schon aktuelle Erfahrungen in Laptopklassen oder mit Whiteboards) und auch nicht jeder Inhalt lässt sich z. B. in Gruppenarbeit wirklich gut vermitteln. Im normalen Schulalltag ist die Ausstattung der Schule mit Experimentiermaterialien natürlich entscheidend. Manches ist einfach nicht realisierbar. Aus eigener Erfahrung und Rückmeldungen von Eltern weiß ich, dass die Schüler es auch als angenehm empfinden, wenn sie nicht schon wieder „alles selbst machen müssen", weil sich ein Teil der Gruppenpartner eben nicht am Experimentieren und Ergebnisfinden beteiligt. Die Arbeit bleibt dann immer an den gleichen Personen hängen, auch wenn man als Lehrkraft versucht, die Klasse im Blick zu behalten und zur Mitarbeit anzuregen. Leider haben nicht alle einen ausgeprägten Forscherdrang. Das muss man in gewissem Maße akzeptieren, ohne es den Jugendlichen zu verübeln.

Allerdings kann ein Wechsel der Lernumgebung durchaus helfen, vormals eher passive Kinder auch einmal zu „fangen". Hier habe ich selbst sehr gute Erfahrungen mit Schülerlabors der Universitäten gemacht. In Gruppenarbeit sind hier oftmals Experimente möglich, die die Schüler in diesem Umfang im Unterricht so nicht durchführen könnten und die Betreuung ist intensiver. Von mir durchgeführte (auch mehrtägige) Besuche, z. B. des XLABs in Göttingen, der EXPERI*MINTA* in Frankfurt oder naturwissenschaftlicher Museen haben das gezeigt. Hier sollte man bei der Organisation im Vorfeld allerdings deutlich machen, dass auch das Arbeiten in einer anderen Lernumgebung Teil des Unterrichts ist und die Jugendlichen nicht nur von einem Führer durchlotsen lassen. Als Vorbereitung ist es hier wichtig, klare Arbeitsaufträge und Ziele mit auf den Weg zu geben, um aus dem Wechsel der Lernumgebung auch im weiteren Unterricht Nutzen ziehen zu können.

Wie sieht eine gute Differenzierung/Individualisierung Ihrer Meinung nach im Physikunterricht aus?

Die innere Differenzierung ist durch die Lehrkraft stärker beeinflussbar, wenn z. B. im normalen Stundenablauf immer auch schwächere Schülerinnen und Schüler eingebunden werden (Mitwirkung am Demonstrationsexperiment, Messwertabnahme oder Realisierung einfacher Versuchsaufbauten).

Bei Gruppenarbeiten / Schülerexperimenten ist es wünschenswert, verschiedene Anforderungsbereiche in der Durchführung anzubieten, um einer Aufspaltung innerhalb der Gruppe entgegenzuwirken (zwischen denen, die motiviert genug sind und die Arbeitsaufträge gut bearbeiten möchten und denen, die sich entmutigt ausklinken).

Projektarbeiten ermöglichen ebenfalls innere Differenzierung. Hier können in Gruppen verschiedene Aspekte eines Themas beleuchtet werden mit praktischen und / oder theoretischen Beiträgen, die zunächst von der Lehrkraft vorgegeben werden. In Klassen mit mehr Projekterfahrung erfolgt die Schwerpunktsetzung auch von den Schülern selbst. Die Lehrkraft greift gegebenenfalls nur lenkend ein. Wichtig ist, dass sich jeder mit seinen Fertigkeiten und seinem Wissen einbringen kann und klar ist, dass es um die funktionierende Zusammenarbeit der Gruppe geht. Präsentationen sollen die Beteiligung aller erfordern.

Vielfach entsteht bei der Diskussion um Differenzierung / Individualisierung der Eindruck, dass es hauptsächlich darum geht, möglichst viele Jugendliche durch das Abitur zu bringen, auch diejenigen, die sich an der Grenze ihrer Leistungsfähigkeit befinden. Erst in den letzten Jahren wird verstärkt auch das Augenmerk auf die Schülerinnen und Schüler gelegt, die besonders leistungsstark sind. Besondere Fördermöglichkeiten dieser Schüler bietet hier die äußere Differenzierung beispielsweise in Arbeitsgemeinschaften, die die Teilnahme an Wettbewerben zum Ziel haben. Sehr gute Erfahrungen habe ich mit einer Jugend-forscht-AG gemacht. Hier konnten sich die Jugendlichen ihren Möglichkeiten entsprechend einbringen. Die bloße Teilnahme ist ein unvergessliches Erlebnis, Sieger zu werden natürlich umso mehr. Es kann auch sinnvoll sein, spezielle Angebote für Mädchen zu schaffen. Während meiner Lehrtätigkeit in Ägypten konnte ich dort reine Mädchenklassen unterrichten. Ich habe die Erfahrung gemacht, dass sich die Mädchen darin sehr viel freier und selbstbewusster am Unterricht beteiligt haben als ich das aus koedukativen Klassen kannte. (Ähnliche Ergebnisse erhielten StDin Verena Schroll und StDin Ulrike Schätz (beide München) durch entsprechende Auswertungen an ihren Schulen).

Welche immer wiederkehrenden fachspezifischen Herausforderungen im Unterrichtshandeln müssen Ihrer Meinung nach die Lehrpersonen bewältigen, um im Physikunterricht eine angemessene Unterrichtsqualität garantieren zu können?

Eine zentrale Aufgabe innerhalb des Physikunterrichtes ist die Beschreibung von Vorgängen und Experimenten. Hierbei ist es wichtig, darauf zu achten, dass die Vorgänge zunächst vollständig und in der richtigen Reihenfolge von den Schülerinnen und Schülern wahrgenommen werden. Gerade zu Beginn der Lehrtätigkeit ist man manchmal überrascht, dass die Jugendlichen nicht sehen, was der Lehrkraft selbst so offensichtlich erscheint oder etwas völlig anderes beschreiben, was vielleicht tatsächlich beobachtbar, aber nicht zielführend war. Hier sollte man sich im Vorfeld überlegen, wie offen die Versuchsdurchführung gestaltet werden soll. Man kann offen experimentieren und sich nötigenfalls durch mehrfache Wiederholung des Versuchs dem Ziel annähern. Hierbei lässt man die Schülerinnen und Schüler ohne zu enge Führung experimentieren. Das ist allerdings nicht bei jedem Thema zeitlich machbar und mitunter auch aus Sicherheitsgründen so nicht durchführbar. Wie schon angesprochen, wird die Lehrkraft zwischen unterschiedlichen Vorgehensweisen abwechseln. In Fällen, in denen man in kürzerer Zeit zu Ergebnissen kommen möchte, wird es sicher sinnvoll sein, zunächst mit den Schülerinnen und Schülern das gemeinsame Ziel und die nötigen Beobachtungen zu erarbeiten. Danach ist die experimentelle Umsetzung zu erläutern. Hierbei erhalten die Jugendlichen schon vorab Informationen zur Beobachtung und verfolgen so das Geschehen mit „geschultem" Blick. Bei der nachfolgenden Erarbeitung sollte darauf geachtet werden, dass schon bekannte Fachtermini korrekt angewandt werden und neue Fachbegriffe ebenfalls mit einfließen. Nach meiner Erfahrung kommt ein Teil der Probleme, die Jugendliche mit dem Fach Physik haben, daher, dass sie im Laufe der Jahre ein Gemisch an Begriffen angesammelt haben, deren Bedeutung sie aber nicht (mehr) exakt wissen. Häufig entsteht Frustration, wenn sie ihre Gedanken und Ideen nicht fachsprachlich korrekt wiedergeben können. Dann sehen sie sich in ihrer Annahme bestätigt, dass sie „Physik sowieso nie kapieren". Ich weise meine Schülerinnen und Schülern immer darauf hin, dass für sie zum Erlernen einer Sprache das Vokabellernen selbstverständlich dazugehört, dass es aber auch in den Naturwissenschaften eine Fachsprache gibt und es somit unerlässlich ist, Begriffe und deren Bedeutung auswendig zu lernen, um eindeutig und klar miteinander kommunizieren zu können.

Worauf gilt es bei der Entwicklung und dem Einsatz von Aufgaben bzw. Aufgabensets im kompetenzorientierten Physikunterricht besonders zu achten?

Als Lehrkraft bekommt man bei den zahlreichen Diskussionen / Publikationen, die sich mit dem Begriff der Kompetenz befassen, den Eindruck, dass die Fertigkeiten und Fähigkeiten, die man bisher als selbstverständliche Voraussetzung bei Gymnasiasten angesehen hatte, immer mehr in den Hintergrund rücken. Kompetenzerwerb in verschiedenen Ausprägungen ist das Thema schlechthin. Aber was erwerben denn die Schülerinnen und Schüler eigentlich? Es geschieht sicher nicht grundlos, dass sich Hochschulprofessoren öffentlich und in persönlichen Gesprächen darüber beklagen, dass Studenteninnen und Studenten nicht einmal mehr in der Lage seien, z. B. kompliziertere Gleichungen aufzulösen, obwohl sie doch angeblich in der Schulzeit so viele Kompetenzen erworben hätten. Gerade als Lehrerin oder Lehrer hat man hier die Möglichkeit, sich zusammen mit seinen Klassen in Übungsphasen auch auf das zu konzentrieren, was einem manchmal zu kurz zu kommen scheint. Bei der Auswahl der Lernaufgaben ist es sinnvoll, zunächst gewisse Vorgehensweisen / Strukturen einzuüben und zu festigen. Im Physikunterricht zeigt sich häufig, dass man nicht selbstverständlich einen sicheren Umgang mit mathematischen Rechenfertigkeiten voraussetzen kann. Ich weiß aus eigener Erfahrung, dass die Phasen für das Einüben und Festigen auch in Mathematik nicht zu üppig bemessen sind. Deswegen ist es in Physik sinnvoll, zunächst mit den Schülern an einfacheren Aufgaben das prinzipielle Vorgehen zu erläutern. Auch die schwächeren

Kinder können hier eine gewisse Sicherheit erwerben, die der Atmosphäre in der Klasse zuträglich ist. Dann kann man sich anspruchsvolleren Fragestellungen zuwenden, bei denen die Lösungen aufwändiger in mehreren Schritten erarbeitet werden. Niemals sollte man die Übungsphasen vernachlässigen. Die Schülerinnen und Schüler benötigen ausreichend Zeit, in der sich das neu erworbene Wissen setzen kann. Man darf nicht unterschätzen, wie positiv der Verstehensprozess durch ausreichend Übung beeinflusst werden kann. Dies geschieht in besonderem Maße dann, wenn in der Aufgabenauswahl bewusst auf Realitätsbezug geachtet wird. Erst dadurch wird den Jugendlichen verstärkt vor Augen geführt, dass die Betrachtung eines Effekts oder einer Gesetzmäßigkeit nicht reiner weltfremder Selbstzweck ist, sondern etwas mit ihrer Erfahrungswelt zu tun hat. Gelerntes bleibt dadurch besser im Gedächtnis und die leidige Frage „Warum machen wir das eigentlich?“ erübrigt sich.

Welche Schritte empfehlen Sie aufgrund Ihrer wissenschaftlichen bzw. erfahrungsbasierten Expertise als „first steps“ für angehende Physiklehrer/-innen, die sie für guten Physikunterricht umsetzen können?

Die Fülle an Studien und Tests, mit denen in den letzten Jahren die Bildungslandschaft „beglückt“ wurde, kann gerade bei Berufseinsteigern zu einem Gefühl der Überforderung führen, zumal die Ergebnisse nicht immer eindeutig und damit hilfreich sind.

Nun hat die Metastudie „Visible Learning“ von John Hattie (2009) genau das belegt, was uns Lehrern intuitiv schon immer klar war: Ein guter Unterricht zeichnet sich nicht durch einen hohen Medieneinsatz aus. Es ist die Lehrerpersönlichkeit und natürlich ein gutes Lehrer-Schüler-Verhältnis, die in erster Linie den Unterrichtserfolg gewährleisten. Der ganze „technische Schnickschnack“ würde den Unterricht nicht verbessern und auch nicht für größere Nachhaltigkeit des Gelernten sorgen.

Für mich ist die gute alte Kreidetafel als Unterrichtsmedium unersetzlich, obwohl sie in jüngster Vergangenheit doch teilweise etwas stiefmütterlich behandelt wurde und in den Hintergrund gerückt ist. Das Tafelbild soll den Stundenverlauf klar widerspiegeln und auch unbedingt Grundlage für die Vorbereitung und das Lernen der Schülerinnen und Schüler sein. Es darf nicht Aufgabe der Kinder sein, sich nach dem Unterricht inhaltliche Informationen selbst zu beschaffen (außer bei bewusst gestellten Aufgaben). Unter diesem Gesichtspunkt sollte man als Lehrer / In das eigene Skript erstellen. Zu diesem Zweck muss das Tafelbild selbstverständlich gut lesbar und nicht überfrachtet sein mit nachträglichen Randbemerkungen, bei denen am Ende nicht mehr klar ist, wozu sie tatsächlich gehören. Hier ist eine Aufteilung in

Mitschreibtafel und Schmiertafel (auf der Ideen, Skizzen etc. festgehalten werden) empfehlenswert. Auch auf chaotisch wirkende Querverweise sollte man verzichten, besonders wenn der Hefteintrag der Jugendlichen dadurch unübersichtlich wird. Dann ist es besser, als Lehrkraft das Skript grundsätzlich anders zu strukturieren.

In dem Bemühen als Berufseinsteigerin oder -einsteiger ein gutes Lehrer-Schüler- Verhältnis aufzubauen, sollte man sich selbst nicht zu sehr unter Druck setzen in dem Glauben, der beste Freund werden zu müssen. Als Ergebnis vieler Fachdiskussionen wurde ebenfalls deutlich, dass mit einem guten Verhältnis zwischen Schülern und Lehrern keineswegs gemeint sei, dass man sich bei den Schülern anbiedere oder ihnen sämtliche Freiheiten gestatte. Vielmehr würden die Jugendlichen, mit ihrem teilweise stark ausgeprägten Gerechtigkeitsempfinden, klare Strukturen / Vorgaben und auch Konsequenz in der Einhaltung von Regeln erwarten.

Was ist Ihrer Ansicht nach das Besondere am Physikunterricht?

Naturwissenschaften, insbesondere die Physik, bestimmen in hohem Maße das Denken / Leben des Menschen, seine Einstellung zur Umwelt aber auch zu andersartigen Denkweisen / -modellen. Der Physikunterricht hat die Aufgabe, Neugier und Freude an naturwissenschaftlichen Problemen und Fragestellungen zu wecken und die Heranwachsenden zu kritischen, mit einem physikalischen Basiswissen ausgestatteten verantwortungsbewussten Bürgern auszubilden, die befähigt sind, die Möglichkeiten und Gefahren des technischen Fortschritts kritisch zu begleiten.

Das Besondere am Physikunterricht setzt sich aus mehreren Aspekten zusammen. Ein Aspekt ist, dass man den Kindern und Jugendlichen zeigt, dass Physik überall stattfindet und man Vieles als selbstverständlich akzeptiert, ohne sich Gedanken darüber zu machen. Das Erklären noch nie hinterfragter Alltäglichkeiten stellt eine dauernde Herausforderung dar und jeder Lehrer kennt das beglückende Gefühl, wenn dann ein Lächeln der Erkenntnis und des Verstehens das Gesicht des Schülers / der Schülerin erhellt. Diesen Prozess des Nachdenkens anzuregen und beispielsweise durch Experimente weiterzuführen macht Physik zu etwas Besonderem. Dies hebt die Physik von den meisten anderen Fächern ab. Gerade in einer Zeit, in der sich Koordinationsfähigkeit leider immer öfter nur auf die Fingerbewegung bei der Smartphonebedienung beschränkt, ist es sehr wichtig, dass Jugendliche auch manuell gefordert werden, sei es nun beim Schülerversuch, dem Zusammenbau eines Teleskops / Kaleidoskops in einem Optik-Projekt, bei einfachen elektronischen Schaltungen oder beim Austüfteln einer Versuchsanordnung oder eines pfiffigen Gerätes für ein Jugend-forscht-Projekt.

In meiner Lehrtätigkeit an verschiedenen Schulen und als Projektbetreuerin (Jugend forscht), stellte ich außerdem immer wieder fest, dass sich Mädchen gerade in Physik wenig zutrauen. Schon die Statistiken von Wettbewerben im Bereich Physik / Technik sind hier ernüchternd und sollten uns Lehrkräfte anstacheln, in Zukunft verstärkt Mädchen für Physik zu begeistern. Leider scheint das alte Rollenbild noch fest in den Köpfen verankert zu sein. Mädchen sehen es als naturgegeben an, wenn sie mit Physik nicht viel anfangen können und sie entwickeln auch keinen Ehrgeiz, daran etwas zu ändern. Hier sehe ich mich als Physiklehrerin und alle Kollegen / Innen besonders in der Pflicht, dieses überholte Weltbild aktiv zu ändern und die Mädchen aus ihrer in langer Tradition erworbenen Passivität heraus zu holen.

Welche fachlichen und fachdidaktischen Aspekte erachten Sie als bedeutsam, damit das Lernen zum Wesen der Naturwissenschaften wirksam wird?

Gerade im Anfangsunterricht ist es wichtig über die Frage zu sprechen, was sich die Kinder eigentlich unter Physik vorstellen. Mir ist dabei aufgefallen, dass die Schülerinnen und Schüler dabei ganz selbstverständlich Begriffe verwenden, deren Definition / Herleitung erst Thema des späteren Unterrichts ist. Daraus ergibt sich vielfach schon die Erkenntnis, dass Physik nicht in einem einzigen Satz beschrieben werden kann, sondern eine Vielzahl von Aspekten vereint. In jeder Klassenstufe sollte man daher immer wieder deutlich machen, dass Physik keine „abgeschlossene Sache“ sondern ein dauerndes Ringen um neue Erkenntnisse ist, dass alte Positionen manchmal aufgegeben werden müssen und dass es eine Möglichkeit ist, die Welt / Natur zu verstehen. Dieser dauernde Wandel kann im Unterricht gut mit historischen Anekdoten aufgezeigt werden. Man sollte den Schülerinnen und Schülern stets vor Augen führen, dass es sich nicht um ein abgeschlossenes Paket von Gesetzen und Theorien handelt, sondern dass sich die Forschung im dauernden Wechsel zwischen Theorie und Experiment befindet. In diesem Zusammenhang wird auch wieder die Bedeutung des Experiments deutlich, durch das die Jugendlichen zumindest einen ersten Eindruck von der Vorgehensweise in den Naturwissenschaften bekommen sollen. Hier sollte auf grundsätzliche Fragestellungen bezüglich des Experiments sowie des Erfassens und Auswertens von Daten eingegangen werden. Schulexperimente sind doch häufig eher dazu geeignet, Theorien zu bestätigen und dienen nicht so sehr dem Erkenntnisgewinn oder als „Frage an die Natur“. Man sollte sich im Unterricht auch kritisch mit dem Begriff der Reproduzierbarkeit auseinandersetzen, denn es gibt z. B. im Bereich der Astronomie Phänomene, die wissenschaftlich untersucht werden, obwohl sie nicht reproduzierbar sind. Insgesamt sollte die Lehrkraft den Schülerinnen und Schülern bewusst machen, dass es in Physik noch viele offene Fragen gibt, dass jede Antwort fast zwangsläufig neue Fragen nach sich zieht und dass „die Physiker" nicht alles messen oder berechnen können.

Ein Bezug zum Alltag lässt sich besonders gut herstellen, wenn man Beispiele für die vielfältige Anwendung der Physik in Technik, Medizin oder auch Wirtschaft und Politik und besonders im Schüleralltag (Laserstift, CD-Player, Navi, LED-Bildschirm, mp3-Technik, Computertechnologie usw.) anführt. Immer wieder anregend finde ich auch die Diskussionen, die sich mit Schülerinnen und Schülern ergeben, wenn sie Religion unter naturwissenschaftlichen Aspekten betrachten.

Welchen Umgang mit herkömmlichen bzw. neuen Medien empfehlen Sie im Physikunterricht?

Beamer haben in fast allen Schulen Einzug gehalten. Die erste Euphorie weicht inzwischen aber schon der Ernüchterung. Öfters funktioniert nicht alles wie gewünscht und Unterrichtszeit geht verloren. Auch die Anfangsbegeisterung der Laptopklassen schwindet. Diese werden teilweise schon wieder abgeschafft, weil ein erhöhter Lerneffekt nicht nachweisbar ist. Nicht alles, was technisch möglich ist, führt zwangsläufig dazu, die Physik dahinter besser zu verstehen. Die Physikstunde soll nicht zur Show und einer Explosion an Eindrücken mutieren. Auch im späteren Studium / Berufsleben wird nicht jedes Problem nett und ansehnlich präsentiert. Die Jugendlichen sollen ebenfalls lernen, dass der Weg zur Lösung einer Fragestellung steinig sein kann, man diesen aber dennoch findet, ohne vorher durch ein Video motiviert worden zu sein. Anstrengungskultur ist genauso nötig, getreu der Bedeutung von „studere" = „sich bemühen". Die Bombardierung der Sinne findet vor und nach dem Unterricht zur Genüge statt. Es stellt sich die Frage, ob es nicht vielmehr Aufgabe der Lehrkraft ist, im Unterricht wieder besonderen Wert auf die Rückkehr zu ruhigem und konzentriertem Arbeiten zu legen, so wie es das griechische Wort scholé (Ruhe, Muße, ruhige Zeit) ursprünglich bedeutet.

Beim Medieneinsatz ist daher abzuwägen, ob dadurch ein Sachverhalt für den Schüler / die Schülerin klarer oder eher verschleiert wird. Der Einsatz von Smartphones und deren Sensoren bietet einerseits die Möglichkeit, im Unterricht Alltagsbezug herzustellen. Andererseits darf es nicht nur ein schwarzes Kästchen sein, das irgendwas misst. Jeder Physiklehrer oder -lehrerin bedient sich inzwischen der Hilfsmittel und Programme, die beispielweise zur schnellen Versuchsauswertung angeboten werden. Man wirft vorne den Versuch rein und hinten kommt über den Beamer / Drucker schon das fertige Diagramm raus. Trotz der damit verbundenen Zeitersparnis sollte man berücksichtigen, dass dabei oft deutlich weniger im Kopf hängenbleibt, als wenn das Diagramm selbst erstellt und daraus Schlüsse gezogen werden. Bevorzugt sollen verstehbare Geräte / Versuchsaufbauten verwendet werden, keine „black boxes“. Das Lernziel „Begreifen“ leitet sich von „greifen“ ab. Haptische Lernerfahrungen werden weiterhin die Grundlage physikalischen Lernens darstellen. Beim Medieneinsatz ist zu beachten, dass der Weg zum Ziel für die Schülerinnen und Schüler nachvollziehbar bleibt und das Verständnis für den eigentlichen Sachverhalt verbessert wird.

Literatur

Hattie, J. (2009). *Visible Learning. A synthesis of over 800 meta-analyses relating to achievement.* London / New York: Routledge.

JÖRG GUTSCHANK

SELBSTBESTIMMTE ENTWICKLUNG DES LEHRERS ALS GRUNDLAGE FÜR AUTHENTISCHEN PHYSIKUNTERRICHT

Gutschank, Jörg, Dr., Leibniz Gymnasium | Dortmund International School, Vorsitzender Science on Stage Deutschland e. V., Mitbegründer „Die Physikanten"

Ein Beitrag zur Wirksamkeit von Unterricht aus der Erfahrung heraus? Da höre ich schon die Kritiker sagen: „Wo sind Ihre Daten, Ihre Beweismittel?" Auch als Naturwissenschaftler versuche ich meine Hypothesen durch experimentelle Ergebnisse quantitativ zu bestätigen. Nun habe ich also keinerlei Messdaten zu den folgenden Fragen erhoben und bin damit nur ein weiterer Mensch mit einer weiteren Meinung.

Welches fachwissenschaftliche und fachdidaktische Wissen und Können der Lehrperson ist aus Ihrer Sicht für die Qualität des Physikunterrichts besonders wichtig?

Die Lehrperson muss aufgrund der Vorgaben bestimmtes Fachwissen vermitteln. Ein guter Lehrplan für die Schule umfasst nur einen kleinen Bruchteil der Physik, es ist jedoch äußerst hilfreich für den Lehrer, wenn er fachwissenschaftlich deutlich mehr kann und weiß, als das was er den Schülerinnen und Schülern laut Lehrplan beibringen muss.

Ein fundiertes Fachwissen in allen Bereichen der klassischen Mechanik, Elektro-, Fluid- und Thermodynamik, sowie in der Relativitätstheorie und der Quantenmechanik liefert den Grundstock für das, was der Physiklehrer unterrichten muss. Darüber hinaus sollte sich der Lehrer im Zuge seines eigenen lebenslangen Lernens für neueste Entwicklungen in theoretischer und experimenteller Physik, in Forschung und Technik fortbilden, sei es mit Hilfe von Fachzeitschriften und Büchern, über das Internet oder mit Hilfe von Lehrerfortbildungen. Nur so ist gewährleistet, dass der Lehrer ein authentisches Vorbild für seine Schülerinnen und Schüler ist. Dabei halte ich es durchaus für legitim, dass der Lehrer die Prioritäten bei seiner eigenen Fortbildung selber setzt.

Lassen Sie mich diesen Gedanken an einem Beispiel erläutern: Vor einigen Jahren wurde ich von Schülern meines Physik-Kurses in der gymnasialen Oberstufe gefragt, was ich von der Stringtheorie halten würde und was das überhaupt genau sei. Trotz meiner sehr fundierten fachwissenschaftlichen Physikausbildung hatte ich nur eine grobe Vorstellung von diesem Thema, so dass ich die Schüler in einem kurzen Unterrichtsgespräch auf meinen (Halb-)Wissensstand brachte. Auch den Schülern war klar, dass selbst ein Physiker nicht alles über dieses Fach wissen kann, sie waren jedoch einigermaßen beeindruckt, als sie mitbekamen, dass sich ihr Lehrer zur eigenen Fortbildung ein Lehrbuch zur Stringtheorie kaufte, um sich später in dieses Thema einzuarbeiten. Damit möchte ich keinesfalls dazu aufrufen, dass nun alle Lehrerinnen und Lehrer in Stringtheorie ausgebildet werden sollen, sondern dass es eine gute Idee sein kann, wenn sich ein Lehrer von seinen Schülern dazu inspirieren lässt, sich selbst etwas beibringen zu wollen. Ohnehin sollte es der Lehrer sein, der darüber entscheidet, wie er sich in seinem Beruf weiter entwickelt.

Darüber hinaus ist es wichtig, dass gar nicht das Fachwissen im Vordergrund steht, sondern das Fachkönnen. Viel zu oft bekommen Schülerinnen und Schüler den Eindruck, dass die Physik etwas Fertiges sei, etwas, das man sich mühselig einpaukt, wie Lateinvokabeln, und wenn man dann alles weiß, dann habe man die Welt verstanden. Das Gegenteil ist der Fall. Wir müssen den jungen Menschen mit unserem Unterricht klar machen, dass die Physik kein Fach zum Auswendiglernen ist, sondern ein Fach in dem man selbst (also auch die Schüler) Fragen an die Natur stellt. Wichtig ist, dass die Lernenden am Ende ihrer Schulausbildung die Methoden der Physik können (nicht wissen). Auch hier kann der Lehrer Vorbild sein, indem er sich nicht als allwissend inszeniert, sondern den Schülern offen legt, wie er mit seinem ganzen Können, auch wenn er mal etwas nicht so genau weiß, trotzdem zu einem guten Ergebnis kommt. Aus diesem Gedanken folgt auch, dass die Lernarrangements so gestaltet werden, dass die Schülerinnen und Schüler ihr Können auch einüben. Dieser Punkt ist nicht so leicht für viele Lehrer, denn sobald die Lernenden selbst Experimente entwickeln und eigene Wege einschlagen wandelt sich die Rolle des Lehrers zum Lernbegleiter, der diesen Schülerweg nicht kennt. Hier ist der souveräne Fachwissenschaftler gefragt, der nicht die Lösung schon fertig in der Tasche hat.

Insgesamt ist also aus meiner Sicht für die Qualität des Physikunterrichts das Können wichtiger, als das Wissen. Fachwissen und ständige, selbst gesteuerte Fortbildung des Lehrers sind jedoch vor allem wichtig, weil der Lehrer damit den Schülern ein selbstbewusstes Vorbild ist.

Welche Qualitätsmerkmale halten Sie für den Physikunterricht für essenziell?

Wenn man im Unterricht beobachten kann (Sichtstruktur), dass sich die Lernenden selbstständig, das bedeutet ohne kochrezeptartige Anleitung, einem Experiment widmen, so halte ich dies für ein Qualitätsmerkmal von gutem Physikunterricht. Dies können rein qualitative Experimente sein, bei denen das eigentliche Phänomen im Vordergrund steht.

Ein weiteres beobachtbares Qualitätsmerkmal sind zwischen Schülerinnen und Schülern geführte Diskussionen zum Thema. Zum Beispiel lassen sich über die scheinbaren Paradoxa der Relativitätstheorie vortrefflich Schülerdiskussionen anregen, in die sich die Lernenden richtig hineinsteigern können.

Darüber hinaus vermute ich, dass es von Qualität zeugt, wenn der Unterricht abwechslungsreich ist, sowohl was die Sozialformen, als auch was die Methoden angeht.

Meine Erfahrung ist also, dass selbstständiges Experimentieren, intensive Diskussionen zwischen Lernenden sowie Abwechslung in Methode und Sozialform essentielle Qualitätsmerkmale von Physikunterricht darstellen.

Welche Lernumgebungen und Lehr-/Lernformen halten Sie für einen wirksamen Physikunterricht für besonders bedeutsam?

Die beste Methode ist sicherlich der Wechsel der Methode.

Da es jedoch eine solch riesige Zahl von Lehr- / Lernformen und Lernumgebungen gibt und wir Lehrer auch nur Menschen sind, ist es selbstverständlich, dass man auswählen muss. Diese Auswahl muss der Lehrer selbst treffen, denn nur was ihm passt und was er authentisch unterrichten kann fühlt sich für ihn und seine Schüler richtig an. Die Tatsache, dass individuell ausgewählt werden muss, soll nicht heißen, dass man keine Tipps geben kann. Zunächst einmal ist es gut, wenn es einem Lehrer gelingt, sein Methodenrepertoire selbstkritisch zu prüfen. Oft ist der Lehreralltag von Zeitdruck geprägt und es geht eben einfach schneller etwas immer gleich zu gestalten, als abzuwechseln. Aus meiner Sicht sind all die Methoden in Betracht zu ziehen, die den naturwissenschaftlichen Diskurs fördern. Dafür eignen sich sehr gut Schülerexperimente, die in kleinen Gruppen durchgeführt werden, es können aber auch kooperative Lernformen sein, die zur Diskussion anregen (Placematt; Think, Pair, Share, ...). Auch ein frontal gut vorgeführtes Demonstrationsexperiment kann als Methode sehr geeignet sein, sofern die Lernenden darüber ins Gespräch kommen.

Eine vorab angekündigte schriftliche Leistungsüberprüfung am Ende einer Unterrichtsreihe kann selbstverständlich auch dazu führen, dass die Schüler sich mit Physik auseinander setzen. Oft ist es jedoch eine sehr geeignete und leistungsdruckfreie Alternative, die Schüler zum Beispiel mithilfe der Methode Kugellager anhand von bestimmten Leitfragen über Physik diskutieren zu lassen.

Wovon ich aus Erfahrung wenig halte ist das schematische Anwenden von am grünen Tisch entstandene Theorien oder Verfahren, die den Unterrichtenden schon aufgrund ihrer Komplexität so sehr fordern, dass im fürs Wesentliche keine Zeit mehr bleibt. Ich denke hier konkret an Seminarleiter, die von ihren Lehramtsanwärtern immer und immer wieder schematisch das forschend-entwickelnde Unterrichtsverfahren nach Schmidkunz und Lindemann (1992) abgearbeitet sehen wollten. Ich kritisiere hier nicht das Unterrichtsverfahren, sondern dass es als alternativloses Schema verwendet wird. Der Lehrer selbst sollte Raum und Zeit haben, um wirksame Lernumgebungen für Physikunterricht gestalten zu können.

Hier kommen wir übrigens ganz nebenbei zu einem zentralen Problem bei der Festlegung von Rahmenbedingungen (die ja die Lernumgebung zum Teil bestimmen) in Schule: Oft ist es nicht der Lehrer selbst, also der Profi vor Ort, der die Entscheidungen über sein Profi-Dasein und die Verbesserungen der Rahmenbedingungen trifft (dies wird seit langem in den sozialen Medien diskutiert, z. B. #teacherOwnership, #teacherAgency, #teacherleadership). Für einen wirksameren Physikunterricht wäre dies aber hilfreich.

Im Laufe seiner Zeit als Lehrer wird man sicherlich viele Dinge ausprobieren, einige für gut befinden und andere verwerfen. Mir ist wichtig, dass man offen bleibt für neue Ideen, auch wenn man zwischendurch im Alltag nicht immer dazu kommt, alles sofort auszuprobieren. Da die Schülerinnen und Schüler ganz verschiedene Lerntypen sind, ist es gut, wenn der Lehrer Abwechslung zu bieten hat.

Der Lehrer muss also individuell für sich die Lernumgebungen, Sozialformen und Methoden so wählen, dass er authentisch bleibt, dass der naturwissenschaftliche Diskurs der Lernenden in Gang kommt und er sollte dabei keine Methodenmonokultur betreiben.

Wie sieht eine gute Differenzierung/Individualisierung Ihrer Meinung nach im Physikunterricht aus?

Aus meiner Alltagserfahrung mit immer heterogeneren Lerngruppen weiss ich, dass Differenzierung sehr schwierig ist. Ich bin nicht der Meinung, dass man diesem Problem mit immer ausgefeilteren Methoden der Binnendifferenzierung begegnen sollte, sondern es eignen sich meiner Meinung nach nur Lernarrangements, die selbstdifferenzierend sind.

Es ist eine Erfahrungstatsache, dass die Lerngruppen immer heterogener werden und es ergibt keinen Sinn, wenn wir für die etwa dreißig Lernenden einer Klasse bisher Aufgaben mit drei verschiedenen, bald mit vier oder fünf oder zehn verschiedenen Schwierigkeitsgraden ausarbeiten. Die Lösung sieht eher so aus, dass es uns gelingen muss Aufgabenformate oder besser noch Lernlandschaften zu erschaffen, bei denen sich der Schüler selbst auf die Art und Weise an die Lösung der offenen Aufgabe macht, die seinem Lernstand und Hintergrund entspricht.

Ich würde also für eine gute Differenzierung Zufallsgruppen der Schüler bilden, so dass die Heterogenität eher hoch bleibt, um dann eine Lernaufgabe zu stellen, die sie gemeinsam lösen müssen. Die Aufgabe müsste so offen sein, dass der Lernende darin auf seinem jeweiligen Niveau eine Herausforderung sieht, die er annimmt, um entsprechend seinem individuellen Können seiner Arbeitsgruppe zu helfen.

Als Beispiel nehmen wir eine Aufgabe aus der Kinematik, die Aufgabe kann sehr gut als Gruppenpuzzle angeboten werden, oder als einfache Gruppenarbeit. Es werden drei verschiedene Bewegungen arbeitsteilig analysiert: ein kleines, motorbetriebenes Fahrzeug mit gleichförmiger Bewegung (z. B. aus der Physik-Sammlung), eine Kugel auf einer schiefen Ebene und ein Spielzeug-Auto mit Aufziehmechanismus. Die Lernenden sollen versuchen die Bewegung so genau wie möglich zu beschreiben und ihre Analyse den anderen Gruppen zu erläutern. Über mehrere Stunden erarbeiten sich die Schüler die Zeit-Weg-Gesetze und auf dem Weg dorthin viele der benötigten Begriffe, wie z. B. die Momentangeschwindigkeit. Der Lehrer bleibt im Hintergrund, hilft aber bei Bedarf. Bei dieser Aufgabe kann jeder Schüler sich zunächst auf seinem Niveau einbringen, von der Gruppe lernen und sein Wissen und Können dann weiter geben.

Aus meiner Sicht gelingt also eine gute Differenzierung in offenen, selbstdifferenzierenden Lernarrangements, die in Zufallsgruppen bearbeitet werden.

Welche immer wiederkehrenden fachspezifischen Herausforderungen im Unterrichtshandeln müssen Ihrer Meinung nach die Lehrpersonen bewältigen, um im Physikunterricht eine angemessene Unterrichtsqualität garantieren zu können?

Die Fachwissenschaft Physik wird oft von Schülerinnen und Schülern so wahrgenommen, als müsse man lediglich Wissen anhäufen. Eine wiederkehrende fachspezifische Herausforderung sehe ich darin dieser Wahrnehmung entgegen zu wirken, indem der Lehrer nicht auf jede Schülerfrage sofort eine, wenn auch physikalisch richtige, Antwort gibt, sondern es muss dem Lehrer gelingen Fragen mit Fragen zu beantworten, in dem Sinne dass der Schüler bemerkt, dass es dem Lehrer hier nicht um *die eine* richtige Antwort geht, sondern um einen eigenen Weg zu *einer* Antwort.

Aus dieser Überlegung, dass der Lernende den Weg selbst gehen muss, ergibt sich die nächste fachspezifische Herausforderung, nämlich das selbstständige Ersinnen von Experimenten. Es geht also hier um die Vorbereitung einer Unterrichtsphase mit Experiment. Wenn wir möchten, dass die Lernenden das Wesen der Physik begreifen, dann müssen wir es schaffen, dass sie auch Experimente nicht einfach in Form von Demonstrationsexperimenten des Lehrers konsumieren oder als Schülerexperimente mit Experimentieranleitung durchführen, sondern dass wir die Schüler darin anleiten, wie sie sich denn solch ein Experiment selbst so überlegen, dass die Fragen des Schülers mit Hilfe des experimentellen Ergebnisses vom Schüler selbst beantwortet werden können. Die besondere Herausforderung dabei liegt darin, dass wir einerseits möchten, dass die Schüler selbstständig und eigenverantwortlich arbeiten, dass wir aber andererseits die Schüler nicht frustrieren wollen. Es ist also das richtige Maß an Anleitung gefordert, die schrittweise immer weniger werden muss, bis endlich die Lernenden ihre Experimente und ihren Lernprozess selbst steuern.

Die Lehrperson sollte also auf die Standardsituation einer Schülerfrage möglichst geschickt dem Schüler auf die Sprünge helfen, ohne ihm das Ergebnis als fertige Lösung zu präsentieren und sie sollte bei der Standardsituation der Planung eines Experiments die Lernenden schrittweise in die Selbstständigkeit führen.

Worauf gilt es bei der Entwicklung und dem Einsatz von Aufgaben bzw. Aufgabensets im kompetenzorientierten Physikunterricht besonders zu achten?

Aufgaben sollten vor allem so gestaltet sein, dass dem Lernenden die Relevanz der Aufgabe deutlich wird. Es muss dem Lernenden ein wichtiges

Anliegen sein sich überhaupt mit dieser Aufgabe einzulassen, andernfalls ist es lediglich eine weitere lästige Pflicht, die ihm der Lehrer auferlegt hat. Dies kann gelingen, wenn die Aufgabe Bezug zu seiner Lebenswirklichkeit hat.

Nehmen wir zum Beispiel die Energieerhaltung in der klassischen Mechanik. Wenn die Schülerin oder der Schüler in seiner Freizeit Fußball spielt, vielleicht sogar im Tor, dann wird er sich schon oft gewundert haben, wieso die Bälle, die zunächst auf den Boden auftreffen so unberechenbar erscheinen und vom Torwart oft nicht gehalten werden. Zu diesem Kontext aus der Lebenswirklichkeit des Lernenden kann der Lehrer nun eine Aufgabe erdenken, die vermutlich mit einfachen Experimenten beginnt, bei denen man zunächst qualitativ erkennt, dass zum Beispiel Rotationsenergie in Translationsenergie umgewandelt wird. Später können dann quantitative Experimente folgen, bei denen dann auch gerechnet werden muss. Alles in allem hat man dann eine komplexe Aufgabe, bei der sich die Schüler auch entsprechend ihrer jeweiligen Kompetenz gegenseitig im Team unterstützen. Der Lehrer muss dabei die bisher erworbenen Kompetenzen im Blick haben und wie im obigen Beispiel zur Differenzierung kann auch hier eine Selbstdifferenzierung nach Kompetenzen geschehen.

Geeignet sind also solche Aufgaben, die dem Lernenden wichtig sind, die ausreichend komplex und offen sind und sowohl einen experimentellen, als auch einen theoretischen Teil enthalten und an denen die Schülerinnen und Schüler sich entsprechend ihrem Leistungsstand das Wesen der Physik erschließen können.

Welche Schritte empfehlen Sie aufgrund Ihrer wissenschaftlichen bzw. erfahrungsbasierten Expertise als „first steps" für angehende Physiklehrer/-innen, die sie für guten Physikunterricht umsetzen können?

Das wichtigste für eine junge Lehrkraft ist ein selbstsicheres Auftreten, daher sollte man den eigenen Unterricht nicht zu kompliziert gestalten.

Selbstbewusstsein bekommt man, indem man von wenigen einfachen Regeln ausgehend sein Repertoire nach und nach erweitert. Wenn man den Unterricht von der Struktur her zum Beispiel mit einem klassischen Dreischritt (Einstieg, Arbeitsphase, Abschluss) einfach hält, dann ist er auch für die Schülerinnen und Schüler leicht verständlich und man kann immer Ziele, Zeiten und Methoden für die Schüler zu Beginn der Stunde transparent machen. Wenn man dann noch darauf achtet, dass die Schüler viel Zeit haben zu arbeiten und vor allem auch experimentieren, dann ist der Physik-Unterricht für den Anfang schon komplex genug. Später kann dann der junge Lehrer nach und nach weitere Ideen für guten Unterricht umsetzen.

Als erste Schritte empfehle ich also eine möglichst einfache Struktur des Unterrichts mit viel Lernzeit in der die Schüler experimentieren und Ziel-, Zeit- und Methodentransparenz gegenüber den Lernenden.

Was ist Ihrer Ansicht nach das Besondere am Physikunterricht?

Die Naturwissenschaften sind gegenüber anderen Fächern zunächst einmal besonders, weil sie ihre Erkenntnisse aus Fragen an die Natur gewinnen.

Unter den Naturwissenschaften ist das Besondere an der Physik im Unterschied zur Chemie oder Biologie, dass möglichst elementare Systeme untersucht werden, in denen die Natur in ihren Details besonders gut zu verstehen ist.

Beides zusammen macht das aus, was am Physikunterricht besonders ist: das physikalische Experiment. Oft geht es dabei um sehr einfache qualitative Phänomene, wie den Regenbogen oder den blauen Himmel, um dann genauer und quantitativ eine bestimmte Theorie zu bestätigen, zum Beispiel die genaue Winkelabhängigkeit beim Brechungsgesetz.

Das physikalische Experiment macht also den Physikunterricht besonders, weil es ein besonderer Weg ist die Natur zu befragen und weil es in sehr elementarer Weise versucht, die grundlegenden Fragen zu stellen.

Welche fachlichen und fachdidaktischen Aspekte erachten Sie als bedeutsam, damit das Lernen zum Wesen der Naturwissenschaften wirksam wird?

Das Thema Nature of Science halte ich zwar für einen sehr wichtigen Aspekt im Physik-Unterricht, ich bin jedoch überhaupt nicht der Meinung, dass es wirklich ein eigenständiges Thema ist. Wir sollten dafür Sorge tragen, dass im ganz normalen Physik-Unterricht das Wesen des Faches deutlich wird.

Natürlich ist es richtig im Unterricht das zu verdeutlichen, was gemeinhin als die naturwissenschaftliche Methode (Hypothesenbildung, Verifikation, Falsifikation, Induktion, Deduktion, Synthese ...) gilt. Darüber hinaus ist es aber vor allem bedeutsam, dass wir nicht den Eindruck erwecken, unser physikalisches Weltbild sei ohne Lücken und perfekt. Wie bereits erwähnt sollten wir auch den Eindruck vermeiden, das physikalische Wissen sei einfach nur auswendig zu lernen. Eigentlich sollte es im Physik-Unterricht ständig nur genau um das Wesen der Physik gehen, nämlich darum wie man aktiv Fragen an die Natur formuliert und mit Hilfe von Experimenten Antworten erhält, darum dass man vermeintliches Wissen kritisch hinterfragt und überprüft. Besonders deutlich wird das Wesen der Physik an den Umbrüchen in unserem Weltbild. Als besonderes Beispiel sei hier die Quantenmechanik genannt.

Bei diesem letzten großen Umbruch in unserem Weltbild haben wir uns davon verabschiedet Orte und Impulse von Teilchen, beziehungsweise Quantenobjekten genau anzugeben. Wir sprechen auch nicht mehr davon wo ein einzelnes Quantenobjekt ist, wenn wir es nicht messen, weil es nach unserem aktuellen Weltbild keinen Sinn ergibt über etwas zu sprechen, das nicht der Beobachtung zugänglich ist. Wir haben uns sogar damit abgefunden, dass Ursache und Wirkung nicht notwendigerweise zeitlich in der genannten Reihenfolge liegen. Diese extreme Veränderung in unserem Bild der Natur ist aber nach Jahren noch immer nicht in unserer Gesellschaft angekommen, wie man manchmal in öffentlichen Diskussionen sogar mit Wissenschaftlern bemerkt. Offensichtlich reicht die Wirksamkeit unseres Physikunterrichts dafür nicht aus.

Es gibt noch einen weiteren Aspekt zur Natur der Naturwissenschaft, der mir im Unterricht noch nicht genug vorkommt: Peer-reviews. Ich denke, wir müssten viel häufiger Anlässe schaffen, in denen die Lernenden erleben können, wie Wissenschaftler um den richtigen Weg ringen. Dies wäre ein wichtiger Beitrag, damit man versteht, dass etwas nicht einfach richtig oder falsch ist, weil eine Autorität etwas behauptet. Viel zu oft ist etwas richtig, weil es der Lehrer gesagt hat.

Im Physikunterricht sollte also das Wesen der Physik immer mitschwingen. Dabei ist wichtig, dass unser Weltbild unvollständig ist und dass wir bestimmte naturwissenschaftliche Verfahren haben, mit denen wir Fragen an die Natur stellen und unsere Antworten gegenseitig prüfen.

Welchen Umgang mit herkömmlichen bzw. neuen Medien empfehlen Sie im Physikunterricht?

Neue Medien sind Werkzeuge, die man (Lehrende wie Lernende) beherrschen sollte, wie herkömmliche Werkzeuge und Kulturtechniken auch. Daraus ergibt sich direkt meine Empfehlung für den Umgang mit den neuen Medien: man nutze die Werkzeuge dann, wenn sie als Werkzeug am geeignetsten sind. Wenn man etwas schreibt verwendet man einen Stift und wenn man eine Präsentation direkt von der Hand des Schülers an die Wand bringen muss, verwendet man zum Beispiel ein Smartphone und geeignete Technik, um die Inhalte zu streamen und an der Wand darzustellen. Das Smartphone möchte ich auch als ein sehr vielfältiges Werkzeug, das fast immer bei jedem Schüler verfügbar ist herausgreifen, um die Frage zum Umgang mit Medien weiter zu erläutern.

Die Nutzung des Smartphones im Physik-Unterricht (Science on Stage Europe, 2014) lässt sich aus meiner Sicht grob in zwei Kategorien einteilen. Einerseits eignet sich das Smartphone, um anderen etwas zu präsentieren, andererseits kann das Smartphone zum Messen eingesetzt werden. Selbstverständlich lassen sich beide Einsatzmöglichkeiten kombinieren, indem zum Beispiel das Smartphone an ein Federpendel gehängt wird und die graphische Darstellung der Beschleunigungsmessung direkt über einen Beamer auf eine Wand projiziert wird. Da es hier um Physikunterricht geht, beschreibe ich im Folgenden, wann sich der Einsatz der Messtechnik empfiehlt und wann man eher auf herkömmliche Messtechnik zurückgreifen sollte.

Moderne Smartphones besitzen üblicherweise zwei räumlich hochauflösende Kameras, von der man mit der einen sogar Videos mit recht hoher Zeitauflösung (z. B. 240 Bilder pro Sekunde) aufzeichnen kann. Dieses Werkzeug möchte ich dringend für den Physikunterricht empfehlen. Die meisten Schülerinnen und Schüler besitzen also eine Hochgeschwindigkeitskamera, mit der sie Experimente im Zeitlupenvideo analysieren können. Die Analyse geschieht entweder mit einer App direkt auf dem Telefon oder komfortabler mit geeigneter Software am Computer. Das eröffnet ganz neue Möglichkeiten zum Beispiel bei Auswertung des sogenannten Affenschusses zum Unabhängigkeitsprinzip, aber auch für die Analyse jeder anderen ein- oder zweidimensionalen Bewegung. Seien Sie jedoch gewarnt: manchmal ist die Zeitauflösung besser als man möchte und man erkennt Effekte, die man sonst gerne zum Zwecke der didaktischen Reduktion verheimlichen würde. Ich nenne nur den unterschiedlichen Luftwiderstand zweier fallender Körper oder dass die Körper nicht punktförmig sind und einen Teil ihrer Energie für ihre Rotation verwenden. Dies sieht man zum Beispiel beim Affenschuss.

Das Smartphone hat aber außer den zwei Kameras noch weitere Messtechnik an Board. Die kleinen High-Tech-Labore können zum Beispiel GPS-Koordinaten, Höhe, Luftdruck, Beschleunigung, Drehwinkel, Magnetfelder, Schalldruckpegel und Spannungen messen. Daraus ergibt sich eine unglaubliche Vielzahl von Möglichkeiten, die sich hier nicht alle aufzählen lassen. Doch wann ist es sinnvoll diese faszinierende Technik in der Schule einzusetzen? Die Antwort habe ich oben bereits gegeben, möchte sie aber hier noch einmal konkretisieren. Das Smartphone ist eine Blackbox, die Schüler sehen also in der Regel nicht, wie es misst. Daraus folgt aus meiner Sicht, dass wenn immer möglich zuerst ein herkömmliches Messverfahren in der Schule verwendet werden sollte und das Smartphone dann zum Einsatz kommt, wenn man viele Daten für eine Auswertung sammeln möchte. Manchmal muss das Smartphone dafür kalibriert, also mit herkömmlichen Standards verglichen werden. So muss man zum Beispiel die Messung des Schalldruckpegels zur Vergleichbarkeit mit Hilfe von rosa Rauschen kalibrieren, um die Daten seriös nutzen zu können. Die Funktionsweise des Beschleunigungssensors lässt sich von Schülern besser verstehen, wenn man als Analogie eine Styroporkugel an einem Faden in einem Wasser gefüllten Marmeladenglas befestigt. Die Styroporkugel zeigt dann die Richtung der Beschleunigung an. Auch für das Smartphone gibt es Apps, die die Beschleunigungsrichtung visualisieren. Der Sensor im Smartphone ist vermutlich eher mit Hilfe von Mikrofedern aufgehängt, aber die Grundidee, dass man die Trägheit nutzt, um Beschleunigung zu messen ist die gleiche, wie bei der Styroporkugel.

Die neuen Medien lassen sich also gut zur Präsentation und zum Messen nutzen, aber die herkömmlichen Medien werden dringend benötigt, um die Funktionsweise elementarer physikalischer Prinzipien deutlich zu machen.

Wer wirksamen Physikunterricht möchte, der kann entweder empirische Daten erheben oder einfach einen erfahrenen Lehrer fragen, denn der Profi vor Ort ist eben nicht nur ein weiterer Mensch mit einer weiteren Meinung.

Literatur

Schmidkunz, H. & Lindemann, H. (1992). *Das forschend-entwickelnde Unterrichtsverfahren: Problemlösen im naturwissenschaftlichen Unterricht*. Essen: Westarp Wissenschaften.

Science on Stage Europe. (2014). *iStage 2. Smartphones in Science Teaching*. Berlin: Science on Stage Deutschland e. V.

CHRISTOPH KULGEMEYER / HORST SCHECKER

KOGNITIVE AKTIVIERUNG DURCH DIREKTE INSTRUKTION

Kulgemeyer, Christoph, Priv.-Doz. Dr., Universität Bremen, Institut für Didaktik der Naturwissenschaften, Abt. Physikdidaktik; Arbeitsschwerpunkte: Professionskompetenz im Lehramtsstudium Physik, Erklärfähigkeit von Physiklehrkräften, Modellierung physikalischer Kompetenz

Schecker, Horst, Prof. Dr., Universität Bremen, Institut für Didaktik der Naturwissenschaften, Abt. Physikdidaktik; Arbeitsschwerpunkte: Modellierung physikalischer Kompetenz (Struktur und Entwicklung), Entwicklung von Testinstrumenten zur Messung physikalischer Kompetenz, Multimedia in der Hochschullehre, Aufgabenkultur im Physikunterricht

Welches fachwissenschaftliche und fachdidaktische Wissen und Können der Lehrperson ist aus Ihrer Sicht für die Qualität des Physikunterrichts besonders wichtig?

Zunächst einmal muss man festhalten, dass es sich um eine zu überprüfende Annahme handelt, wenn man davon ausgeht, dass Fachwissen und fachdidaktisches Wissen überhaupt relevant sind, um die Qualität des Physikunterrichts zu steigern. Die Qualität des Unterrichts unterliegt vielen Einflüssen über die Lehrerkompetenzen hinaus. Wenn man sich nun auf das fachliche und fachdidaktische Wissen der Lehrpersonen konzentriert, so stellt man fest, dass harte empirische Evidenz dafür kaum vorliegt – aber es ist auch methodisch schwierig, diese Frage zu untersuchen. Videostudien zur Unterrichtsqualität sind aufwändig und können deshalb in der Regel nur einen Teil einer Unterrichtseinheit betrachten. Es gibt aber noch einen anderen Weg: Lehrkräfte standardisierte Unterrichtsprobleme bewältigen lassen, bei denen man die Rahmenbedingungen konstant hält. Wir haben solche Studien durchgeführt und uns auf Situationen konzentriert, in denen Lehrkräfte erklären müssen. Dabei haben wir insbesondere das Wissen über Schülervorstellungen im Bereich des fachdidaktischen Wissens als wichtigen Baustein identifiziert. Im Bereich des Fachwissens ist vor allem das direkte Wissen über Schulphysik wichtig gewesen – das abstrakte rein universitäre Wissen war nicht förderlich. Das fachdidaktische Wissen bestimmt, ob das Fachwissen einer Lehrkraft gewinnbringend in die Erklärsituation eingehen kann. Nur wenn adäquates fachdidaktisches Wissen vorhanden ist, steigert ein Zuwachs an Fachwissen einer Lehrkraft auch die Qualität physikalischer Erklärungen.

Aber Unterricht ist mehr als nur Erklären. Im Fachwissen halten wir insbesondere das vertiefte Wissen über Schulphysik für wichtig – ebenso halten wir es für zu kurz gedacht, dass man dieses Wissen einfach aus der Kenntnis der abstrakteren rein universitären Physik ableiten kann. Zudem sehen wir drei Bereiche des fachdidaktischen Wissens als besonders bedeutsam für die Unterrichtsqualität an:

- *Das Wissen über Schülervorstellungen.* Es schafft die Möglichkeit, Wissensstand und Lernschwierigkeiten zu diagnostizieren und mit geeigneten Strategien zu reagieren. Lehrkräfte, die typische Verständnishürden kennen und vorausahnen, können Lernende beim begrifflichen Verstehen der Physik besser unterstützen.
- *Das Wissen über Aufgabenkultur und die Gestaltung von Lernaufgaben.* Lernaufgaben haben eine Schlüsselfunktion im Physikunterricht. Sie sind das zentrale Mittel, um Schülerinnen und Schüler kognitiv zu aktivieren, d. h. zum eigenständigen Durchdenken physikalischer Sachverhalte anzuregen. Gute Lernaufgaben liefern motivierende Kontexte, stellen interessante Probleme zur Diskussion und regen die Durchdringung physikalischer Konzepte an; „Mehr denken – weniger rechnen" (Schecker & Klieme, 2001).
- *Das Wissen über Darstellungsformen und Medien.* Dazu zählen das Wissen über Funktionen und Einbettungen von Experimenten und digitalen Medien. Eine wichtige Fähigkeit von Lehrpersonen besteht auch darin, gut erklären zu können: passende Beispiele, geeignete Mathematisierungen, graphische Darstellungsformen und angemessene Unterrichts(fach-)sprache zu kennen ist auch Teil dieses Wissens (Kulgemeyer, 2016).

Welche Qualitätsmerkmale halten Sie für den Physikunterricht für essenziell?

Für den Physikunterricht sind die *kognitive Aktivierung* der Schülerinnen und Schüler sowie deren *konstruktive Unterstützung* zwei ausschlaggebende Faktoren der Tiefenstruktur von Unterricht.

Dabei sollte man Missverständnisse vermeiden: Kognitive Aktivierung meint den Grad, in dem Schülerinnen und Schüler bei einem Thema vertieft „mitdenken" und sich also aktiv mit dem Unterrichtsgegenstand auseinandersetzen. Dazu reichen einzelne, isolierte Maßnahmen nicht aus. Ein motivierender Stundeneinstieg z. B. verpufft, wenn das Eingangsbeispiel im Verlauf der Stunde nicht wieder aufgegriffen und vertieft wird. Es bedarf laufender Maßnahmen im Unterrichtsgeschehen. Besonders gute Möglichkeiten sind Lernaufgaben, aber auch passend gewählte Beispiele und eine schülerorientierte Gesprächsführung. Ein häufig zu findendes Missverständnis ist die Verwechslung von kognitiver Aktivierung mit beobachtbarer Aktivität. Es ist gut belegbar, dass Schülerinnen und Schüler sehr aktiv *scheinen* können, z. B. bei Schülerexperimenten. Wenn sie aber dabei ohne größere gedankliche Auseinandersetzung nur eine Folge von Arbeitsanweisungen abarbeiten, sind sie nicht kognitiv aktiviert. Selbstorganisiertes Lernen wird oftmals durch den hohen Grad an kognitiver Aktivierung begründet, da die Schülerinnen und Schüler sich dabei Themen, Materialien, den Lernort etc. selbst aussuchen können und oft sehr engagiert arbeiten. Auch hier wird die reine Aktivität mit kognitiver Aktivierung oftmals verwechselt, denn die Tätigkeit der Schülerinnen und Schüler ist zunächst einmal nur auf der Ebene der Sichtstruktur vorhanden. Sind die Schülerinnen und Schüler auch gedanklich „bei der Sache"?

Konstruktive Unterstützung ist ein wesentliches Element der Unterrichtsqualität. Sie bezieht sich z. B. darauf, einen Sachverhalt so zu gliedern, dass er an das Vorwissen der Lernenden anschließt und neues Wissen so bereitstellt, dass es in die bestehenden Strukturen eingegliedert werden kann (z. B. durch einen kohärenten Lerngang bzw. „Scaffolding"). Dazu gehören auch gestufte Lernhilfen als strukturgebende Maßnahmen. Zur konstruktiven Unterstützung zählt aber auch motivationale Unterstützung der Schülerinnen und Schüler durch einen konstruktiven Umgang mit Fehlern oder eine gemeinschaftsfördernde Haltung und individualisierte Rückmeldungen.

Welche Lernumgebungen und Lehr-/Lernformen halten Sie für einen wirksamen Physikunterricht für besonders bedeutsam?

Bei Unterrichtsbesuchen begegnen wir seit einigen Jahren zunehmend einer Unterrichtsgestaltung, die sich durch die Schlagworte „offener Unterricht" oder „selbstorganisiertes Lernen" kennzeichnen lässt. Studierenden im Schulpraktikum wird das von ihren Schulmentorinnen und -mentoren nahegelegt. Einige der Praktikanten haben durchgehend auf diese Lehr- / Lernformen umgestellt: Schüler erhalten Arbeitsaufträge für Gruppenarbeit und sollen sich anhand des ausgegebenen Materials Sachverhalte eigenständig erarbeiten. Hier besteht die große Gefahr (wie oben beschrieben) „Aktivität" mit „kognitiver Aktivierung" zu verwechseln. Man kann viele Situationen, in denen Schülerinnen und Schüler engagiert mit Versuchsmaterialien hantieren oder Lernplakate erstellen, besser mit der aus der englischen Fachliteratur bekannten Phrase „very busy getting nowhere" kennzeichnen (und das führt zu „learning nothing"). Wenn man die Schülerinnen und Schüler während der Gruppenarbeit befragt, was sie da eigentlich tun und vor allem, zu welchem Zweck sie es tun, ist die Reaktion oftmals Ratlosigkeit – so kann neue Information nicht vernetzt und gelernt werden.

Viele physikalische Sachverhalte sind von so hoher Komplexität, dass man insbesondere bei der Mehrzahl an durchschnittlichen oder auch leistungsschwächeren Schülerinnen und Schülern nicht davon ausgehen kann, dass sie sich diese in angemessener Zeit und angemessener Tiefe selbst erarbeiten können. Sicher: *Manche* Sachverhalte können sich Lernende auf Basis konstruktiv unterstützender Lernmaterialien selbst erarbeiten oder sogar entdecken. Dazu muss jedoch unbedingt bereits belastbares Vorwissen vorhanden sein. Ist man als Lernender neu in einem Sachgebiet, ist es sehr anfordernd, Strukturen vollständig neu auszubilden. Dann ist es die bessere Alternative, gute Lehrererklärungen mit anschließenden vertiefenden Übungsphasen, die eine aktive Weiterverarbeitung des Erklärten erfordern, abzuwechseln (Kulgemeyer, 2016). Auch vermeintlich einfache Sachverhalte wie Kraft und Bewegung – das zeigt die Schülervorstellungsforschung – stellen hohe Anforderungen, wenn man wirkliches physikalisches Verständnis entwickeln soll. Es ist die Verantwortung der Lehrperson, einen Lehr- / Lernprozess klar zu strukturieren. Dazu dient z. B. direkte Instruktion. Lehrkräfte müssen Schüler dabei gezielt, direkt, schülerorientiert und sehr engagiert unterstützen. Beide Modi des Unterrichtens – direkte Instruktion ebenso wie selbstgesteuerte Lernphasen – sind auf eigenständige Wissenskonstruktion durch die Schülerinnen und Schüler ausgerichtet. Direkte Instruktion ist daher kein Gegenpol zu einem – wohlverstandenen – Konstruktivismus, sondern vielmehr eine effektive und effiziente Rahmung. Dies gilt zumindest, wenn das Ziel der Erwerb von Fachwissen ist.

Wie sieht eine gute Differenzierung/Individualisierung Ihrer Meinung nach im Physikunterricht aus?

Differenzierung ist eine hohe Anforderung im Physikunterricht. Natürlich kann man sich bemühen, den Lernstand angemessen zu diagnostizieren (z. B. mit Schülervorstellungstests) und geeignete Aufgaben für unterschiedliche Lernstände bereithalten. Das in jeder Stunde zu versuchen ist jedoch sehr aufwändig und überfordert Lehrkräfte mit voller Stundenzahl. Zudem gibt es Hinweise darauf, dass die Zeit, die man für die Diagnostik verwendet, manchmal real an Lernzeit mangelt – weshalb individualisierter Unterricht sogar zu *schlechteren* Ergebnissen führen kann. Wenn geeignete Tests zur Verfügung stehen, kann ihr maßvoller Einsatz wertvolle Informationen für Lehrpersonen bereitstellen. Anzustreben ist aber ein Unterricht, in dem die Schülerinnen und Schüler in Selbsteinschätzungsbögen ihren Lernstand zutreffend einschätzen. Das gelingt jedoch erst nach einiger Übung. Dann kann man erklärende Phasen, die durch die Lehrkraft gesteuert werden, abwechseln mit übenden Phasen, in denen sich Schülerinnen und Schüler erst selbst diagnostizieren („Was habe ich verstanden? Wo sind Probleme?") und anschließend passende Aufgaben, die vorher vonseiten der Lehrkraft bereitgestellt wurden, bearbeiten („Wenn du an Problem X arbeiten willst, dann greife zu Aufgabe Y"). Man muss als Lehrkraft in dieser Form von Unterricht einen langfristigen Plan verfolgen und in jüngeren Jahrgängen Strukturen vorgeben (d. h. selbst vorgeben, welche Aufgaben am Ende bearbeitet sein sollen). Nach und nach kann man dann Verantwortung an die Schülerinnen und Schüler abgeben. Es gibt in der Literatur gute Vorschläge zu differenzierenden Aufgaben, nicht alles muss selbst erarbeitet werden. Auch ist es oftmals leicht, ausgehend von einfachen Aufgaben aus dem Schulbuch durch Hinzufügen problemirrelevanter Informationen oder Weglassen von Informationen (Recherchebedarf) den Schwierigkeitsgrad sukzessive zu steigern. Sehr sinnvoll sind gestufte Lernhilfen, die Lernende als Strukturierungshilfen für den Lösungsweg einer Aufgabe bei Bedarf auf Karten am Lehrerpult abholen können. Bereits nach kurzer Einarbeitung gelingt es Schülerinnen und Schülern in der Regel, selbstständig mit diesen Karten umzugehen – und nicht direkt zur Lösung zu greifen. Empirische Studien belegen die lernförderliche Wirkung dieses Ansatzes.

Welche immer wiederkehrenden fachspezifischen Herausforderungen im Unterrichtshandeln müssen Ihrer Meinung nach die Lehrpersonen bewältigen, um im Physikunterricht eine angemessene Unterrichtsqualität garantieren zu können?

Für den Physikunterricht möchten wir drei spezifische Herausforderungen hervorheben: die Einbettung von Experimenten, den Einsatz von Lernaufgaben und das Erklären von Sachverhalten. Über herausfordernde Lernaufgaben für die kognitive Aktivierung haben wir bereits gesprochen. Bei Lehrererklärungen geht es insbesondere um den passenden Anschluss an das vorhandene Wissen, die Wahl geeigneter Darstellungsformen und die erklärungsbegleitende Rückvergewisserung über das vermittelte Verständnis (Kulgemeyer, 2016). Bei Experimenten kommt es nicht nur auf fachliche Sicherheit der Lehrperson, sondern ganz wesentlich auf eine sorgfältige theoretische Hinführung (Zu welcher Fragestellung trägt das Experiment bei?) und eine ausführliche Auswertung an, bei der auch die Aussagekraft der Messergebnisse hinterfragt wird (z.B. Messunsicherheiten). Bei Demonstrationsexperimenten sind bestimmte Regeln zu beachten (u.a. Sichtbarkeit, Herausarbeitung der zentralen Versuchselemente, Sicherheit).

Wichtig ist weiterhin, Stundeneinstiege und Vernetzungsphasen sowie Übergänge zwischen Unterrichtsphasen gestalten zu können. Ein guter Stundeneinstieg kann z.B. einen Anwendungskontext zeigen oder einen kognitiven Konflikt aus einer Diskrepanz von Erwartungen und Beobachtungen anbahnen. Vernetzungsphasen am Ende einer Physikstunde sind wichtig, um das Basismodell der Konzeptbildung lernwirksam abschließen. Aus der empirischen Unterrichtsforschung weiß man, dass Lehrpersonen das Herstellen horizontaler und vertikaler Querbezüge vernachlässigen. Übergänge fließend zu gestalten senkt nachweisbar den Grad an Unterrichtsstörungen. Ist es gerade nicht deutlich, was zu tun ist, oder ist unklar, was die Erarbeitungsphase mit dem Einstieg zu tun hat, neigen Schülerinnen und Schüler zu Seitengesprächen. Sie verlieren den roten Faden. Hat eine Lehrkraft gute „Moderatorenfähigkeiten", können solche Störungen vermieden werden.

Worauf gilt es bei der Entwicklung und dem Einsatz von Aufgaben bzw. Aufgabensets im kompetenzorientierten Physikunterricht besonders zu achten?

Zunächst gelten die Regeln guter Lernaufgaben, z.B. mehrere Lösungswege ermöglichen, einen interessanten Kontext bereitstellen, mehrere Kompetenzen differenziert ansprechen (z.B. Fachwissen *und* Bewertungskompetenz) sowie (gestufte) Lernhilfen bereitstellen. Unter Kompetenzaspekten liegt die Hauptanforderung darin, bei der Aufgabenentwicklung einen klaren Fokus auf bestimmte Fähigkeitsbereiche zu legen und dies in der Aufgabe sehr deutlich erkennbar umzusetzen. Wenn es darum gehen soll fachmethodische Fähigkeiten des Experimentierens zu fördern (Planen, Durchführen, Auswerten; Kompetenzbereich Erkenntnisgewinnung), dann muss die Aufgabe dies auch direkt thematisieren. Sie darf dann nicht allein eine Anleitung zur Durchführung eines Experiments enthalten, sondern soll die Lernenden z. B. hinsichtlich der Planung auffordern, zwei mögliche Varianten einer Versuchsanordnung zu beschreiben und dazwischen begründet zu entscheiden. Man darf sich nicht der Illusion hingeben, fachmethodische Fähigkeiten entwickelten sich en passant bei der Anwendung der Methoden (Experimentieren, Mathematisieren).

Zu betonen ist, dass der Physikunterricht nicht nur Fachwissen oder Fachmethoden fördern soll, sondern auch Kommunikationskompetenz und Bewertungskompetenz. Dies sollte sich in Aufgaben widerspiegeln.

Kommunikationskompetenz entwickelt sich nicht bereits dadurch, dass man Schülerinnen und Schüler miteinander über eine Aufgabe reden lässt. Man muss explizit im Unterricht Lerngelegenheiten dafür schaffen und dann auch darüber reflektieren (z. B. War das eine adressatengemäße Darstellungsform? Wie hätte man das verständlicher erklären können)? Auch in Testaufgaben sollten diese beiden Kompetenzbereiche einen Platz haben und das meint explizit auch Klausuren.

Es ist uns abschließend wichtig festzuhalten, dass es keinen Gegensatz gibt zwischen kompetenzorientierten Aufgaben und solchen, die Wissen benötigen. Fachwissen ist unverzichtbarer Teil jeder Kompetenz. Es ist daher absolut sinnvoll, in Lernaufgaben prozessbezogene Kompetenzen (Fachmethoden, Kommunikation, Bewertung) stets im direkten Zusammenhang mit inhaltlichen Wissenselementen, d. h. der Fähigkeit zur flexiblen Nutzung fachlichen Wissens, zu fördern.

Welche Schritte empfehlen Sie aufgrund Ihrer wissenschaftlichen bzw. erfahrungsbasierten Expertise als „first steps" für angehende Physiklehrer/-innen, die sie für guten Physikunterricht umsetzen können?

Wir empfehlen als „Take Home Message" für den Physikunterricht eine Orientierung an Hatties sieben Prinzipien der direkten Instruktion (vgl. Hattie, 2009, S. 205 f.):

- Für sich als Lehrkraft klare Unterrichtsziele festlegen und verfolgen: Welche Fähigkeiten sollen gefördert werden? Was sollen die Schülerinnen und Schüler nach der Stunde können?

- Leistungserwartungen transparent machen: Den Schülerinnen und Schülern als Orientierung offenlegen, was von ihnen erwartet wird.
- Am Einstieg Aufmerksamkeit und Engagement der Schüler anregen. Einen Einstieg für die Stunde finden, der zeigt, dass das Ziel relevant ist, d.h. den Schülerinnen und Schülern zeigen, warum es sich lohne damit Zeit zu verbringen (z.B. durch Aufzeigen von Anwendungskontexten).
- Als Lehrkraft Informationen einbringen: erklärender Lehrervortrag, Medien, Experimente ordnen, Bezüge herstellen, Anwendungsbeispiele zeigen. Mut zu Abschnitten „guten Frontalunterrichts" (s. dazu Duit, Hepp & Rincke, 2013) und „guten Erklärens" (Kulgemeyer, 2016). Dazu gehört auch, sich des Verständnisses der Schüler zu vergewissern, d.h. nicht dozieren sondern interagieren.
- Anwenden und Üben unter Lehrer-Anleitung. Es ist entscheidend, dass die Lernenden die von der Lehrperson eingebrachten Informationen aktiv und vertieft verarbeiten. Dabei kann es auch um die Entwicklung von Routinen (z.B. „$U = R \cdot I$"-Berechnungen) gehen. Im Vordergrund muss jedoch die begriffliche Durchdringung stehen (z.B. was unterscheidet das „Ohmsche Gesetz" von „$U = R \cdot I$")
- Am Ende der Stunde: zusammenfassen, akzentuieren und vernetzen; deutlich machen, was gelernt wurde.
- Wiederholen und festigen (auch über Hausaufgaben).

Eine solche Folge mit direkten Inputs und Verarbeitungsphasen ist als Erarbeitungsform deutlich effizienter als die weit verbreitete Form des „fragend-entwickelnden Unterrichts", in dem ein stark gelenktes und oftmals zähes Lehrer-Schüler-Gespräch dazu dienen soll, die von der Lehrperson gewünschten Aussagen aus den Schülerinnen und Schülern herauszulocken. Sie darf allerdings nicht verwechselt werden mit dem frontalen Dozieren von Lehrpersonen.

Was ist Ihrer Ansicht nach das Besondere am Physikunterricht?

Physikunterricht unterscheidet sich von nicht-naturwissenschaftlichen Fächern insbesondere durch die große Bedeutung von Experimenten, die sich auch in der Sichtstruktur des Unterrichts niederschlägt. Die physikalische Ideengeschichte beruht – vereinfacht gesagt – auf einem Wechselspiel theoretischer Überlegungen und empirischer Überprüfungen. Als Kontrast zum sprachlich-literarisch-künstlerischen oder dem gesellschaftswissenschaftlichen Aufgabenfeld sind im Physikunterricht die Besonderheiten des naturwissenschaftlichen Weltzugangs herauszuarbeiten.

In der Tiefe liegt die besondere Herausforderung des Physikunterrichts in der komplexen Sachstruktur der Physik mit ihren mathematischen Formalisierungen. Eine weitere wichtige Besonderheit liegt darin, dass die Physik zwar die jeden Menschen umgebende Natur und Technik beschreibt und erklärt, dabei aber idealisierte Modelle verwendet, die oftmals der Anschauung nur schwer zugänglich sind, bzw. deren Veranschaulichung zu Fehlverständnissen führen kann (z. B. die Darstellung von Atomen ähnlich den Planetensystemen mit Elektronen, die um den Kern kreisen). Einige der allgemeinen Prinzipien der Physik scheinen daher geradezu Alltagserfahrungen zu widersprechen (z. B. der Trägheitssatz: Wo findet man in der Anfass- und Vorzeigrealität einen Körper, der sich bei Kräftefreiheit mit konstanter Geschwindigkeit größer Null bewegt?). Das Abwägen zwischen formaler wissenschaftlicher Korrektheit und schülergemäßer Veranschaulichung ist eine große Herausforderung für die Lehrpersonen.

Dass die Forschung zu Schülervorstellungen in der Physikdidaktik besonders entwickelt ist, hat auch damit zu tun, dass Schülervorstellungen aus dem Alltag und die Welt der physikalischen Modelle sich zwar auf dieselben Sachverhalte beziehen, sich aber wie dargestellt deutlich unterscheiden können. Ein schülervorstellungsorientierter Physikunterricht ist aus unserer Sicht besonders charakteristisch für Physikunterricht und in der Allgemeindidaktik weniger vertreten. Auch wenn man die Oserschen Basismodelle betrachtet, kommt man zu dem Schluss, dass Physikunterricht sich wesentlich durch die drei Basismodelle „Konzeptbildung", „Problemlösen" sowie „Lernen durch Eigenerfahrung" beschreiben lässt. Diese Unterrichtgroßformen zeichnen den Physikunterricht aus und sollten von Physiklehrkräften beherrscht werden.

Welche fachlichen und fachdidaktischen Aspekte erachten Sie als bedeutsam, damit das Lernen zum Wesen der Naturwissenschaften wirksam wird?

Besonderheiten der physikalischen Weltsicht haben wir zur vorhergehenden Frage erläutert. Dazu liegen bei Schülerinnen und Schüler verbreitete Fehlvorstellungen vor, z. B. dass man mit einzelnen Experimenten eindeutige Entscheidungen über die Richtigkeit einer Theorie treffen könne oder dass der Erkenntnisfortschritt im Wesentlichen durch einzelne geniale Forschende bewirkt werde. Lehrkräfte müssen typische Schülervorstellungen zur Natur der Naturwissenschaften ebenso kennen wie die erkenntnistheoretisch und wissenschaftshistorisch adäquaten Vorstellungen. Es ist inzwischen Konsens, dass angemessene Vorstellungen über die Natur der Naturwissenschaften nicht „implizit" mitgelernt werden, sondern dass sie explizit im Unterricht thematisiert werden müssen. Dazu kann ein Forschungsprozess im Unterricht simuliert werden, es kann aber auch Forschung an Fallbeispielen nachvollzogen werden, z. B. durch historische

Kontexte. Lehrpersonen müssen sich bewusst sein, dass sie durch die Art ihrer Gestaltung des Physikunterrichts implizit auch Vorstellungen über den Erkenntnisprozess in der disziplinären Wissenschaft Physik vermitteln. Physikunterricht zeigt dabei oftmals ein verzerrtes Bild von Forschung als linearer Kette sachlogisch zwingender Entscheidungen. Lehrpersonen müssen für ihre Unterrichtsgestaltung berücksichtigen, dass sie Experimente in einer didaktischen Funktion einsetzen und nicht um neue Erkenntnisse zu erzielen. Ist man sich dessen nicht bewusst, vermittelt man ein falsches Bild des Forschungsprozesses. Auch die Erkenntnis, dass die naturwissenschaftliche Art der Weltbegegnung ihre Grenzen hat und keineswegs immer anderen Arten der Weltbegegnung überlegen ist, sollte im Unterricht ihren Platz haben. Dafür steht der Kompetenzbereich „Bewertung" der Bildungsstandards, der im Unterricht in geeigneten fachlichen Zusammenhängen zu thematisieren ist. Dafür sind nicht immer nur die ganz großen Fragen heranzuziehen, etwa pro und contra Kernkraftwerke. Es gibt konkretere und persönlich bedeutsamere Kontexte, z. B. die Abwägung physikalischer und ästhetischer Aspekte sowie des Lebens mit Risiken bezüglich des Tragens von Fahrradhelmen (Aspektcharakter der Physik). Schülerinnen und Schüler müssen an solchen konkreten Beispielen für sich ganz persönlich klären, inwieweit physikalisches Wissen ihre persönliche Entscheidung beeinflussen kann und soll.

Welchen Umgang mit herkömmlichen bzw. neuen Medien empfehlen Sie im Physikunterricht?

Medien sind Lernwerkzeuge. Sie dürfen nicht als Selbstzweck im Unterricht eingesetzt werden. Das Primat gehört stets der Frage, was ein bestimmtes Medium zum Erreichen eines Unterrichtsziels beitragen kann. Das gilt für digitale Medien ebenso wie für „analoge" Medien. Man muss also die Möglichkeiten kennen, wie man z. B. Smartphones für alltagsnahe Schülerexperimente verwendet (z. B. Schallpegelmessungen in Diskotheken) oder Software zur systemdynamischen Modellierung für das Lernen physikalischer Sachstrukturen nutzen kann. Mit digitalen Medien lassen sich Themen veranschaulichen, für die man im Physikunterricht aus Sicherheits- oder Aufwandgründen keine experimentellen Zugänge hat. Aber man darf nicht dem Irrtum anheimfallen, dass das Verwenden moderner Medien aus sich heraus lernwirksam sei. Sie steigern noch nicht einmal – über einen Anfangseffekt hinaus – aus sich heraus die Motivation.

Die didaktische Funktion der Nutzung neuer Medien ist sorgfältig abzuwägen. Ein Beispiel dafür sind Experimente mit Smartphones als Messgeräte. Verwendet man sie in Demonstrationsversuchen haben sie kaum einen Mehrwert gegenüber herkömmlichen (und zuverlässigeren) Messgeräten aus der Physiksammlung. Die eingebauten Sensoren ermöglichen es aber, Schülerversuche zu Themen durchzuführen, die bislang Demonstrationsexperimenten vorbehalten waren oder kaum möglich waren – z. B. die Messung von Magnetfeldern stromdurchflossener Leiter oder von Beschleunigungsvorgängen bei Alltagsbewegungen in Aufzügen oder PKW während der Kurvenfahrt. Auch die Videoanalyse hat das Potential, Bewegungen im Unterricht zu untersuchen, die sehr alltagsnahe Kontexte darstellen und ansonsten nur theoretisch behandelt werden können, z. B. im Bereich Physik des Sports. Die Modellierung physikalischer Prozesse mit Software aus dem Bereich der Systemdynamik hat ein großes Potential für die Verdeutlichung von Begriffsnetzen. Man muss zwar eine eigene Symbolik lernen, durch den numerischen Ansatz kann man aber ohne mathematische Hürden sehr komplexe Vorgänge simulieren (z. B. freier Fall aus großer Höhe mit Luftreibung). Die Modellstrukturdiagramme vermitteln zudem einen direkten Eindruck davon, welche physikalischen Größen welche anderen beeinflussen. Die Kernbotschaft beim Umgang mit digitalen Medien sei nochmals wiederholt: Ein Medium, sei es digital oder analog, ist immer nur ein Werkzeug, um Physiklernen zu unterstützen und nicht selbst Ziel oder Kern einer Unterrichtsstunde. Man kann und sollte sie in Verbindung mit guten Lernaufgaben verwenden, wenn sie dem Ziel des Unterrichts dienen.

Literatur

Duit, R., Hepp, R. & Rincke, K. (Hrsg.). (2013). Guter Frontalunterricht. *Unterricht Physik, 24*, 135–136.

Hattie, J. (2009). *Visible Learning.* New York: Routledge. (Deutsch: Hattie, J. (2013). Lernen sichtbar machen. Überarbeitete deutschsprachige Ausgabe von Visible Learning. Hohengehren: Schneider.).

Kulgemeyer, C. (Hrsg.). (2016). Physik erklären. *Unterricht Physik, 27* (152).

Schecker, H. & Klieme, E. (2001). Mehr denken, weniger rechnen. *Physikalische Blätter, 57* (7 / 8), 113–117.

PETER LABUDDE

DIE AUFGABEN-, EXPERIMENTIER- UND FEEDBACKKULTUR WEITERENTWICKELN

Labudde, Peter, Prof. Dr., Pädagogische Hochschule der Fachhochschule Nordwestschweiz, Basel; Arbeitsschwerpunkte: Lern-Lehr-Prozesse, Professionalisierung von Lehrpersonen, Kompetenzmodelle und Bildungsstandards, formative und summative Beurteilung, fächerübergreifender naturwissenschaftlicher Unterricht, Modellversuche zur Unterrichts- und Schulentwicklung, Genderforschung, Entwicklung von Unterrichtsmaterialien und -konzepten

Welches fachwissenschaftliche und fachdidaktische Wissen und Können der Lehrperson ist aus Ihrer Sicht für die Qualität des Physikunterrichts besonders wichtig?

Diese Frage lässt sich meiner Ansicht nach aus drei Perspektiven beantworten: solides „handwerkliches" Wissen und Können, innovativer Physikunterricht, Einstellungen der Lehrpersonen.

Physiklehrkräfte benötigen ein „handwerkliches" Wissen und Können. Dazu zählen:

- Zentrale Begriffe der Physik, welche für die Schulphysik von besonderer Bedeutung sind, wirklich verstehen, zum Beispiel Zeit, Kraft, Energie, Wechselwirkung, Elementarteilchen.
- Wesentliche Eigenschaften physikalischer Begriffe und Gesetze erklären können: Worin besteht der Unterschied zwischen Skalar und Vektor? Was bedeuten Grenzwert, Differentialquotient, bestimmtes Integral etc.? Welche Potenziale weisen diese mathematischen Konzepte für die Physik auf?

- Moderne Physik bzw. deren Anwendungen in Naturwissenschaften und Technik kennen, z.B. Nanoscience, Global Positioning System, Smartphone, Astrophysik.

In jedem Fall sollten Lehrkräfte derartiges Fachwissen auf den Physikunterricht beziehen können. Dass dies gewährleistet wird, erscheint mir nicht nur eine Bringschuld der Dozierenden an Hochschulen oder Studienseminaren, sondern auch eine Holschuld der Lehrpersonen.

Durch welches Wissen und vor allem Können lässt sich der Physikunterricht innovativ weiterentwickeln? Die folgenden Vorschläge sind nicht neu, aber – nach meiner Einschätzung – noch zu wenig im Schulalltag umgesetzt:

- Bei der Planung und Durchführung von Unterricht sind Fachsystematik, fachliche Begriffe und Zusammenhänge auf der einen Seite und Lernvoraussetzungen der Lernenden auf der anderen Seite gleichwertig zu berücksichtigen. Dies ganz im Sinne der didaktischen Rekonstruktion. Im Physikunterricht besteht die große Versuchung sich primär oder sogar ausschließlich an der Fachsystematik zu orientieren, nicht aber an den Lernenden.
- Mit dem Konstruktivismus haben wir eine überzeugende theoretische Grundlage, um Lern-Lehr-Prozesse zu beschreiben und zu analysieren (Labudde, 2000). Begriffe wie Vorverständnis der Lernenden, kognitiver Konflikt, Konzeptwechsel und Ko-Konstruktion von Wissen sind zentral für das Lernen der Physik.

Hierzu gehört ebenfalls die formative Beurteilung, und zwar im Sinne von *feedback for learning*. In diesem *feedback* sehe ich ein Entwicklungspotenzial für den Physikunterricht, welches häufig noch ungenutzt brach liegt.

Weiteres Wissen und Können scheint mir notwendig in den Bereichen Experimentieren (siehe nächste Frage), fächerübergreifender Unterricht bzw. vertikale Vernetzung sowie gendergerechter Unterricht.

Last, but not least: Die Interviewfrage bezieht sich auf „Wissen und Können“, leider nicht auch auf Einstellungen. Spezifisch für den Physikunterricht scheint mir eine Einstellung wichtig: Physiklehrkräfte müssen Vertrauen in die Schülerinnen und Schüler haben. Vertrauen, dass sich Kinder und Jugendliche neue physikalische Inhalte und Fähigkeiten selbstständig erarbeiten können, dass sich viele für physikalische Fragen interessieren.

Welche Qualitätsmerkmale halten Sie für den Physikunterricht für essenziell?

Auf der Oberflächenstruktur ließen sich viele Qualitätsmerkmale nennen, u.a. Einsatz von Schüler- und Demonstrationsexperimenten, Alltagsbezug der Inhalte, Anzahl Beispiel- und Übungsaufgaben. Ich möchte den Akzent woanders legen, auf zwei Merkmale, welche allgemein für guten Unterricht gelten:

Erstens die Anzahl Fragen und Kommentare, welche Schülerinnen und Schüler von sich aus stellen bzw. machen. In den meisten Stunden von angehenden Lehrpersonen, welche ich im Verlauf von über 20 Jahren als Fachdidaktiker besucht habe, ca. 500 Studierende, lag die Anzahl spontaner Fragen und Kommentare bei null bis zwei. Manchmal aber auch bei über zehn; dies waren fast immer qualitativ hochstehende Unterrichtsstunden. Die Anzahl Fragen und Kommentare kann als Indiz für verschiedene Qualitäten gelten. Je nach Situation als Indiz für Interesse der Fragenden am Inhalt, angstfreies Unterrichtsklima, forderndes aber nicht zu hohes Anspruchsniveau, gute Verknüpfung der Inhalte mit dem Alltag.

Zweitens die so genannte *time-on-task*, d. h. wie viel Zeit einer Stunde setzen sich die Lernenden wirklich mit Physik auseinander? Falls dieser Anteil hoch liegt, ist eine günstige Voraussetzung gegeben, dass sie in dieser Stunde Physik lernen. Die Unterrichtszeit wird intensiv genutzt, (fast) alle Lernenden sind immer dabei. Eine hohe *time-on-task* lässt sich an verschiedenen äußeren Merkmalen erkennen. Positive Merkmale sind u. a. die Anzahl Lernende, welche auf Lehrerfragen reagieren, aktivierende Unterrichtsformen, *peer-to-peer feedback*. Zu den negativen Merkmalen zählt u. a. hoher Zeitaufwand für organisatorische Angelegenheiten.

Auch hinsichtlich der Tiefenstrukturmerkmale liessen sich viele Qualitätsmerkmale aufzählen, so Einbezug des Vorwissens der Schüler / innen, eine auf sie abgestimmte Sachstruktur, kognitive Aktivierung, Gendergerechtigkeit, vertikale und horizontale Vernetzung. Ich möchte mich auf ein einziges Merkmal beschränken, die Qualität von Experimenten. Warum? Zahlreiche Studien belegen, dass Experimente inklusive das Hinführen auf ein Experiment und inklusive das Auswerten und Schlussfolgern nach dem Experiment mehr als 50 % der Unterrichtszeit beanspruchen. Gleichzeitig zeigen die Studien, dass die Qualität der Experimente ein großes Entwicklungspotenzial aufweist.

Im Rahmen der Studie „Quality of Instruction in Physics (QuIP)“ (Fischer, Labudde, Neumann & Viiri, 2014) untersuchte Börlin die Qualität von Experimenten anhand von acht Qualitätsmerkmalen, u. a.: Der Lehrperson gelingt es, die Problemstellung des Experimentes für die Lernenden verständlich und einleuchtend darzustellen. Sie verbindet das Experiment mit einem Erklärungsmodell und regt Schülerinnen und Schüler zur Argumentation in diesem Modell an. Den Lernenden ist das Ziel des Experimentes klar. Die Lehrperson ermutigt Schülerinnen und Schüler in ausgeprägtem Maß ihr Handeln bzw. ihre Ideen zu reflektieren. Ergebnisse des Experiments werden zu einer übergeordneten, griffigen Aussage zusammengefasst. Börlin musste bei der Analyse von 45 Unterrichtsvideos ernüchtert feststellen, dass viele Experimente diesen Qualitätskriterien nur wenig genügen.

Welche Lernumgebungen und Lehr-/Lernformen halten Sie für einen wirksamen Physikunterricht für besonders bedeutsam?

Die allgemeindidaktische Regel den Unterricht methodisch abwechslungsreich zu gestalten gilt auch für die Physik. Grob gesagt lassen sich zwei Typen von Methoden unterscheiden, einerseits eher lehrerorientierte Methoden wie Lehrervortrag, Demonstrationsexperiment und fragend-entwickelnder Unterricht, andererseits eher schülerorientierte Methoden wie *hands-on-activities*, Praktikumsversuche, Lernen an Stationen, Fallstudie und Projektarbeit. Gemäß Resultaten der empirischen Bildungsforschung weist der Unterricht in Deutschland einen sehr hohen Anteil fragend-entwickelnden Unterrichts auf. Wirksamer wäre der Unterricht, würde diese Methode deutlich reduziert und durch andere Methoden ersetzt.

Zum Beispiel durch Methoden, welche günstige Voraussetzungen für Kommunikation und Kooperation schaffen. Sie erweisen sich nicht nur als lernwirksam, sondern auch als gendergerecht. Bei derartigen Methoden kommt es zu mehr *peer-to-peer* feedback und damit zu einem höheren *time-on-task*, die Lernenden können ihr Vorverständnis und neue Fachinhalte besser verbinden, Mädchen und junge Frauen bringen sich mehr ein.

Die hier genannten Charakteristika und Vorzüge gelten in besonderem Maß für das forschend-entdeckende Lernen. D. h. die Schüler / innen gehen von (selbst) gestellten Fragen aus, sie explorieren Probleme, stellen Hypothesen auf, planen Experimente und werten diese aus. Bei diesem Vorgehen kommt der Lehrperson viel Verantwortung zu, indem sie als Lernbegleiterin und Coach wirkt.

In Bezug auf das forschend-entdeckende Lernen und anderen schülerorientierten Unterrichtsformen möchte ich zwei verbreiteten Missverständnissen vorbeugen: Erstens, die Schülerinnen und Schüler arbeiten nicht völlig frei; ihre Arbeiten sind nicht beliebig; sie bedürfen einer Struktur sowie einer Begleitung durch die Lehrperson. Zweitens, ein konstruktivistisch orientierter Unterricht lässt sich nicht nur mittels schülerorientierten Formen umsetzen, sondern auch in eher lehrerorientierten Formen; umgekehrt gilt, dass nicht jede schülerorientierte Form quasi *per se* konstruktivistisch ist. Es kommt jeweils auf die Umsetzung an. Ob die Lernenden zum Beispiel immer wieder die Gelegenheit erhalten ihr Vorverständnis einzubringen und sich untereinander auszutauschen.

Wie sieht eine gute Differenzierung/Individualisierung Ihrer Meinung nach im Physikunterricht aus?

Die folgenden drei Vorschläge gelten nicht nur für den Physikunterricht, sondern auch für andere Schulfächer.

Immer wieder den (individuellen) Lernstand erheben: Wo steht der einzelne Schüler bzw. die einzelne Schülerin jetzt? Wohin sollen sie gelangen? Diese Fragen stellen sich ständig, im Prinzip in jeder Stunde, in jeder Unterrichtseinheit, in jedem Semester. Das Wohin ist vorgegeben durch den Lehrplan und / oder Bildungsstandards. Dabei werden oftmals verschiedene Anspruchsniveaus unterschieden, z. B. grundlegende, erweiterte und hohe Anforderungen, so dass eine Individualisierung und Differenzierung möglich sind. Schwieriger ist es beim Lernstand, dieser ist individuell unterschiedlich. Hier die einzelnen Schülerinnen und Schüler abzuholen stufe ich als eine der großen Herausforderungen im Lehrberuf ein. Etwas vereinfacht wird das Problem dadurch, dass es in einer Klasse mit N Lernenden, nicht N verschiedene Lernstände gibt. Die Lernstände lassen sich meist gruppieren, so dass sich die Lehrperson nur auf einige wenige Lernstände einlassen muss.

Damit die Lernenden von Lernstand A zu Lernstand B gelangen, macht die Lehrperson entsprechende Lernangebote, u. a. stellt sie Aufgaben verschiedenen Schwierigkeitsgrads und schafft damit beste Voraussetzungen zur Individualisierung. Unterstützung findet sie in Schulbüchern, welche in den meisten Fällen viele Aufgaben enthalten, die nach Schwierigkeitsgrad gekennzeichnet sind. Ein Problem sehe ich vor allem darin, dass viele Naturwissenschaftslehrkräfte gar keine Schulbücher einsetzen. Die bereits erwähnte QuIP-Studie hat gezeigt, dass in Deutschland und der Schweiz vor allem Arbeitsblätter und keine Schulbücher eingesetzt werden, in Finnland hingegen immer Schulbücher. Der finnische Physikunterricht ist durch eine Schulbuchkultur gekennzeichnet, der deutsche und Schweizer durch eine Arbeitsblätterkultur. Ich wage die Hypothese: In Deutschland und der Schweiz würde der Physikunterricht mit einer Schulbuchkultur deutlich wirksamer werden.

Die Aufgabe, den Lernstand zu erheben und die Lernenden auf ihrem Weg zu begleiten und zu beraten muss nicht allein auf den Schultern der Lehrkraft lasten: *Peer-feedback* und *-coaching* sind erprobte und wirksame Möglichkeiten den Lernstand zu erheben und Lernenden *feedback for learning* zu geben.

Welche immer wiederkehrenden fachspezifischen Herausforderungen im Unterrichtshandeln müssen Ihrer Meinung nach die Lehrpersonen bewältigen, um im Physikunterricht eine angemessene Unterrichtsqualität garantieren zu können?

Vier Standardsituationen möchte ich herausgreifen, weil sie mir einerseits bedeutsam erscheinen und sie andererseits noch zu wenig Beachtung finden.

Alltags- und Fachsprache verbinden: Physikalische Größen wie Geschwindigkeit, Beschleunigung, Kraft, Arbeit, Energie oder Wärme sind den Lernenden aus der Alltagsprache bekannt. Das Alltagswort mit dem physikalischen Begriff zu verbinden, Gemeinsamkeiten und Unterschiede herauszuarbeiten sowie Einsicht in die Notwendigkeit präziser physikalischer Begriffe zu erzeugen gehören zu den schwierigsten Herausforderungen im Unterricht. In einigen Fällen, z. B. bei der Geschwindigkeit, muss das Alltagswort nur etwas differenzierter ausgefeilt werden; man könnte von einem kontinuierlichen Lernweg bzw. im Sinne Piagets von Assimilation sprechen. Bei anderen Größen, wie Arbeit oder Energie, liegen Alltagswort und physikalischer Begriff weit auseinander; es handelt sich um einen diskontinuierlichen Lernweg, um einen Konzeptwechsel bzw. eine Akkommodation.

Ein qualitatives Verständnis erreichen: Schülerinnen und Schüler sollten einen Begriff oder einen Zusammenhang qualitativ beschreiben und anwenden können. Es reicht nicht die physikalische Definition oder Formel auswendig und leider oft unverstanden dahersagen zu können, sondern die Lernenden sollten sie in eigenen Worten erklären und deuten können. Galilei hat das mit dem Verfassen der Fallgesetze in Italienisch – und eben nicht in einer mathematischen Formel – beispielhaft vorgemacht. Könnten unsere Schülerinnen und Schüler zum Beispiel die Definition der Beschleunigung (für eindimensionale Bewegungen) erklären? Könnten sie mit Worten spielen wie „mit der Beschleunigung wird gemessen, wie schnell oder eben langsam ein Gegenstand schneller wird bzw. wie schnell oder langsam er langsamer wird"?

Experimente in den Lernprozess einbetten: Experimentieren im Schulunterricht kann zu Aktionismus und / oder einem kochrezeptartigen Abarbeiten von Einzelschritten degenerieren. Die Lernenden sind zwar aktiv, aber erwerben weder physikalische Fähigkeiten noch physikalisches Wissen. Im Englischen wird sarkastisch von *hands-on, minds-off* gesprochen. Richtig wäre *hands-on, minds-on.* Im Physikunterricht gehört das Experimentieren zu den Standardsituationen, das Einbetten der Experimente in den Lernprozess hingegen noch nicht immer.

Eine reflexive Koedukation umsetzen: Physik zählt bei jungen Frauen zu den unbeliebtesten Schulfächern. Warum gelingt es uns Physiklehrkräften noch zu wenig, Mädchen und junge Frauen abzuholen und Wege in die Physik zu erschließen? Das Problem ist bekannt, zahlreiche empirisch erprobte Lösungen liegen vor. Machen wir sie uns zu eigen, unter anderem: das Vorverständnis gerade auch der Mädchen integrieren, den Unterricht kommunikativer und kooperativer gestalten, den Alltagsbezug vergrößern, phasenweise seedukativ unterrichten, die Prüfungskultur weiterentwickeln, das Selbstvertrauen in Physik bei jungen Frauen (und Männern) stützen (Labudde, 2013).

Worauf gilt es bei der Entwicklung und dem Einsatz von Aufgaben bzw. Aufgabensets im kompetenzorientierten Physikunterricht besonders zu achten?

Mehr als Fachwissen prüfen: In den KMK-Standards Physik gibt es den Bereich „Fachwissen", in den Schweizer Bildungsstandards Naturwissenschaften die Dimension „Themenbereiche". Gemeint sind die physikalischen bzw. naturwissenschaftlichen Inhalte, d. h. Begriffe, Gesetze, Modelle. Sie bilden einen wesentlichen Teil der Standards, aber eben nur einen Teil. Viele weitere Kompetenzen werden aufgeführt, z. B. Fragen und untersuchen, Informationen beschaffen, kommunizieren, beurteilen. Wie weit werden diese Kompetenzen in Lernaufgaben gefördert und in Vergleichsarbeiten getestet?

Erkenntnisgewinnung bzw. Fragen und untersuchen aufwerten: Tests – als normale schriftliche Klassenarbeiten oder im Rahmen eines Bildungsmonitorings oder Abschlussprüfung auf nationaler, kantonaler oder Länder-Ebene – enthalten meist keine Aufgaben, in welchen Fähigkeiten wie „Beobachten und Protokollieren" oder „ein Experiment Planen, Durchführen und Auswerten" überprüft werden. In Ansätzen wird es zwar probiert, z. B. ein Experiment planen oder eine vorgegebene Messreihe auswerten lassen. Aber dies kann nicht ein richtiges Schülerexperiment ersetzen. Die leidige Konsequenz im Schulalltag: Was nicht getestet wird, ist nicht viel wert. Dass eine Aufgabenkultur mit Experimenten möglich ist, zeigen die ehemaligen Abiturprüfungen in der damaligen DDR, das International Baccalaureate, die Checks in den Nordwestschweizer Kantonen.

Physikalische Inhalte interdisziplinär vernetzen: Die horizontale Vernetzung, d. h. die Verbindung mit anderen Disziplinen, wird nicht nur in Integrationsfächern wie „Naturwissenschaften" oder „Natur und Technik" gefordert, sondern aus inhaltlicher und lernpsychologischer Sicht auch im reinen

Fachunterricht „Physik". Würde Interdisziplinarität ernst genommen, müssten vermehrt interdisziplinäre Aufgaben gestellt werden. Aufgaben, welche über die Anwendung von Physik in anderen Fächern hinausgehen, d. h. Aufgaben die im strengen Sinne interdisziplinär sind, z. B. „Wie lässt sich der Energieumsatz in unserem Schulhaus verringern?" oder „Welche Maßnahmen müssten in unserem Staat realisiert werden, um das Kyoto-Protokoll umzusetzen?"

Welche Schritte empfehlen Sie aufgrund Ihrer wissenschaftlichen bzw. erfahrungsbasierten Expertise als „first steps" für angehende Physiklehrer/-innen, die sie für guten Physikunterricht umsetzen können?

Angehende Physiklehrkräfte lernen in ihrer Ausbildung eine Unterrichtsstunde vorzubereiten. Oftmals wird als Hilfe empfohlen, so genannte didaktische Leitfragen zu beantworten. Hier vier Haupt-Leitfragen mit jeweiligen untergeordneten Fragen, welche mir gerade für den Physikunterricht von besonderer Bedeutung erscheinen:

- Welches Vorverständnis bringen die Schülerinnen und Schüler mit? Soll ich es explizit erfragen, wenn ja wann und wie? Welche Lernwege kommen in Frage, um vom Vorverständnis zum zu erreichenden Wissen zu gelangen bzw. zu den zu erwerbenden Fähigkeiten? Die Antworten auf diese Fragen bzw. deren Umsetzung in der Schulstunde sind Kernelemente eines konstruktivistisch orientierten Unterrichts.
- Wie lässt sich das zu erwerbende neue Wissen horizontal, d. h. innerhalb der Physik, wie vertikal, d. h. mit dem Wissen in anderen Fächern, verbinden? Die Vernetzung bildet eine Grundvoraussetzung für das kumulative Lernen, fördert den Aufbau von Begriffsnetzen und trägt zum interdisziplinären Denken bei.
- Wie pflege ich eine lernwirksame Fehler- und Rückmeldekultur? Nutze ich Fehler, welche zum Lernen dazugehören, als Lernchance? Welche Möglichkeiten gibt es für eine formative Beurteilung, im Englischen treffender als *feedback for learning* bezeichnet? Lässt sich vermehrt *peer-feedback* einsetzen?
- Was können die Schülerinnen und Schüler tun? Welche Einzel- und Gruppenarbeiten bieten sich an? Gibt es geeignete Schülerexperimente und sei es auch nur ein fünfminütiges Freihandexperiment? Welche anderen Aufgaben kämen in Frage, z. B. bezüglich Informationsbeschaffung, Üben und Anwenden, Schüler-Kurzvortrag, Streitgespräch, Darstellendes Spiel? Es geht hier nicht um blinden Aktionismus und es geht auch nicht immer um

Schülerexperimente; hingegen geht es darum den Unterricht zu rhythmisieren, ihn schülerorientierter zu gestalten und Lerngelegenheiten zu schaffen.

Die ersten drei Leitfragen betreffen direkt, die vierte Frage indirekt den Lehr-Lern-Prozess. Hier liegt für mich eine der großen Herausforderungen im Unterricht (Labudde, 2000): Wie kann eine Lehrperson günstige Voraussetzungen für wirkliches Verstehen schaffen? Zu viele Lernende geben an, Physik nicht zu verstehen und Unverstandenes nur auswendig zu lernen. Dabei gäbe es viele Chancen, ihnen Wege in die Physik zu erschließen und sie beim Lernen und Verstehen zu unterstützen.

Was ist Ihrer Ansicht nach das Besondere am Physikunterricht?

Eine Besonderheit ist das Experimentieren bzw. das Wechselspiel zwischen Experiment und Theorie, das Einbetten eines Experiments in den Lernprozess. Nur in wenigen anderen Schulfächern spielt das Experiment eine derart große Rolle wie in Physik. Es handelt sich fast um ein Alleinstellungsmerkmal des Physikunterrichts. Ob sich die große Bedeutung, welche dem Experiment im Schulunterricht zukommt, aus lernpsychologischer und wissenschaftstheoretischer Sicht begründen lässt, ist eine andere Frage. Tatsache bleibt, dass das Experiment nach Aussagen von Lehrenden, Lernenden, Lehrplanverantwortlichen und Schulverlagen im Physikunterricht eine große Rolle spielen soll und auch spielt. Umso mehr sollte der Einsatz von Experimenten im Unterricht gut überlegt sein und qualitativ weiterentwickelt werden (siehe Frage zu den Qualitätsmerkmalen von Physikunterricht).

Eine weitere Besonderheit bildet die Wissenschaft der Physik *per se*, Physik als eine spezifische Art der Weltbegegnung neben vielen anderen Arten der Weltbegegnung wie Musik, Kunst, Poesie, Literatur, Theater, Tanz. Alle Arten weisen Stärken, aber auch Grenzen auf, indem sie jeweils unterschiedliche Perspektiven auf die Welt erlauben. Physik erlaubt zweierlei: Einerseits die Welt physikalisch zu beschreiben und zu erklären, wobei die Perspektive zwar eingeschränkt, die Beschreibungen aber dennoch sehr mächtig sind. Andererseits erlaubt die Physik bzw. Astronomie im weitesten Sinn Voraussagen zu machen, z.B. Mond- und Sonnenfinsternisse vorauszusagen (Halley), den freien Fall eines Gegenstands zu berechnen und damit vorauszusagen (Galilei) oder ein so komplexes Unternehmen wie die erste Mondlandung zu planen, d.h. im weitesten Sinne „vorauszusagen“, und durchzuführen (NASA). Die Physik als eine Art der Weltbegegnung im Physikunterricht zu erarbeiten kann Jugendliche auf ihrer Suche nach Orientierung unterstützen, d. h. zum so wichtigen Orientierungswissen beitragen. Siehe auch nächste Frage.

Welche fachlichen und fachdidaktischen Aspekte erachten Sie als bedeutsam, damit das Lernen zum Wesen der Naturwissenschaften wirksam wird?

Physik als eine Art der Weltbegegnung: Wagenschein (1981) schreibt in seinem Hauptwerk „Ursprüngliches Verstehen und exaktes Denken" in einem Aufsatz über „Die beiden Monde: Zum Frieden zwischen zwei Weltauffassungen". Es geht um den Mond einerseits als Forschungsgegenstand in den Naturwissenschaften, andererseits als Mythos in der Poesie. Zwischen diesen beiden Arten der Weltbegegnung besteht eine Spannung, welche Jugendliche auf der Suche nach dem Ich und nach Orientierung intensiv erleben. Die Spannung kann sich in blinder Technikfeindlichkeit, aber auch in blindem Fortschrittswahn entladen. Beides darf keinen Platz bei gebildeten Menschen finden. Dies zu erreichen zähle ich zu den Aufgaben eines aufgeklärten Physikunterrichts.

Physik als ein menschliches Unterfangen, als ein menschliches Konstrukt: Werden physikalische Gesetze entdeckt, erfunden, konstruiert? Magellan hat die nach ihm benannte Meerespassage entdeckt, hat Galilei das Fallgesetz entdeckt oder erfunden? Wie weit sind historische und aktuelle Atom- bzw. Teilchenmodelle Entdeckungen oder Konstrukte? Zu derartigen Fragen wurden und werden unzählige wissenschaftstheoretische Bücher geschrieben. Es kann an dieser Stelle nicht näher darauf eingegangen werden. Für den Physikunterricht ist mir wichtig, dass Schülerinnen und Schüler erkennen, dass Physik „nicht einfach da ist", sondern dass Menschen dahinter stehen und mit ihrer Neugierde die Physik weiterentwickeln, dass Physik nichts Statisches, fest Fixiertes ist, sondern ständig *work in progress.*

Welchen Umgang mit herkömmlichen bzw. neuen Medien empfehlen Sie im Physikunterricht?

Neue Medien wie Smartphones und Tablets sollten unbedingt aufgenommen werden. Warum? 1. Aus lernpsychologischer Perspektive lassen sich Kinder und Jugendliche ganz im Sinne von Comenius „abholen"; wir würden jetzt wohl eher sagen, es lässt sich ihr Vorverständnis integrieren. 2. Aus inhaltlicher Sicht ermöglichen neue Medien den immer wieder geforderten Alltagsbezug in der Physik. 3. Aus entwicklungspsychologischem Blickwinkel können neue Medien, wenn ihre Chancen, Probleme und Grenzen im Sinne von *Science-Technology-Society* erarbeitet werden, die Jugendlichen auf der Suche nach Orientierung unterstützen (siehe auch die vorhergehenden beiden Fragen). 4. Aus unterrichtsmethodischer Sicht eröffnen neue Medien Chancen den Unterricht abwechslungsreicher zu gestalten.

Literatur

Fischer, H., Labudde, P., Neumann, K. & Viiri, J. (Hrsg.). (2014). *Quality of Instruction in Physics: Comparing Finland, Germany and Switzerland*. Münster: Waxmann.

Labudde, P. (2000): *Konstruktivismus im Physikunterricht der Sekundarstufe II*. Bern: Haupt.

Labudde, P. (Hrsg.). (2013, 2. Aufl.). *Fachdidaktik Naturwissenschaft: 1.–9. Schuljahr*. Bern: Haupt UTB.

Wagenschein, M. (1981). *Ursprüngliches Verstehen und exaktes Denken*. Stuttgart: Klett-Cotta.

JOSEF LEISEN

LEHRKRÄFTE SIND ANWÄLTE DES LERNENS

Leisen, Josef, Prof., Oberstudiendirektor a. D., ehemaliger Leiter des Studienseminars für das Lehramt an Gymnasien in Koblenz und Professor für Didaktik der Physik an der Universität Mainz; Arbeitsschwerpunkte: Didaktik der Physik, Aufgabenkultur, Sprachsensibler Fachunterricht, Lehr-Lern-Modelle, Standardsituationen des Unterrichts

Welches fachwissenschaftliche und fachdidaktische Wissen und Können der Lehrperson ist aus Ihrer Sicht für die Qualität des Physikunterrichts besonders wichtig?

Die Lehrperson muss alle Lernchancen zum Physiklernen erkennen und nutzen. Dazu muss sie selbst über ein solides Physikwissen in den schulrelevanten Gebieten verfügen. Das Physikwissen umfasst:

- das **Verfügungswissen** als ein Wissen um Ursachen, Wirkungen und Mittel,
- das **Orientierungswissen** als ein Wissen um begründete Zwecke und Ziele.

Die COACTIV-Studie unterstreicht die Bedeutung des Fachwissens für das fachdidaktische Wissen. Um alle Lernchancen zum Physiklernen zu nutzen, muss die Lehrkraft fachdidaktisch denken und handeln. Fachdidaktisches Wissen setzt Fachwissen voraus, ist aber nicht bloßer Ausfluss desselben. Die fachdidaktische Expertise erst erlaubt, mittels fachdidaktischer Analyse aus einem physikalischen Fachgegenstand einen Lerngegenstand zu machen. Für die Qualität des Physikunterrichts ist die Kompetenz, Physik lehr- und lernbar zu machen, besonders wichtig.

Welche Qualitätsmerkmale halten Sie für den Physikunterricht für essenziell?

Die reichlich vielen Studien über „guten Unterricht“ versuchen auf der „Sichtstruktur“ des Unterrichts Merkmale ausfindig zu machen, die den Unterschied von Schülerleistungen erklären.

Die Kompetenzen der Lernenden, die sich im handelnden Umgang mit Wissen zeigen, liegen auf der Sichtebene des Unterrichts. Unterhalb der Sichtebene liegen die Einstellungen, Interessen, Motivationen, Arbeitshaltungen, etc. der Lernenden, die aber auf die Lernwirksamkeit eine große Wirkung haben, jedoch nicht direkt beobachtbar sind. Die kognitive Aktivierung als ein Merkmal der Tiefenstruktur wirkt sich nachweislich auf die Arbeitshaltung, das Interesse und die Motivation aus. Entscheidend ist, dass die Lehrkraft die Lernprozesse auf der Oberflächenstruktur professionell steuert:

Steuerung 1: Aufgabenstellungen

Gute Aufgabenstellungen sind der Motor förderlicher Lernumgebungen. Aufgabenstellungen beinhalten Arbeitsaufträge, Lernmaterialien und Methoden. Letztere steuern maßgeblich den Lernvorgang und materialisieren die Lernumgebungen. Auf die Tiefenstruktur bezogen, bestimmen sie die kognitive Aktivierung. Entscheidend ist, dass die Aufgabenstellung dem Prinzip der „kalkulierten Herausforderung“ folgt, d. h. die Aufgabenstellungen müssen so herausfordern und aktivieren, dass der Lerner diese erfolgreich – nicht zwingend fehlerfrei – bearbeiten kann. Nur so bildet sich ein Könnensbewusstsein aus, werden Einstellungen, Arbeitshaltungen, Interesse, … in der Tiefenstruktur positiv beeinflusst.

Qualitätsmerkmale der Steuerung 1:

- kognitiv aktivierend
- lernproduktorientiert
- kalkuliert herausfordernd
- bedeutsam und sinnstiftend, z. B. kontextorientiert
- gestuft und mit Strategien

Steuerung 2: Lernmaterialien, Methoden und Medien

Die Lernenden bearbeiten Lernmaterialien, stellen Lernprodukte her und diskutieren dieselben. Mit den Lernmaterialien (z. B. Gegenstände, Experimentiermaterialien, Bilder, Zeichnungen, Lehrbuchtexte, authentische Materialien, Berichte, Erklärfilme, …), die von Methoden und Medien (z. B. Lehrervortrag, Experiment, Film, Sachtext, Unterrichtsgespräch, multimediale Lernumgebung, Internetrecherche, Podcast, Experteninterview, …) begleitet sind, steuert die Lehrkraft die Lernprozesse material.

Qualitätsmerkmale der Steuerung 2:

- lernproduktorientiert
- situiert und authentisch
- lerneraktivierend
- methoden- und medienbegleitet
- steuerungsmächtig

Die Steuerungen 1 und 2 sind meistens „Schreibtischprodukte" der Lehrkraft, sind vorbereitet und haben materialen Charakter. Die Steuerungen 3 und 4 sind immer situativ und haben personalen Charakter.

Steuerung 3: Moderation

Der Lernprozess wird von der Lehrkraft lernschrittgerecht verbal begleitet und personal gesteuert. Ihrem professionellen Geschick obliegt es, die Lernmaterialien moderierend in den Lernprozess einzubinden und im Diskurs zu verhandeln. Die Moderation ist immer persönlich geprägt, muss aber unabhängig von der Lehrerpersönlichkeit professionellen Standards genügen.

Qualitätsmerkmale der Steuerung 3:

- lernprozessgerecht
- diskursiv
- diagnostisch
- differenzierend
- strukturiert
- ertragreich

Steuerung 4: Rückmeldung

Von der Lehrkraft angeleitete Reflexionen über die Lernvorgänge (Metareflexionen) und qualifizierte Rückmeldungen durch die Lehrkraft sind im Lernprozess wichtig, um Könnensbewusstsein, Lernerpersönlichkeit und Selbstvertrauen zu entwickeln. Die Rückmeldungen gehen an die einzelnen Lerner aber auch an die gesamte Lerngruppe. Die Lehrkraft holt bei den Lernern Feedback ein, um Bewusstheit über die Wirksamkeit des eigenen Lehrens zu erhalten.

Qualitätsmerkmale der Steuerung 4:

- stärkend und ermutigend
- klärend und aufbauend
- sprachsensibel
- metareflexiv
- selbstkorrigierend
- lernfördernd

Diese vier Steuerungen sind essenziell und müssen von Physiklehrkräften professionell bewältigt werden.

Welche Lernumgebungen und Lehr-/Lernformen halten Sie für einen wirksamen Physikunterricht für besonders bedeutsam?

Die Frage nach der Bedeutsamkeit von gewissen Lehr- und Lernformen für einen wirkungsvollen Physikunterricht hängt an der Frage des Bezugsverhältnisses von Lehren und Lernen. Im Zentrum jeden Unterrichts steht das **Lernen** und nicht das **Lehren**. Die Aufgabe und das Ziel des Lehrens sind es, viel und erfolgreiches Lernen bei den Lernern zu erreichen. Nach Weinert gibt es viele Wege zu erfolgreichem Lernen, aber nicht jeder Weg führt zu erfolgreichem Lernen.

- Gutes Lehren führt nicht zwingend zu erfolgreichem Lernen, aber erfolgreiches Lernen braucht gutes Lehren.
- Jede Unterrichtsform (Frontalunterricht, Gruppenunterricht, offener Unterricht, Projektarbeit, direkte Instruktion, ...) kann zu erfolgreichem Lernen führen, aber nicht bei allen Lernern, nicht bei allen Themen, nicht für alle Kompetenzentwicklungen.
- Jeder Lehrstil, jeder Lehrertyp vermag wirksam und erfolgreich für das Lernen zu sein, aber auch hier nicht bei allen Lernern, nicht bei allen Themen, nicht für alle Kompetenzentwicklungen.

Nicht ideologische Konzepte (Paradigma) und nicht die Merkmallisten guten Unterrichts machen den guten Unterricht, sondern die alltägliche, harte, professionelle Arbeit **am** Lerner und **mit** dem Lerner **an** der Sache **in** einer Lerngruppe, in welcher **mit** Anstrengung und Konsequenz eine Lernkultur aufgebaut wird. Lehrkräfte benötigen ein Modell guten Lernens und Lehrens als Hilfe zur Steuerung der Lernprozesse und sie brauchen handwerklich professionelles Können, um die Wirkung auch zu entfalten. Lehrkräfte müssen nicht nur wissen, was gutes Lernen bewirkt und wie gutes Lernen wirkt (Standards), sie müssen es auch können (Kompetenzen) und sie müssen im Handeln auch zeigen, dass sie es können (Performanz). Die Steuerungsleistungen im Zusammenspiel von Lehren und Lernen sind bereits in der vorigen Frage beantwortet.

Unabhängig von der favorisierten Unterrichtsform der Lehrperson, ihrem Lehrstil und dem ihr eigenen Lehrertyp muss sich jede Lehrperson immer und ohne Einschränkung als Anwalt des Lernens (hier des Physiklernens) verstehen. Die Anwaltsfunktion verpflichtet die Lehrperson dazu, das Recht zum Lernen zu verteidigen, für eine gute Lernumgebung zu sorgen, dafür Sorge zu tragen, dass dem Lernprozess Vorrang eingeräumt und dass bei Störungen des Lernprozesses Abhilfe geschaffen wird. Die Anwaltsfunktion verpflichtet die Lehrkraft, den Lernprozess mit guten Aufgabenstellungen zu initiieren und in Gang zu halten und das Lernen mit passenden Materialien und Methoden zu unterstützen.

Als Anwalt des Lernens ist die Lehrkraft in ihrer ganzen Person gefordert. Die Lehrkraft kann und darf sich nicht aus dem Unterrichtsgeschehen herausziehen! Ganz im Gegenteil: Die Lehrkraft wird ihrer Anwaltsfunktion durch eine evaluative achtsame Ausrichtung auf die Lernfortschritte und auf die Verstehensprozesse für jeden einzelnen Lernenden gerecht. Mit der Idee des „Visible teaching and learning" meint Hattie alles, was dazu beiträgt, die Wirksamkeit von Lernprozessen sichtbar zu machen, und zwar sichtbar im Sinne von erkennbar, belegbar, einsehbar, aber auch thematisierbar und verhandelbar.

Das auf Wirksamkeit von Lernprozessen abzielende Lehrerhandeln ist aber nur dann erkennbar, belegbar, einsehbar, thematisierbar und verhandelbar, wenn es dazu einen Referenzrahmen, wenn es Qualitätsstandards und Leitlinien gibt.

Wie sieht eine gute Differenzierung/Individualisierung Ihrer Meinung nach im Physikunterricht aus?

Eine gute Differenzierung basiert auf dem Prinzip der „kalkulierten Herausforderung": Jeder Schüler erhält eine Aufgabenstellung, die ihn zum Schritt auf die nächste Stufe herausfordert. Über- wie Unterforderungen für das Lernen sind kontraproduktiv. Das Prinzip ist realisierbar in zwei Varianten:

- **Unterstützung:** Alle erhalten dieselbe Aufgabenstellung, aber mit individuellen Hilfen.
- **Differenzierung:** Die Schüler erhalten Aufgabenstellungen mit unterschiedlichen Anforderungen.

Eine Voraussetzung dazu ist in beiden Varianten eine gute Diagnostik. Individualisierung darf nicht bedeuten, dass jeder Lerner seine Aufgaben in Einzelarbeit bearbeitet. Differenzierung / Individualisierung sollte als ein Prinzip des adaptiven Unterrichts in der Form des gemeinsamen Unterrichts verstanden werden.

Welche immer wiederkehrenden fachspezifischen Herausforderungen im Unterrichtshandeln müssen Ihrer Meinung nach die Lehrpersonen bewältigen, um im Physikunterricht eine angemessene Unterrichtsqualität garantieren zu können?

Standardsituationen im Physikunterricht sind:

- Schülervorstellungen diagnostizieren
- Physikalische Frage- und Problemstellungen entdecken lassen
- Adressatengerecht erklären

- Aufgaben und Lernmaterialien zeitökonomisch und zielführend in Lernprozesse einbinden
- Verschiedene Darstellungsformen situativ nutzen
- Schülerbeiträge strukturieren
- Lernerträge sichern und festigen
- Unterrichtsgespräche diskursiv moderieren
- Demonstrationsexperimente durchführen
- Schülerexperimente organisieren
- Gruppenarbeit organisieren
- …

Die Bewältigung der Standardsituationen ist Handwerk und kann durch Übung gelernt werden. Handwerkliche Routinen machen die Lehrkraft frei für die fachlichen und fachdidaktischen Möglichkeiten, die in der Sache und in der Situation schlummern. Lehrkräfte, die in den Standardsituationen handwerklich stolpern, vermögen nicht situativ zu reagieren und untergraben bei aller fachlichen Expertise ihre Glaubwürdigkeit als wirksame Lehrkraft. Wenn Standardsituationen nicht professionell bewältigt werden, geben die limbischen Systeme der Lerner das Signal, auf den „Standby-Modus" umzuschalten. Lernbereitschaft wird gespeist vom Schwung einer professionellen Bewältigung der Standardsituationen. Die von den Lernern zugeschriebene Expertise als Physiklehrkraft steht und fällt mit der Beherrschung der Standardsituationen.

Worauf gilt es bei der Entwicklung und dem Einsatz von Aufgaben bzw. Aufgabensets im kompetenzorientierten Physikunterricht besonders zu achten?

Aufgaben sind der Schlüssel zum kompetenzorientierten Unterricht und müssen die Lerner in den „handelnden Umgang mit physikalischem Wissen" bringen. Durch Aufgaben zeigen Lerner, was sie können, und werden in die Performanz gebracht. Die Qualitätsmerkmale der Aufgabenstellungen sind:

- kognitiv aktivierend
- lernproduktorientiert
- kalkuliert herausfordernd
- bedeutsam und sinnstiftend, z. B. kontextorientiert
- gestuft und mit Strategien

Unter Aufgabenkultur ist das Zusammenwirken folgender Aspekte zu verstehen: die Art (Aufgabenvielfalt) und die Qualität der Aufgaben („gute" Aufgaben), deren Vernetzungen untereinander (Aufgabencurriculum) und die Einbettung der Aufgaben in das gesamte Unterrichtsgeschehen (Unterrichtschoreografie). Aufgaben zu kultivieren bedeutet, sie für das Lernen und Leisten fruchtbar zu machen:

- Aufgaben auf die Kompetenzen hin ausrichten
- Aufgaben anstrukturieren und durchstrukturieren
- Aufgaben Sinn und ein klares Profil geben und sie in Kontexte setzen
- Aufgaben öffnen und schließen
- Lernaufgaben entwickeln
- Aufgaben zum Leisten in solche zum Lernen umbauen und umgekehrt
- Aufgaben zum Vernetzen und kumulativen Lernen entwickeln
- Aufgaben binnendifferenziert gestalten
- Experimente und naturwissenschaftliche Arbeitsmethoden integrieren
- Aufgaben passend in den Unterricht einbetten (Unterrichtsskript, Unterrichtskonzept)

Die Professionalität einer Lehrkraft ist auch und gerade in deren Aufgabenkultur erkennbar.

Kontextorientierte Aufgaben wirken sich bei vielen Lernern und in vielen Situationen positiv auf die Kompetenzentwicklung aus. Wissen wird in einem Lernkontext erworben (Kontextualisierung), jedoch – wie wir aus der Neurobiologie wissen – dekontextualisiert gespeichert und rekontextualisiert gefestigt. Nachhaltiges Wissen wird in Begriffs- und Wissensnetzen verankert (Dekontextualisierung). Die Lerner müssen das Gelernte (Wissensnetz) auf neue Aufgabenstellungen und in einem abgewandelten oder neuen Nachweiskontext anwenden (Rekontextualisierung). Durch Übung wird das Wissen gefestigt und verfügbar gemacht. Bei der Kontextualisierung von Aufgaben ist gleichermaßen auf die Dekontextualisierung und die Rekontextualisierung zu achten.

Welche Schritte empfehlen Sie aufgrund Ihrer wissenschaftlichen bzw. erfahrungsbasierten Expertise als „first steps“ für angehende Physiklehrer/-innen, die sie für guten Physikunterricht umsetzen können?

Folgende Schritte werden erfahrungsbasiert empfohlen:

- Dem Unterricht eine klare, an Lernschritten orientierte Struktur geben.
- Den Unterricht von dem Lernprodukt aus konzipieren, d. h. von der Frage aus „Wie bringe ich die Schüler in den handelnden Umgang mit physikalischem Wissen?“
- Gute Aufgabenstellungen mit Materialien konzipieren, die zu diesen Lernprodukten führen.

- Sich sukzessive in Standardsituationen des Physikunterrichts trainieren.
- Sich selbst videographieren und sich in der Videoanalyse die folgenden Fragen stellen:
  - Werden die Lerner kognitiv aktiviert?
  - Gehe ich auf die Vorstellungen der Lerner ein?
  - Ist mein Unterricht am Lernen orientiert?
  - Sind meine Moderation lernschrittgerecht und meine Rückmeldung lernfördernd?
  - Wie professionell bewältige ich die Standardsituationen?

Was ist Ihrer Ansicht nach das Besondere am Physikunterricht?

Das Besondere am Physikunterricht ist in dem Besonderen der Physik begründet, denn Physik

- ist eine theoriegeleitete Erfahrungswissenschaft,
- betrachtet die Natur unter bestimmten Aspekten (Aspektcharakter),
- hat einen hohen Grad an Formalisierung und Mathematisierung,
- entwickelt ein spezifisches Methodenrepertoire,
- hat starke Anwendungsbezüge und hohe gesellschaftliche Relevanz,
- ist ein historisch-dynamischer Prozess.

Dem Physikunterricht muss es gelingen, dass sich Lerner durch Aufgabenstellungen mit dem Besonderen der Physik auseinandersetzen und so ein Gespür dafür erhalten, was das Wesen der Physik ausmacht. Der bildende Charakter der Physik zeigt sich darin, inwieweit die Klärung des Verhältnisses des Lerners zu sich und der Physik gelingt. Der Lerner muss hinsichtlich seiner Kompetenzen könnensbewusst werden.

Fachwissenskompetenz

Physik ist ein Denkgebäude, das sich im wissenschaftlichen Diskurs historisch entwickelt hat.

Fachmethodenkompetenz und Erkenntnisgewinnungskompetenz

Physik ist eine theoriegeleitete Erfahrungswissenschaft und hat ein spezifisches Methodenrepertoire entwickelt, um zu Erkenntnissen zu gelangen. Die Physik betrachtet die Natur unter bestimmten Aspekten (Aspektcharakter der Physik) und grenzt sich in den Erkenntnissen von anderen Wissenschaften und Weltbetrachtungen wie z. B. künstlerische, literarische, spirituelle, ... Weltbetrachtung ab. Physik untersucht, denkt, erkennt und handelt in einem spezifisch abgegrenzten Aspektbereich, aber universell im Gegenstandbereich vom allerkleinsten bis zum größten Objekt des Universums.

Kommunikationskompetenz

Physik hat viele „Sprachen“. Einerseits ist der Gegenstand der Physik die Welt in ihrer ganzen Konkretheit, andererseits sind die Erkenntnisse der Physik in der Sprache der Mathematik verfasst. Physik stellt sich u. a. in einem hohen Grad an Formalisierung und Mathematisierung dar. Gegenstand und Erkenntnisse der Physik können in verschiedenen Symbolisierungsformen dargestellt werden. Sie reichen über verschiedene Ebenen der Abstraktion von der Ebene der Gegenstände, über die bildliche Ebene, die verbalsprachliche Ebene bis hin zur symbolischen Ebene und der mathematischen Ebene.

Bewertungskompetenz

Physik hat starke Anwendungsbezüge und hohe gesellschaftliche Relevanz.

Welche fachlichen und fachdidaktischen Aspekte erachten Sie als bedeutsam, damit das Lernen zum Wesen der Naturwissenschaften wirksam wird?

Damit das Lernen zum Wesen der Naturwissenschaften wirksam wird, sind erkenntnistheoretische Fragestellungen im Physikunterricht bedeutsam. Die Physik und der Physikunterricht sind voller Erkenntnistheorie. Die philosophischen Fragen der Erkenntnistheorie sind:

- Was ist Erkenntnis? (Begriffsexplikation)
- Wie erkennen wir? (Wege und Formen)
- Was erkennen wir? (Gegenstand)
- Wie weit reicht unsere Erkenntnis? (Umfang und Grenzen)
- Warum erkennen wir gerade dies und nur dies? (Erklärung)
- Wie sicher ist unsere Erkenntnis? (Geltung)
- Worauf beruht ihre Sicherheit? (Begründung)

Um die Fragen der Erkenntnistheorie lehr- und lernbar zu machen und methodisch in den Horizont der Schüler zu bringen, müssen sie an Unterrichtsthemen angebunden oder zu Unterrichtsthemen gemacht werden. Weiterhin müssen sie alters- und verstehensgerecht für Lerner aufbereitet werden.

In jedem physikalischen Tun schlummert Erkenntnistheoretisches. Die Didaktik muss es freilegen, die Methodik muss es unterrichtlich inszenieren. Erkenntnistheorie kann auf drei Arten in den Physikunterricht kommen:

- Durch erkennendes Tun:
  Nach Maturana ist jedes Tun Erkennen, und jedes Erkennen ist Tun. Man treibe Physik im Unterricht und reflektiere das Tun, wozu es viele Gelegenheiten gibt.

- Durch erkenntnistheoretisch orientierte Themen der Physik:
  Ohne Zweifel hat die Physik wesentliche Beiträge zur Erkenntnistheorie geliefert und die Erkenntnistheorie in fundamentalen Fragestellungen zu neuen Wegen gezwungen. Hierfür gibt es eine Liste von besonders geeigneten Themen, die zu erkenntnistheoretischen Fragestellungen auffordern und wodurch die Erkenntnistheorie in den Unterricht kommt, z. B. Aristotelische versus Galileiische Physik, Copernicanische Wende, Quantenphilosophie, ...
- Durch Themen der Erkenntnistheorie:
  Erkenntnistheorie selbst ist ein sehr umfangreiches Gebiet mit einer sehr langen Geschichte und unermesslich vielen Beiträgen. Die Erkenntnistheorie als Disziplin stellt den theoretischen Rahmen für erkenntnistheoretisches Tun und Reflektieren dar. Dieser Bereich gehört indes nicht mehr zum Gegenstandsbereich des Physikunterrichts. Gleichwohl steht jedem Physiklehrer ein „Basiswissen Erkenntnistheorie" gut an. Wünschenswert wäre, es in die Physiklehrerausbildung zu integrieren.

Physik erhebt den Anspruch, als unverzichtbarer Teil der allgemeinen Bildung zu gelten. Ohne Hinweis auf ihre erkenntnistheoretischen Fundamente lässt sich dieser Anspruch wohl kaum begründen. Es ist die erkenntnistheoretische Messlatte, mit der Inhalte und Themen im Physikunterricht auf ihren Bildungswert hin gemessen werden. Nur das, was erkenntnistheoretisch bedeutsam ist, hat Anspruch, Inhalt und Thema des Physikunterrichts zu sein.

Welchen Umgang mit herkömmlichen bzw. neuen Medien empfehlen Sie im Physikunterricht?

Medien sind Instrumente zur materialen Steuerung des Unterrichts. Es geht einerseits um Bildung in Medien und um Bildung mit Medien. Medien haben Werkzeugcharakter und als solche eine dienende Funktion. Sie sind nicht Selbstzweck. Der didaktische Ort, der didaktische Mehrwert und der handwerkliche Zugewinn sind Richtschnur des Umgangs. Unterrichtsbeobachtungen zeigen, dass digitale Medien oft Zeitfresser sind und so die Lernzeit beschränken.

ANDREAS MÜLLER

EVIDENZBASIERTES LEHREN UND LERNEN VON PHYSIK – WAS SONST?

Müller, Andreas, Prof. Dr., Universität Genf, Institut universitaire de formation des enseignants; Arbeitsschwerpunkte: Authentisches / kontextorientiertes Lernen im Physikunterricht, aufgabenorientiertes Lehren und Lernen, Alltagsphysik, Freihandexperimente, Funktion kognitiver Repräsentationen bei der Durchführung von Experimenten

Vorbemerkung

Für das hier vorgegebene Interviewformat ist eine Auswahl aus den Erkenntnissen zum Physikunterricht zu treffen, die das Ergebnis langjähriger Arbeit vieler Kolleginnen aus Forschung und Praxis sind. Es ist offensichtlich, dass eine solche Auswahl subjektiv sein muss, und deren Begründung auch nicht annähernd die Qualität und Ausführlichkeit der Begründungen in den zugrunde liegenden Arbeiten erreichen kann. Um dieser Schwierigkeit gerecht zu werden, folgt der vorliegende Beitrag einer Vorgehensweise auf zwei Ebenen: Zum einen werden einzelne Themen diskutiert, weil sie – aus der Sicht des Autors – (i) wohlbekannt sind, aber gerne übersehen werden; (ii) neue und interessante Entwicklungsmöglichkeiten darstellen, (iii) Querverbindungen erlauben, die für das Thema dieses Sammelbandes von Interesse sind. Zum andern kann vom Autor eine Langfassung (LF) mit ergänzendem Text angefordert werden, auf die z. T. verwiesen wird. Ganz falsch wäre es, für die in diesem Beitrag getroffene Auswahl zu schließen, dass sie wichtiger als andere, hier nicht diskutierten Aspekte wäre. Sie ist nur die Sicht dieses Autors.

Mit dem weiblichen Geschlecht ist hier das männliche immer mitgemeint. Zahlenangaben für die Stärke von Zusammenhängen, Unterrichtseffekten usw. sind *r* (Korrelationen) oder *d* (Effektstärken, „Cohens d").

Welches fachwissenschaftliche und fachdidaktische Wissen und Können der Lehrperson ist aus Ihrer Sicht für die Qualität des Physikunterrichts besonders wichtig?

Man hört immer wieder den Satz „Das Wichtigste, was eine Physiklehrerin braucht, ist eine gute Fachausbildung", vor allem von Vertretern aus der Disziplin. Das ist für sie ja auch ein schönes Argument, dann kann man die Gelder, die für jede Lehramtsstudentin in den Fachbereich fließen, für eine Fachwissenschaftlerstelle verwenden, und so wird den künftigen Lehrern ja auch „das Wichtigste" mitgegeben.

Ich möchte darauf mit einer Frage antworten: Was ist das bessere Auto, ein Formel-1-Motor oder eine „Ente"? Die Antwort darauf ist offensichtlich und für unsere Frage hier wird sie unisono von allen gegeben, die sich irgendwie ernsthaft mit der Frage beschäftigt haben: Ein als Ganzes entwickeltes Wissen und Können in *Fachwissenschaft, Fachdidaktik und Bildungswissenschaften* ist unentbehrliche Voraussetzung für einen wirksamen Physikunterricht. Nur Kompetenz in der Fachwissenschaft alleine, und sei sie noch hoch, ist nicht ausreichend. Es gibt dazu eine wohlbekannte theoretische Basis und viele Arbeiten in Forschung und Entwicklung unter dem Begriff „Pedagogical Content Knowledge" (PCK), die Shulman als Wegbereiter des Gedankens wie folgt überschrieben hat: *„Pedagogical content knowledge is the category most likely to distinguish the understanding of the content specialist from that of the pedagogue"*.

Ein besonders wichtiger Aspekt von PCK ist, Unterricht und Lehrerbildung nicht auf bloßer Überzeugung oder gar Ideologie beruhen zu lassen, sondern dafür die bestmögliche wissenschaftliche Grundlage zu suchen. Das ist das Leitmotiv der Evidenz-Basierung, in unserem Bereich unter Bezeichnungen wie „Evidence-Based Science Education" (EBSE) geläufig (siehe LF für den Hintergrund von vielen der hier getroffenen Aussagen). Der Kerngedanke ist, dass eine Expertinnen-Entscheidung auf drei Komponenten beruht: dem Stand der Forschung, der praktischen Erfahrung, und der gegebenen Situation. Dieser Gedanke ist mittlerweile auch von an wirksamem Lernen und Lehren ihres Faches interessierten Naturwissenschaftlerinnen aufgegriffen worden, z. T. auf höchstem Reputationsniveau (s. etwa die Arbeiten des Physik-Nobelpreisträgers C. Wieman). Es ist Zeit, dass die z. B. in Deutschland teilweise verbreitete „Freizeitdidaktik" von Fachphysikern diese Arbeiten zur Kenntnis nimmt.

Physiklehrerinnen werden so, nach ihrem Studium der Physik mit ihren wunderbaren Forschungsideen und -resultaten, auf einer neuen Ebene zu Forschern, nämlich zu Erforscherinnen ihres eigenen Lehrens. Damit praktizieren sie lebenslanges Lernen für ihren eigenen Bereich und sind so zugleich Vorbild für ihre Schülerinnen.

Ein guter Teil der im Folgenden diskutierten Punkte ist eine Konkretisierung des Leitgedankens der EBSE für die verschiedenen Interviewfragen.

Welche Qualitätsmerkmale halten Sie für den Physikunterricht für essenziell?

Ich will hier auf zwei Qualitätsmerkmale eingehen; es zielen aber auch andere Leitfragen wesensmäßig auf zentrale Qualitätsmerkmale und werden dort behandelt (siehe Fragen zu Lernumgebungen, Differenzierung, Standardsituationen, Aufgabenkultur und Medien).

Begriffslernen und der Aufbau von Wissensstrukturen sind für die Qualität von Physikunterricht auf der kognitiven Ebene zentral. Lernen ist dann erfolgreich, wenn neue Inhalte erfolgreich in bestehendes Vorwissen integriert werden können, entweder durch dessen Erweiterung oder Anpassung. Unterricht beginnt also beim Vorwissen, identifiziert dort relevante Lernschwierigkeiten, bietet Lerngelegenheiten zur Wissensintegration, zur Festigung („Aufbau von Routinen") und zur Vernetzung. Dazu braucht es Verfahren zur Diagnose, Kenntnis häufiger Lernschwierigkeiten in einem gegebenen Gebiet und ein breites Repertoire und Kreativität für das Stellen von Aufgaben mit verschiedenen Funktionen. Ein Beispiel für ein wichtiges Werkzeug für Diagnostik und Lernaktivitäten im Zusammenhang mit der Vernetzung von Wissen sind „Concept Maps".

Ein zweites Qualitätsmerkmal liegt auf der ***(inter)personalen Ebene***. Das englische UPMAP-Studie (Understanding Participation Rates in Post-16 Mathematics and Physics) hat sehr überzeugend belegt, dass die Beziehung zu Lehrpersonen (und anderen Erwachsenen) – Ermutigung, Rat, Vorbild, oder eben das Gegenteil – einen entscheidenden Einfluss auf die Wahl von Physik als Fach jenseits der obligatorischen Schulzeit hat. Dieses Ergebnis auf der Basis qualitativer Daten wird ergänzt durch die quantitativen Ergebnisse, in denen Ermutigung als stärkste Lehrervariable für die Entscheidung für Physik hervortritt ($r = 0.5$), deutlich vor allen anderen Items (z. B. dass ein Lehrer gut erklären kann, $r = 0.26$). In der Entwicklung der Forschungsparadigmen zur Unterrichtsqualität wurde zwar das „Persönlichkeits-Paradigma" ab 1970 durch andere Ansätze abgelöst; mit einem gewissen Recht kann man heute aber sagen, dass (inter)personale Aspekte der Lehrperson als Determinante der Unterrichtsqualität zurückkehren, heute differenzierter, forschungsbasiert, und in einem systemischen Zusammenhang mit anderen Faktoren (s. a. die Hattie-Studie, Kap. 7).

Welche Lernumgebungen und Lehr-/Lernformen halten Sie für einen wirksamen Physikunterricht für besonders bedeutsam?

Hier sind zunächst Experimentieren im Physikunterricht (Lernen mit und über Experimente) und Aufgaben zur Verbindung von Mathematik und Physik zu nennen, die bei anderen Fragen des Beitrags behandelt werden. Darüber hinaus möchte ich folgende Punkte anführen:

a) ***Kontextorientierter Unterricht***: Dies meint die – möglichst systematische – Verbindung von Unterrichtsthemen mit Fragestellungen mit hohem Selbst- und Lebenswelt-Bezug, mit der unter anderem die Motivation und die Transferfähigkeit von Schülerinnen gefördert werden soll. Während der Erfolg von Lernumgebungen und –formen nach diesem Leitgedanken keineswegs garantiert und deren detaillierte Gestaltung Gegenstand intensiver Diskussion und Forschung ist, gibt es viele Beispiele für wirksame Ansätze dieser Art. Besondere Chancen hierzu bieten z. B. der fächerübergreifende Unterricht, der Projektunterricht und außerschulische Lernorte. Dabei spielen verbreitete, oft ideologisch getönte Vorstellungen zu Gestaltungsmerkmalen keine Rolle: Z. B. gibt es „Makro"-Ansätze (inhaltlich umfangreiche Themenstellung, weitreichende methodische und organisatorische Maßnahmen, Einsatzdauer mehrere Monate und mehr), etwa das STS-Programm in Iowa (Science, Technology & Society) mit Lerneffekten in der Höhe von $d = 1.5$; es gibt aber ebenso auch „Mikro"-Ansätze (inhaltlich begrenzte Themenstellung, keine weitreichenden methodischen und organisatorischen Maßnahmen, Einsatzdauer mehrere Wochen), z. B. die Verwendung von „Zeitungsaufgaben" (d. h. Aufgaben zu nach Text und Layout weitgehend unveränderten Zeitungsartikeln zu physikalischen (naturwissenschaftlichen) Inhalten), mit ebenfalls sehr beträchtlichen Effekten für das Lernen ($d = 0.9 – 1.3$ für verschiedene Aspekte und Themen).

b) ***Lernen aus Fehlern***: Irren ist menschlich, aus Fehlern wird man klug. Beides wird von der Lebenserfahrung bestätigt, aber damit Menschen im allgemeinen und Schüler im Besonderen tatsächlich aus Fehlern lernen können, sind Voraussetzungen auf drei Ebenen nötig:

Ebene der Lernmotivation: Wenn Fehler nur bestraft werden (nämlich durch schlechte Noten) erzeugt dies ein ganzes Bündel von schlechten Gefühlen. Es ist also entscheidend wichtig, Lern- und Leistungssituation zu unterscheiden (in der ersten werden Fehler überhaupt nicht bewertet), und bei der zweiten auch Elemente einzubauen, bei denen ein Lernen aus Fehlern belohnt wird.

Ebene der kognitiven Psychologie: Wer effizient aus einem Fehler lernen will, muss das Allgemeine daran erkennen können, um für ähnliche Situationen gewappnet zu sein. Hier spielt einmal mehr PCK eine entscheidende Rolle: Welche Fehler und Fehlerquellen kommen häufig vor, wie kann man ihnen begegnen? Das sind z. B. intuitive / vorunterrichtliche (Fehl-)Konzepte und Heuristiken[1], d. h. hier automatisierte, oft unbewusste Denkschemata zur Erleichterung schneller Entscheidungen, zugleich aber auch Quellen von häufigen Fehlern.

Ebene der Unterrichtspraxis: Konkrete Lernsituationen und – formen zum Lernen aus Fehlern, in denen das Machen von Fehlern nicht bestraft, sondern das Lernen aus ihnen belohnt wird, sind gerade im mathematisch-naturwissenschaftlichen Unterricht nicht häufig. Beispiele hierfür sind das Unterrichten von Fehler-Knowhow, Einbeziehung von Fehlerarbeit in die Benotung, das Führen einer Fehlerkartei und kooperatives Arbeiten zu Fehlern.

c) ***Lernen mit multiplen Repräsentationen***: Eine umfangreiche Literatur (siehe LF) belegt, dass für ein angemessenes Verständnis von naturwissenschaftlichen Experimenten, Phänomenen und Konzepten unterschiedliche Repräsentationsformen (sprachlich, bildlich, mathematisch) und deren Kohärenz ein wesentlicher Faktor sind. Man steht dabei vor dem didaktischen Dilemma, dass multiple Repräsentationen einen wesentlichen Bestandteil physikalischen Denkens und Lernens darstellen, zugleich aber hohe Anforderungen mit sich bringen. Es gibt aber wohl verschiedene didaktische Ansätze, wie mit diesem Dilemma im Unterricht umgegangen werden kann, und z. B. mentale Kohärenz von multiplen Repräsentationen und konzeptuelles Verständnis gefördert werden kann.

Wie sieht eine gute Differenzierung/Individualisierung Ihrer Meinung nach im Physikunterricht aus?

Wie häufig liefert die Berücksichtigung der evidenzbasierten Perspektive unerwartete Feststellungen: Z. B. liegen die Effektstärken *d* individualisierter Unterrichtsansätze per se in dem Intervall [-0.1, 0.45], mit Blick auf den Aufwand solcher Ansätze wenig überzeugend; der höchste Wert ergibt sich für im eigentlichen Sinn adaptive Ansätze (Hattie). Ich gehe besonders auf drei Punkte ein, zwei auf der kognitiven Ebene, einer auf der motivationalen Ebene:

a) (***Vor)wissen***: David Ausubel hat den Satz geprägt *„The single most important factor influencing learning is what the learner already knows"*. Dann muss man aber das Vorwissen irgendwie erheben können: Für eine sinnvolle Diffe-

[1] Es gibt andere Verwendungen dieses Begriffs, z. B. in der Mathematik

renzierung ist eine verlässliche Diagnostik nötig. Ansätze adaptiven Unterrichtes unter Verwendung geeigneter Diagnostik zeigen in der Tat gute Lernwirksamkeit, z. B. „Mastery Learning" ($d = 0.6$).

b) ***Feedback*** zum individuellen Lernstand gehört nach Hattie zu den 10 stärksten Erfolgsfaktoren überhaupt ($d = 0.73$), und es ist außerdem auch ein wesentlicher Faktor für die Wirksamkeit von weiteren Unterrichtsmaßnahmen, z. B. Hausaufgaben ($d = 0.3$ vs. $d \approx 0.8$ ohne vs. mit Feedback).

c) ***Geschlecht***: Es gibt auch für Mädchen besonders interessante Anwendungskontexte von Physik, z. B. können biomedizinische Kontexte sogar den Abwärtstrend des Schulinteresses in der Pubertät „überleben". In der Gruppe der TU München (Wiesner) wurden umfangreiche Entwicklungs- und Forschungsarbeiten zu biomedizinischen Kontexten im Physikunterricht durchgeführt (Interessensentwicklung in inhaltsgleichem Physikunterricht mit Kontextualisierung positiv ($d = 0.45$), ohne jedoch negativ ($d = -0.52$)). Ein weiterer Anwendungsbereich von hohem Interesse für Mädchen und Jungen ist die Astronomie, belegt etwa durch die ROSE-Studie und anderen Arbeiten. Es ist offensichtlich, dass für solche fächerverbindenden Kontexte die Fähigkeit zum „Blick über den Tellerrand" zu den fachspezifischen Voraussetzungen gerade der Physiklehrerin gehört.

Welche immer wiederkehrenden fachspezifischen Herausforderungen im Unterrichtshandeln müssen Ihrer Meinung nach die Lehrpersonen bewältigen, um im Physikunterricht eine angemessene Unterrichtsqualität garantieren zu können?

Ich möchte zunächst auf mehrere fachspezifische Regelanforderungen und Standardsituationen verweisen, die im Zusammenhang mit anderen Fragen besprochen werden: Begriffslernen, Herstellen von motivierenden und lernförderlichen Kontexten, Differenzierung, Entwicklung und Einsatz von Aufgaben, z. B. zum Lernen aus Fehlern, Experimentieren und Abstraktionsgrad. Sodann gehe ich auf folgende für den Physikunterricht spezifische Aspekte noch besonders ein:

a) ***Lernschwierigkeiten*** gehören sicher zu den größten Herausforderungen an PCK, und ich möchte dabei zwei für den Physikunterricht besonders relevante Aspekte hervorheben:

Intuitive/vorunterrichtliche (Fehl-)Konzepte spielen in fast allen in der Schule unterrichteten Teilgebieten eine Rolle, und sie sind – im Sinne von EBSE bestens belegt – verbreitet und hartnäckig. Für jede Lehrerin sind deswegen einschlägige Verfahren zur Diagnostik (Konzept-Tests), Häufigkeit und „Therapie" notwendiger Bestandteil ihres PCK-Werkzeugkastens.

„Cognitive Load" (CL), d. h. die Be- und ggf. Überlastung des Arbeitsgedächtnisses: Arbeiten für Lernende mehrerer Altersgruppen und mehrere Fächer haben eine beträchtliche Korrelation des Lernerfolgs mit der Kapazität des Arbeitsgedächtnisses gezeigt (Mathematik: $r = 0.54$, „Science": $r = 0.5$). D. h. Lernende mit geringerer Kapazität des Arbeitsgedächtnisses haben geringeren Lernerfolg, weil sie weniger Verarbeitungsmöglichkeiten im Moment des Lernens haben (man beachte: es geht *nicht* um das Langzeitgedächtnis). Für das Lernen von Physik ist mit einem *strukturell hohen* CL zu rechnen (hohe Komplexität der typischen Begriffsnetze der Physik, multiple Repräsentationen). „Physik ist halt schwierig" kann die Lehrerin nicht einfach sagen – was tun? Für Hinweise siehe LF.

b) ***Verwendung der Mathematik*** in der Physik und im Physikunterricht: Für die einen „Formelchinesisch", andere sagen „Das Universum ist in der Sprache der Mathematik geschrieben" (Galilei). Einerseits ist völlig klar, dass Mathematik im Physikunterricht zu den schwierigsten und auch abschreckendsten Faktoren gehört (Müller, Strahl). Man kann sagen, dass sie eine strukturelle Lernschwierigkeit des Physikunterrichts darstellt, eine der stärksten Quellen für „cognitive load" (s. voriger Punkt), und Demotivation. Andererseits gehört sie – zusammen mit dem Experiment – zu den Wesenszügen der Physik, und sie selbst reklamiert eine hervorgehobene Rolle (und viel Unterrichtszeit) als grundlegende Kulturtechnik und essentieller Bestandteil von Allgemeinbildung („numeracy"). Absurd, Mathematik dann nicht zumindest in den Nachbarfächern einzusetzen.

Also ja: Phänomene, Experimente und Konzepte zuerst, und sicher nicht zurück zu einer „zerrechneten Physik", aber es muss dann auch wohlüberlegte Schritte zur einer planvollen Mathematisierung geben, und dies ist meines Erachtens ein ganz wichtiger Aspekt bei Entwicklung und Einsatz von Aufgaben.

Worauf gilt es bei der Entwicklung und dem Einsatz von Aufgaben bzw. Aufgabensets im kompetenzorientierten Physikunterricht besonders zu achten?

Aufgaben stehen am Anfang (Eingangsdiagnostik z. B. zu Fehlkonzepten) und am Ende (Leistungstest) von Unterricht, und sie sind aus meiner Sicht zentrale didaktische Konstruktionselemente von Unterrichtsgestaltung und -qualität. Ich möchte dabei folgende übergeordnete Gesichtspunkte besonders hervorheben:

a) ***Motivierung***: Zunächst einmal muss bezüglich der Aufgaben Arbeitswille, vielleicht sogar Arbeitsfreude bestehen oder geweckt werden. Das kann erreicht werden durch Kontexte, Experimente oder andere evidenzbasierte Maßnahmen (siehe LF); es darf sogar eine gewisse Dosis extrinsische Motivation dabei geben (gute Noten für ernsthafte Aufgabenbearbeitung).

b) ***Aktivierung***: Über die Motivationseffekte hinaus sollte „Hands-On" immer mit „Brains On" verbunden sein, d. h. mit einer geistigen Aktivierung des Lernenden im Hinblick auf die Lernziele.

c) ***Passung***: Aufgaben müssen bezüglich motivierender Bezüge, Schwierigkeit und Tempo an die Lernenden angepasst werden. Dazu ist auf Gruppenniveau eine geeignete Diagnostik nötig und auf Individualniveau gibt es mögliche Ansätze zur Differenzierung.

d) ***Lernförderliches Klima***: Das geht von der Arbeitsbereitschaft (siehe auch den Gesichtspunkt „Motivation") bis zu Förderung einer angstfreien Atmosphäre für das Lernen aus Fehlern.

e) ***Vielfalt der didaktischen Funktionen***: Aufgaben haben nicht eine (oder wenige) Funktionen (z. B. Üben), sondern vielfältige. Im Rahmen dieses Beitrages möchte ich hervorheben, dass Aufgaben eine zentrale Rolle für die Antworten auf mehrere andere Leitfragen spielen, z. B.

- für Kontextorientierung, das Lernen aus Fehlern, den Umgang mit multiplen Repräsentationen,
- zur Verwendung der Mathematik in der Physik,
- zur Sprachverwendung im Physikunterricht,
- zum Experimentieren u. a. m.

Welche Schritte empfehlen Sie aufgrund Ihrer wissenschaftlichen bzw. erfahrungsbasierten Expertise als „first steps" für angehende Physiklehrer/-innen, die sie für guten Physikunterricht umsetzen können?

Zunächst liefern schon bei anderen Interviewfragen diskutierte Punkte Empfehlungen für die berufliche Anfangsphase:

a) ***Bau- und Werkzeugkasten***: Suchen Sie für die Unterrichtsthemen Ihres ersten Berufsjahres

- die üblichen Fehlvorstellungen und Lernhindernisse, wo möglich „Konzept-Tests";
- 2, 3 Kontextanwendungen;
- möglichst viele Aufgaben zu verschiedenen didaktischen Funktionen, insbesondere je 2,3 Aufgabenstellungen (nach Umfang und Schwierigkeit unterschieden) wiederum zu Kontextanwendungen, experimenteller Art und für Gruppenarbeit.

Am besten legen Sie diese Sammlung schon im Studium an und fragen auch mal in einer Lehrveranstaltung danach (oder die Kollegen an Ihrer Schule und Ihre Fachdidaktik-Kontakte von Studium und Referendariat).

b) ***Didaktische Täuschungen***: In Analogie zu optischen Täuschungen handelt es sich um Wahrnehmungs- und Deutungsfehler, die Sie vermeiden sollten. Zwei Beispiele:

Redezeit: Empirisch bestimmte Redeanteile von Lehrerinnen in verschiedenen Fächern liegen bei: Physik: 60 %; Chemie: ≥ 65 %, Mathematik: 78 %, Englisch: 68 %. Gleichzeitig tendieren Lehrerinnen dazu, ihren Redeanteil viel niedriger einzuschätzen.

Unterrichtsfragen (Wartezeit und Anspruchsniveau): Die Wartezeit nach einer Frage liegt meist bei weniger als 3s, oft bei 1s, auch wenn Lehrerinnen überzeugt sind, ihren Schülerinnen genügend Zeit zum Nachdenken zu geben. Ebenso wollen und denken sie, dass ihre Unterrichtsfragen Nachdenken verlangen und Verständnis fördern, aber in der Realität finden sich 60–80 % „surface thinking questions" (Wiederholung, Ein-Wort-Antworten, etc.).

Lehrerinnen neigen also dazu – in bestem Wissen und Gewissen! – Qualitätsmerkmale auf der kognitiven und auch der affektiven (Beispiel siehe LF) Ebene zu überschätzen. Das hat Auswirkungen z. B. auf die kognitive Aktivierung. Umgekehrt können bei Beachtung dieser Merkmale gute Lernwirkungen erzielt werden (Verwendung ausreichender Wartezeiten, $d = 0.9$; kognitiv anspruchsvolle Unterrichtsfragen $d = 0.73$)

c) ***Lernen aus Fehlern***: Wenden Sie die Prinzipien menschenfreundlichen und lernförderlichen Lernens aus Fehlern (s. o.) auch auf sich selbst an! „Es ist gewiss, dass man in diesem Beruf häufig scheitern wird", beruhigte einer der Dozenten an einer Lehrerfortbildung meiner Universität die angehenden Lehrerinnen, und das gilt natürlich für die Anfangsphase ganz besonders (z. B. wenn man einer der didaktischen Täuschungen unterliegt). Das Scheitern nicht so zu Herzen nehmen, aber wohl daraus für die Zukunft lernen wollen.

Was ist Ihrer Ansicht nach das Besondere am Physikunterricht?

Die Fachdidaktik als Verbindung von Fach und Didaktik „erbt" natürlich einige Besonderheiten der Physik, von denen ich folgende anführen möchte: Die zentrale Rolle des Experimentes und der Mathematik in der *Methodik*, und die Universalität und die Rolle für das Weltbild in den *Ergebnissen*. Die ersten beiden Punkte dürften klar sein, zu den beiden anderen Punkten folgendes. Die Universalität grundlegender physikalischer Naturgesetze gehört zum Kern des disziplinären Selbstverständnisses, mit ganz weiten inhaltlichen Verbindungen, zwischen dem Fall des legendären Apfels bei Newton und der Bahn des Mondes oder quer durch das elektromagnetische Spektrum, etwa in seiner historischen Erweiterung außerhalb des sichtbaren

Bereiches, und der bahnbrechenden Einsicht in eine gemeinsame theoretische Grundlage von elektrischen und magnetischen Feldern und Licht. Diese Beispiele und die Universalität der Physik überhaupt sind dann auch konstitutive Elemente von deren Bedeutung für das Weltbild. Zu betonen ist dabei auch, dass diese Universalität eine ungeheure Emanzipation mit sich brachte, zwischen Irdischem und Himmlischen, zwischen Unbelebtem und Belebtem, und anderen in Antike und Mittelalter als fundamental gesehenen Gegensätzen; dass diese Emanzipation gegen herrschende Macht und Ideologie erkämpft werden musste, ist wohl gut bekannt.

Im engeren Sinne fachdidaktische Aspekte zu Experimenten und Mathematik im Physikunterricht werden bei anderen Fragen diskutiert. Ich möchte hier noch auf eine Art doppeltes Dilemma eingehen[2].

Erstens auf der kognitiven Ebene, wo durch die extreme Abstraktion in der Physik – bei der Begriffsbildung und der darauf fußenden mathematischen Beschreibung – einerseits ein ungeheurer Gewinn für manche Fragestellungen entsteht, ohne Zweifel Bildungsgegenstände von hohem Wert erschließend (Weltbild, Universalität). Auf der anderen Seite bedeutet dies aber die Preisgabe der unmittelbaren Anschauung und ihres Reichtums, oft sogar der direkten Erfahrung ganz entgegengesetzt (z. B. Kraftbegriff). Man muss dabei das Ziel des Weges erst erkennen, bevor man sich als Lernender an den Anfang macht – ein ernstes pädagogisches Dilemma. Einsicht durch Abstraktion also ja, weitreichend, bildend, aber es bleibt dennoch eine Art Einsicht auf den zweiten Blick, verborgen durch ein formidables gedankliches Hindernis.

Zweitens die Entsinnlichung, man kann auch sagen Entfremdung, die durch die Abstraktion, das „gezähmte" Laborexperiment, und die Preisgabe des unmittelbaren Phänomens entsteht, und die zu Schwierigkeiten auf der Ebene von Emotion und Motivation führen. Der physische, lebendige Körper schrumpft zum physikalischen Massepunkt, und mit ihm schrumpfen die sinnliche Wahrnehmung, die Empfindungen und auch die Freude, die z. B. an die eigene Bewegung geknüpft sein können. Ganz ähnlich schrumpft das Licht mit seinem sinnlichen, künstlerischen und emotionalen Reichtum zum ausdehnungslosen physikalischen Lichtstrahl (und ggf. der Angabe einer Wellenlänge); diese physikalische „Verarmung" des Lichtes insbesondere war schon für Goethe in seiner Farbenlehre völlig inakzeptabel.

Auf der anderen Seite gibt es auch die starken positiven Gefühle durch Entdeckung und Erkenntnis, die durch die Physik eröffnet werden, von der Faszination, die Weltbild und Bilder, z. B. vom Bau des Sonnensystems und des

---

[2] Der folgende Abschnitt wurde leicht verändert aus einer anderen Arbeit des Autors übernommen, in der das angesprochene „doppelte Dilemma" unter einem besonderen Aspekt diskutiert wird.

Weltalls, bei den meisten Menschen auslösen, bis zu dem Triumph, mit der Newtonschen Mechanik einen neuen Planeten (Neptun) an der Stelle am Himmel vorherzusagen, an der er dann tatsächlich entdeckt wird. Dazwischen liegen Freude und Kompetenzerfahrung einer Schülerin, wenn sie mit der Newtonschen Mechanik z. B. die Gesetzmäßigkeit – und Gemeinsamkeit! – hinter einem Ballettsprung oder dem Parabelflug eines Flugzeuges versteht. Man hat hier ein zweites Dilemma: Freude (und andere positive Gefühle) durch die abstrakte, entsinnlichte Physik also ja, aber dennoch eine sehr mittelbare Freude, verborgen durch ein emotional-motivationales Hindernis mit hoher Wirksamkeit.

Dieses doppelte Dilemma durchzieht das gesamte Lehren und Lernen von Physik: Die Abstraktion der Physik schafft Möglichkeiten weitreichender Erkenntnis (und auch geistiger Freude), aber auch enorme didaktische Hürden sowohl auf kognitiver wie motivationaler Ebene. Das kann man nicht verschweigen, aber es gibt ja auch – z. B. in diesem Band – umfangreiches fachdidaktisches Wissen, welches der Physiklehrerin bei ihrer Arbeit hilft.

Welche fachlichen und fachdidaktischen Aspekte erachten Sie als bedeutsam, damit das Lernen zum Wesen der Naturwissenschaften wirksam wird?

Einige hier wichtige Aspekte werden bei anderen Leitfragen diskutiert: die Rolle von Experiment und Mathematik, Abstraktion, Universalität, Weltbild-Bedeutung, vernetzte Wissensstrukturen und multiple Repräsentationen als Wesenszüge physikalischen Denkens.

Ich antworte sodann mit einigen Gegenfragen: Wirksam wofür? Als eigener *Lerngegenstand* (im Sinne von scientific literacy) oder als *didaktischer Ansatz*, um Lernen der Fachinhalte zu befördern (durch einen sinnstiftenden Rahmen, vielfache Perspektiven, Verständnis von intuitiven / Fehlkonzepten im historischen Rahmen)?

Gibt es denn, im Sinne von EBSE, überhaupt belastbare Belege für Wirksamkeit des Lernens zum Wesen der Naturwissenschaften im einen wie im anderen Sinne? Ich bin da ziemlich skeptisch: Wir wissen doch, welche Schwierigkeiten Schülerinnen damit haben, eine *einzelne* Grundvorstellung oder Theorie der Physik wirklich zu verstehen und anzuwenden (Lichtstrahl und Strahlenkonstruktion in der geometrischen Optik, Teilchenvorstellung), wie soll es dann gelingen, dass sie *zwei* (oder mehrere) solche Vorstellungen wirklich so gut verstehen, um sie im Vergleich durchdenken und diskutieren zu können?

Kurz gesagt: wenn „Wesen der Naturwissenschaften" im Physikunterricht, dann evidenzbasiert, und nicht wegen Mode oder Ideologie. Ein Beispiel hierfür bieten die Arbeiten von I. Galili im Bereich der Optik ($d > 0.8$ für drei Aspekte der Natur der Naturwissenschaften und mittlere bis große Effekte für mehrere andere).

Ein Wort noch zum Begriff 'Fehlkonzepte': Während es unbestreitbar ist, dass es nicht-fachgerechte Begriffsbildungen mit einem breiten Spektrum von Genese und Evidenz gibt, sollte man sich in den Naturwissenschaften nicht scheuen, den Begriff 'falsch' zu verwenden: falsche Daten, falsche Rechnungen, falsche Schlüsse, falsche Vorhersagen. Pointiert gesagt: „falsch" und „richtig" gehören zum Wesen der Naturwissenschaften, und didaktische Strömungen, die diesem Wesen eine große Bedeutung einräumen, und zugleich „falsch / richtig" mit konstruktivistischer Weichspülung völlig loswerden wollen, sind schlicht inkonsistent.

Welchen Umgang mit herkömmlichen bzw. neuen Medien empfehlen Sie im Physikunterricht?

a) *Herkömmliche Medien: Sprache, Experimentieren*

Mein erster Fokus liegt hier auf Sprache im Physikunterricht. Merzyn hat hierzu eine ausgezeichnete Zusammenfassung in Form von zehn pointierten Thesen vorgelegt, nach der man sich sehr gut richten kann. Quintessenz ist: *Sprech- und Sprachgelegenheiten schaffen!* Z. B. wurde oben die zentrale Rolle von multiplen Repräsentationen für das Verständnis von Physik hervorgehoben, und Sprache ist dabei das wiederum zentrale Medium zur Erschließung aller anderen fachlichen Repräsentationsformen. Für das Sprechen als primäres Medium von Unterricht sind dringend die diesbezüglichen „didaktischen Täuschungen" (siehe oben) zu beachten – Sprechgelegenheiten brauchen Wartezeit und Redezeit!

Zwei weitere Empfehlungen betreffen die Pflege der klassischen Kulturtechniken „Lesen" und „Schreiben" auch im Physikunterricht. Schulwissen ist nicht Selbstzweck, sondern soll auch für diejenigen – weitaus die Mehrzahl! – die später *nicht* im Bereich eines Unterrichtsfaches beruflich tätig sind, Grundstock einer lebensbegleitenden Bildung werden. Lesen – in der Presse, im Internet, in populärwissenschaftlichen Texten – wird für die meisten Schulabgänger eine der hauptsächlichen Gelegenheiten der Begegnung mit der Physik sein. Schließlich bleibt Schreiben eine wichtige Lernaktivität – wegen der Schwierigkeiten, die viele Schüler haben, einen inhaltlich und formal adäquaten Sachtext zu schreiben, und als Spracharbeit an den Inhalten der Physik im Sinne von Merzyn.

Mein zweiter Fokus gilt Experimenten. Ich möchte dabei noch einmal die Perspektive der „Didaktischen Täuschungen" einnehmen, und auf folgende zwei geläufige Fehleinschätzungen eingehen:

„Kreide-Physik": Eine verbreitete Kritik am Physikunterricht betrifft seine angeblich zu geringe Berücksichtigung von Experimenten und eine stattdessen zu starke Orientierung an theoretischer Darstellung (eben „Kreidephysik"). Diese Kritik ist nicht mehr haltbar; während ein Physikunterricht ohne Experimente sicher nicht wünschenswert ist, trifft dieses Zerrbild schon eine ganze Weile nicht mehr zu, und mehr Experimente führen auch nicht automatisch zu mehr Physik-Verständnis. Die Empirie spricht hier eine klare Sprache (siehe hierzu z. B. den Ländervergleich CH-D-Finnland im QuiP Projekt). Es ist eher die Vermeidung eines (in Deutschland ausgeprägten) Übergewichtes quantitativer Experimente – ohne klaren theoretischen Unterbau! – und andere Gestaltungsmerkmale, die über Wirksamkeit oder Unwirksamkeit entscheidet.

Ein ähnlicher Vorwurf betrifft ***Schülerexperimente vs. Lehrerexperimente***. Die einen beteiligen und aktivieren Schülerinnen („gut"), die anderen stehen für lehrerzentrierten, unwirksamen Unterricht („schlecht"). Nonsens! Es gibt sehr wohl empirische Belege für lernwirksame Demonstrationsexperimente. Das Zauberwort ist – wie hinter vielen Empfehlungen dieses Beitrags – kognitive Aktivierung, und die ist auch bei Demonstrationsexperimenten möglich (Stichworte: 'Predict-Observe-Discuss' Sequenzen: $d = 0.48$ für konzeptuelles Lernen im Vergleich zu traditionellen Vorlesungsexperimenten, und 'Interactive Engagement' (Hake) als breite, auch experiment-bezogene Gruppe von didaktischen Ansätzen).

b) ***Neue Medien***

Auch für dieses Thema ist zunächst auf sehr gute, forschungsbasierte Empfehlungen hinzuweisen, die den Platz hier sprengen würden (siehe LF); eine Hauptbotschaft dabei ist die Vermeidung von unnötigem cognitive load. Ich erlaube mir darüber hinaus einen Hinweis auf eine aktuelle Forschungs- und Entwicklungsrichtung, an der ich selbst beteiligt bin, nämlich dem Einsatz von Smartphones als Experimentiermittel. Während die technischen Funktionen und die fast universelle Verfügbarkeit Experimentiermöglichkeiten erschließen, die mit Blick auf Alltagsbezug, Selbsttätigkeit, Verbindung von formellem und informellem Lernen in der Tat ein großes didaktisches Potential haben, gilt einmal mehr das Primat der Evidenzbasierung: Enthusiasmus (auch mein eigener) und didaktisches Potential sind schön und gut, aber die erhofften Wirkungen müssen durch Forschung untersucht werden.

JOSEF RIESE / PETER REINHOLD

ZU BEGINN DER UNTERRICHTSTÄTIGKEIT IST ES SINNVOLL, SICH AUF EINIGE WENIGE DINGE ZU KONZENTRIEREN

Riese, Josef, Prof. Dr., Rheinisch-Westfälische Technische Hochschule Aachen, I. Physikalisches Institut IA; Arbeitsschwerpunkte: Kompetenzmodellierung und Entwicklung von Instrumenten zu verschiedenen Aspekten professioneller Kompetenz von Physiklehrkräften, Evaluation der Lehrerbildung, Entwicklung von Diagnoseinstrumenten und Fördermaßnahmen für die fachbezogene Kompetenz von Fach- und Lehramtsstudierenden der Physik, Entwicklung interessenfördernder Unterrichtsmaterialien

Reinhold, Peter, Prof. Dr., Universität Paderborn, Department Physik; Arbeitsschwerpunkte: offenes Experimentieren in Schule und Lehrerausbildung, fächerübergreifender Unterricht, wissenszentriertes Problemlösen in Physik, Lehren und Lernen mit digitalen Medien im Physikunterricht, Wirkungsforschung in der Lehrerausbildung, Entwicklung und Validierung von Instrumenten zur Messung der professionellen Handlungskompetenz von Lehramtsstudierenden in Physik

Welches fachwissenschaftliche und fachdidaktische Wissen und Können der Lehrperson ist aus Ihrer Sicht für die Qualität des Physikunterrichts besonders wichtig?

Um das Unterrichtsfach Physik angemessen und mit hoher Qualität unterrichten zu können, reicht es natürlich nicht aus, lediglich über das Wissen zu verfügen, das man den Schülerinnen und Schülern lehren möchte. Aber auch fachlich bestens ausgebildete Physiker verfügen nicht zwangsläufig über ein solches Fachwissen, das ihnen hilft, lernförderliche Umgebungen in der Schule zu gestalten. Vielmehr braucht es vernetztes, überblicksartiges Fachwissen, das es Lehrkräften ermöglicht, Zusammenhänge zwischen unterschiedlichen Elementen des Schulstoffs herzustellen und zu strukturieren. Solches Wissen ist beispielsweise erforderlich, um Schülerinnen und Schülern unterschiedliche Zugänge und Erklärungsansätze zu einem Inhaltsbereich anbieten zu können und um die Bedeutung, die Genese und die Verwendung von Elementen des Schulstoffs nachvollziehen zu können. Insbesondere müssen Lehrkräfte dort besonders sattelfest sein, wo es typische, fachlich nicht korrekte Denkmuster bei den Schülerinnen und Schülern gibt. Schließlich sollten Lehrkräfte auch wichtige historische Meilensteine der Physik kennen sowie aktuelle Themen der Physik in groben Zügen verstehen und einordnen können.

Neben dem Fachwissen kommt dem fachdidaktischen Wissen von Lehrkräften eine zentrale Bedeutung zu, um den spezifischen Herausforderungen und Besonderheiten des Physikunterrichts gerecht zu werden. Ein breites Wissen über typische, themenspezifische und übergreifende Schülervorstellungen wird hier als besonders wichtig angesehen. Daneben benötigen Lehrkräfte fundierte Kenntnisse und daraus erwachsene Anwendungsbeispiele aus dem Bereich der Interessenforschung, um über einen breiten Fundus an Methoden zur Steigerung bzw. Aufrechterhaltung des Interesses im Physikunterricht zu verfügen. Ferner benötigen sie Wissen über Ansätze beim Experimentieren im Physikunterricht sowie Wissen über die Bedeutung von Experimenten im Erkenntnisprozess der Schülerinnen und Schüler. Ebenso ist fachbezogenes Wissen zum Einsatz und zur Bedeutung von Aufgaben unter lernpsychologischen und didaktischen Aspekten erforderlich (Ansätze der Kompetenzorientierung, Differenzierungsmöglichkeiten anhand von Aufgaben) sowie Wissen von Möglichkeiten und Anforderungen bei der Mediennutzung. Schließlich sollten Lehrkräfte mit fachspezifischen Methoden der Leistungsdiagnostik und Prüfung sowie allgemein mit dem Curriculum, seinen Grundsätzen und Auswahlkriterien für konkrete Unterrichtsinhalte vertraut sein.

Welche Qualitätsmerkmale halten Sie für den Physikunterricht für essenziell?

Zunächst einmal haben grundsätzliche Qualitätsmerkmale für guten Unterricht, die aus der allgemeinen Didaktik stammen, natürlich auch für den Physikunterricht ihre Berechtigung. Insofern könnte man an dieser Stelle einfach einen allgemein bekannten und akzeptierten Kriterienkatalog für Unterrichtsqualität benennen, wie sie z.B. Hilbert Meyer oder Andreas

Helmke verfasst haben. Um den eigenen Physikunterricht beständig weiterzuentwickeln, ist es jedoch nur bedingt hilfreich, eine solche allgemeine Checkliste regelmäßig (z.B. für Prüfungsstunden) abzuarbeiten. Vielmehr sollte ausgehend von den gegebenen Qualitätskriterien ein persönlicher und fachbezogener Kriterienkatalog entwickelt bzw. adaptiert werden, der an das Unterrichtsfach Physik sowie an die persönlichen Eigenarten, Talente und Vorlieben der Lehrperson angepasst ist (und es ihr damit ermöglicht, authentisch zu bleiben). Dabei sollten idealerweise auch konkrete Beispiele bedacht werden und man sollte sich Gedanken machen, wie diese Qualitätskriterien im Unterricht überprüft werden können. Nur so können die gehaltenen Unterrichtsstunden davon ausgehend kritisch und konstruktiv hinterfragt werden.

Eine Herausforderung des Physikunterrichts gegenüber den meisten anderen Unterrichtsfächern stellt dabei sicherlich der Umgang mit Experimenten dar. Hier könnte das allgemeine Qualitätsmerkmal „Transparenz“ z.B. dahingehend interpretiert werden, dass am Ende des Unterrichtseinstiegs vor Beginn einer Schülerexperimentierphase Klarheit bzgl. des inhaltlichen Ziels dieser Phase, Klarheit bzgl. des roten Fadens der Unterrichtsstunde und Klarheit bzgl. der organisatorischen Durchführung herrschen muss. Ob das Herstellen von Transparenz durch eine spezielle Methode unterstützt wird – z.B. Notieren des Ablaufs an der Tafel – bleibt dann eine Frage der persönlichen Vorliebe. Eine weitere Besonderheit des Unterrichtsfachs Physik gegenüber vielen anderen Fächern ist der angemessene Umgang mit Schülervorstellungen, also mit den kognitiven Denkmustern der Schülerinnen und Schüler bzgl. eines physikalischen Fachinhalts, die sie in den Physikunterricht mitbringen. Das allgemeine Unterrichtsqualitätsmerkmal „Adaptivität“ könnte dann so interpretiert werden, dass eine Diagnose bzw. Überprüfung der Schülervorstellungen durchgeführt werden sollte, weiter sollte eine Passung der kognitiven Anforderungen und Schwierigkeiten der Unterrichtsreihe mit den Schülervorstellungen oder allgemein mit dem Vorwissen angestrebt werden und nicht zuletzt sollte ein passendes Interaktionstempo gewählt werden.

Schließlich noch eine Schlussbemerkung, wenngleich nicht originär fachdidaktischer Natur: Auch in einem Nicht-Hauptfach wie Physik zeichnet sich guter Unterricht dadurch aus, dass im Unterricht Beziehungsarbeit geleistet wird. Wenn die Lehrperson nicht nur an den Lernfortschritten, sondern auch an den Menschen interessiert ist, ist dies sehr förderlich für ein gutes, vertrauensvolles Klassenklima, das von gegenseitigem Respekt und Wertschätzung geprägt ist. So lässt sich manche inhaltliche oder organisatorische Klippe leichter meistern.

Welche Lernumgebungen und Lehr-/Lernformen halten Sie für einen wirksamen Physikunterricht für besonders bedeutsam?

Grundsätzlich kann eine Empfehlung bestimmter Lehr- / Lernformen bzw. Unterrichtsmethoden nicht ohne Berücksichtigung der persönlichen Vorlieben und Voraussetzungen erfolgen. Wird eine Methode nur auf Anraten eines Mentors oder Ausbilders gewählt, aber von der Lehrperson selbst als albern oder unbrauchbar empfunden, dann kann keine authentische Unterrichtssituation gelingen. Zudem ist „Methodenzauber" allein noch kein Garant dafür, dass der Unterricht objektiven Qualitätskriterien genügt und von den Schülerinnen und Schülern als interessant empfunden wird. Umgekehrt hat der Physikunterricht in der Vergangenheit natürlich häufig darunter gelitten, dass ein großer Teil der Unterrichtsstunden stets nach einem ähnlichen Schema ablief. Wer kann sich nicht an langweilige Physikstunden der eigenen Schulzeit erinnern, die häufig diesem Schema folgten: Ein physikalisches Phänomen oder eine Problemfrage wird präsentiert, Hypothesen oder Lösungsansätze laufen auf einen vorbereiteten Versuchsaufbau hinaus, ein Experiment wird zur Hypothesenbestätigung oder als experimenteller Beleg der Problemlösung genutzt, nach der Dokumentation der Ergebnisse werden schließlich Anwendungsaufgaben bearbeitet.

Eine gewisse methodische Varianz sollte daher in jedem Fall angestrebt werden. Eine wichtige Variante wäre beispielsweise, dass es keinen vorbereiteten Versuchsaufbau oder ein „Rezept" für einen Versuchsaufbau gibt, sondern dass die Schülerinnen und Schüler ein Experiment selbst entwickeln und aufbauen. Geschieht dies darüber hinaus arbeitsteilig oder unter Einsatz kooperativer Lernformen (z. B. als Gruppenpuzzle) können parallel unterschiedliche Fragestellungen bearbeitet und langwierige Sicherungsphasen vermieden werden. Denkbar wäre auch die Erarbeitung des Fachinhalts mit einer Lernaufgabe anstelle eines Experiments. Werden darüber hinaus Aufgaben nicht einheitlich gestellt sondern als Mittel zur Differenzierung genutzt (z. B. mit Wahlpflichtaufgaben), können unterschiedliche Lerngeschwindigkeiten und Interessengebiete bei der Anwendung des Gelernten berücksichtigt werden. Dabei ist es in letzter Konsequenz sogar möglich, dass die Schülerinnen und Schüler sich selbst Aufgaben ausdenken, die bei entsprechender Anbahnung im Unterricht und hergestellter Transparenz für eine Lernerfolgskontrolle genutzt werden können. Aber auch hier gilt, dass es keine optimale Unterrichtsmethode gibt, sondern eine bedachte Vielfalt unterschiedlicher Methoden unter Berücksichtigung der persönlichen Vorlieben und Talente genutzt werden sollte.

Wie sieht eine gute Differenzierung/Individualisierung Ihrer Meinung nach im Physikunterricht aus?

Der Grundgedanke beim Einsatz von Differenzierungen im Fachunterricht besteht darin, Heterogenität im Lernprozess zu berücksichtigen, was sowohl die Leistungen als auch die Interessen positiv beeinflussen kann. Natürlich gibt es auch hier kein Patentrezept für eine gute Differenzierung, gleichwohl kann eine Differenzierung zu einem methodisch variantenreichen Unterricht beitragen. Sinnvoll ist aber, sich zunächst Gedanken darüber zu machen, welche Art von Differenzierung vorgenommen werden soll. Soll etwa bzgl. Lerntempo (z. B. durch Zusatzaufgaben), bzgl. Schwierigkeit der Aufgabe oder Leistungsfähigkeit der Schülerinnen und Schüler, bzgl. des Umfang der bereitgestellten Hilfen, bzgl. Kontext oder bzgl. der Art des methodischen Zugangs differenziert werden? Beispielsweise wäre eine denkbare, wenngleich auf den ersten Blick etwas ungewöhnliche Möglichkeit der Differenzierung im Physikunterricht, sowohl eine experimentelle Bearbeitung, eine Textarbeit oder eine rechnerische Bearbeitung einer Fragestellung zur Wahl zu stellen. Dabei muss grundsätzlich dafür Sorge getragen werden, dass Wahlangebote so gestaltet werden, dass alle Schülerinnen und Schüler zumindest die Chance haben, die obligatorischen Kompetenzen entsprechend der Richtlinien und Lehrpläne zu erwerben.

Ebenso ist zu bedenken, dass es unterschiedliche Möglichkeiten gibt, wer die Differenzierung letztlich vornimmt, also wer bestimmte Aufgaben bestimmten Schülerinnen und Schülern zuordnet. Wenn die Lehrperson den Unterricht plant und die Zuteilung vornimmt (z. B. arbeitsteilige Gruppenarbeit mit unterschiedlichem Schwierigkeitsgrad) sollten die Vorkenntnisse, Interessen und Lernbedürfnisse der Schülerinnen und Schüler zumindest grob bekannt sein. Wählen die Schülerinnen und Schüler das zu bearbeitende Material oder die zur Verfügung stehenden Hilfen selbst aus, muss in der Regel mehr Arbeit in die Vorbereitung investiert werden, um eine umfangreiche Materialauswahl bereitstellen zu können. Denkbar sind natürlich auch offene Unterrichtsformen, bei denen die Schülerinnen und Schüler sich selbst organisieren (z. B. Projektarbeit). Schließlich sollte bedacht werden, dass die gewählte Form der Differenzierung auf die Leistungsüberprüfung abgestimmt sein muss. Nur diejenigen Kompetenzen, für die bei allen Schülerinnen und Schüler tatsächlich Lerngelegenheiten bestanden, können am Ende der Unterrichtsreihe abgeprüft werden.

Welche immer wiederkehrenden fachspezifischen Herausforderungen im Unterrichtshandeln müssen Ihrer Meinung nach die Lehrpersonen bewältigen, um im Physikunterricht eine angemessene Unterrichtsqualität garantieren zu können?

Eine zentrale, für den Physikunterricht typische Herausforderung stellt sicherlich die Einbettung und die Organisation von Experimentierphasen dar. Eine Experimentierphase sollte nicht ohne Bezug zum vorausgehenden Unterricht initiiert werden, da sich die Schülerinnen und Schüler ansonsten zu Recht fragen, warum sie den aktuellen Arbeitsauftrag eigentlich bearbeiten. In diesem Zusammenhang kommt dem Unterrichtseinstieg – eine klassische Standardsituation des Unterrichts – eine hohe Bedeutung zu. Zunächst einmal sollte ein Unterrichtseinstieg natürlich neugierig machen und Interesse am neuen Thema wecken. Hier liefert die Interessenforschung einige für das Interesse von Schülerinnen und Schülern gleichermaßen günstige Kontexte, z. B. Kontexte mit Bezügen zum menschlichen Körper. Speziell im Physikunterricht sollte im Unterrichtseinstieg darüber hinaus auch an typische Schülervorstellungen und Alltagserfahrungen angeknüpft werden (s. o.), ohne fachlich falsche Vorstellungen zu verfestigen. Entscheidend ist aber, dass eine fachbezogene Erwartungshaltung und zielbezogene Spannung aufgebaut wird. Es sollten Fragen hervorgerufen und für alle transparent gemacht werden (z. B. durch Tafelanschrieb), die direkt mit dem Unterrichtsgegenstand in Verbindung stehen und für deren Lösung es z. B. eines Experiments bedarf. Darüber hinaus sollten die Schülerinnen und Schüler die Chance haben, die weiteren (Untersuchungs-)Schritte mit zu planen, da dies sowohl ein realistisches Bild physikalischer Erkenntnisgewinnung als auch das Interesse der Schülerinnen und Schüler am Experimentiervorgang fördert. Abschließend sollte ein Unterrichtseinstieg natürlich über das Kommende informieren und die Organisation der (experimentellen) Erarbeitungsphase gewährleisten.

Der Umgang mit typischen, fachbezogenen Schülervorstellungen stellt eine weitere klassische Herausforderung im Physikunterricht dar. Grundsätzlich gibt es drei verschiedene Möglichkeiten bzw. Strategien, typische Schülervorstellungen im Physikunterricht aufzugreifen. Bei nur leichten Abweichungen von der physikalisch korrekten Sichtweise („fast richtig") kann die bestehende Vorstellung behutsam weiterentwickelt werden. Äußert sich eine Schülervorstellung dagegen darin, dass ein verwendeter Begriff mit einem abweichenden physikalischen Konzept belegt ist (z. B. „bewegte Körper haben Kraft", „Strom wird verbraucht"), dann kann eine bewusst vorgenommene Umdeutung zum Erfolg führen (z. B. „ein bewegter Körper besitzt nicht Kraft, sondern Bewegungsenergie"). Liegt dagegen eine fachlich eindeutig inkorrekte Vorstellung vor, die eindeutig zu widerlegen ist (z. B. die

Vorstellung, dass sich ein im Kreis herumgewirbelter Gegenstand nach dem Verlassen der Hand auf einer Kreisbahn weiterbewegt), so macht es Sinn, diese Vorstellung mit einem entsprechenden Experiment zu konfrontieren. Natürlich gibt es hier nicht immer eine eindeutig richtige oder überlegene Strategie. So könnte man im obigen Beispiel natürlich auch die Vorstellung des Stromverbrauchs mit einem Experiment konfrontieren, in dem man den Strom durch unterschiedliche Lämpchen einer Reihenschaltung misst. Zumindest aber sollte man zu typischen, häufig auftauchenden Schülervorstellungen zum aktuellen Unterrichtsthema eine oder mehrere Möglichkeiten im Hinterkopf haben, wie man im Physikunterricht ggf. auch spontan reagieren kann, um auf die Vorstellung angemessen zu reagieren.

Worauf gilt es bei der Entwicklung und dem Einsatz von Aufgaben bzw. Aufgabensets im kompetenzorientierten Physikunterricht besonders zu achten?

Ein Grundgedanke bei der Kompetenzorientierung im Physikunterricht besteht darin, dass nicht allein Fachwissen erworben werden soll, sondern eine breite Abdeckung der in den Bildungsstandards genannten Kompetenzbereiche erfolgen soll. So sollen neben Fachwissen Kompetenzen in den Bereichen Erkenntnisgewinnung, Kommunikation und Bewertung erworben werden. Folglich ist bei der Entwicklung bzw. bei der Auswahl und beim Einsatz von Aufgaben zunächst einmal darauf zu achten, dass alle relevanten, in der Unterrichtseinheit adressierten Kompetenzen tatsächlich durch Aufgaben abgebildet werden. Umgekehrt können zielgerichtet ausgewählte oder konstruierte Aufgaben im Unterricht natürlich auch zum Zweck der Diagnose und Rückmeldung der entsprechenden Kompetenzen am Ende einer Unterrichtseinheit genutzt werden.

Ein weiteres Augenmerk bei der Kompetenzorientierung im Physikunterricht liegt explizit in der Förderung des fachbezogenen Interesses sowie in der Förderung des fachbezogenen Selbstkonzepts, das in der Regel bei Schülerinnen der Sek. I schwächer ausgeprägt ist als bei Schülern. Dies kann z. B. durch die Wahl solcher Kontexte gewährleistet werden, die von Mädchen und Jungen gleichermaßen als interessant empfunden werden (z. B. Phänomene zum Staunen, Bezüge zum menschlichen Körper). Ebenso ist darauf zu achten, dass bei der Bearbeitung der Aufgaben eindeutig und für die Schülerinnen und Schüler ersichtlich zwischen Lernsituationen und Leistungssituationen unterschieden wird: Wer sich in einer Lernsituation wähnt, will Neues lernen, Lücken schließen und etwas verstehen, wer sich jedoch in einer Leistungssituation wähnt, will Erfolge erzielen und Misserfolge vermeiden. Eine bewusste Variation von Aufgabenschwierigkeiten wiederum kann die Arbeitsmotivation steigern, da leichte Aufgaben ein Erfolgsgefühl vermitteln und schwierige Aufgaben eine kognitive Herausforderung bieten.

Des Weiteren sollten Aufgaben angeboten werden, die einen handelnden Umgang mit Wissen ermöglichen, indem bewertbare Lernprodukte zu erstellen sind. Dabei kann es sich z.B. um adressatengerecht zu formulierende Texte, um Experimentieranordnungen oder um Lernprodukte zur Präsentation (z.B. Poster) handeln. Gegenüber klassischen Rechen- oder Verständnisaufgaben ist hier in der Regel ein höherer Zeitbedarf zu kalkulieren, so dass entsprechende kompetenzorientierte Aufgaben nicht in gleicher Anzahl von den Schülerinnen und Schülern bearbeitet werden können.

Welche Schritte empfehlen Sie aufgrund Ihrer wissenschaftlichen bzw. erfahrungsbasierten Expertise als „first steps" für angehende Physiklehrer/-innen, die sie für guten Physikunterricht umsetzen können?

Das Unterrichtsgeschäft ist eine komplexe Herausforderung, nicht nur für angehende Lehrkräfte. Selbst Ausbilderinnen und Ausbildern gelingt kaum eine perfekte Stunde. Zu vielschichtig sind die Einflussfaktoren auf Seiten der Schülerinnen und Schüler, auf Seiten der Lehrkräfte und in Bezug auf den schulischen Kontext. Von daher führt der Versuch, gleich zu Beginn der Unterrichtstätigkeit alles auf einmal perfekt machen zu wollen, zwangsläufig zur Überforderung und Frustration. Es macht daher Sinn, sich zunächst auf einige wenige Dinge zu konzentrieren, mit denen man entweder häufig konfrontiert ist, die man selbst als größte Baustelle(n) erkannt hat oder die im Gespräch mit Ausbilderinnen und Ausbildern als verbesserungswürdig identifiziert wurden. Zwei Dinge kommen in solchen Gesprächen im Anschluss an eine Physikstunde häufig zur Sprache: Zum einen die Einbettung, Organisation und Nachbereitung einer Experimentierphase – ein Großteil der Unterrichtszeit im Physikunterricht wird hiervon geprägt. Hier kann es hilfreich sein, gemeinsam mit Kollegen, Mentoren oder Ausbildern eine „klassische" kontextorientierte Unterrichtseinheit mit Schülerarbeitsphasen zu entwickeln, die als flexibel zu handhabender Anker und Ausgangspunkt für unterschiedlichste Variationen genutzt werden kann.

Zum anderen wird die Lehrer-Schüler-Interaktion im Unterrichtsgespräch häufig als verbesserungswürdig betrachtet und von vielen als „Königsdisziplin" für Lehrkräfte gesehen, da sie der Lehrperson eine durchdachte Gesprächsführung und gleichzeitig eine flexible, spontane Reaktion abverlangt. Möglicherweise kommt dem Unterrichtsgespräch im Physikunterricht eine besonders wichtige Rolle zu, da das Fach als kognitiv herausfordernd und schwierig gilt. Auch eine Unterrichtsreihe mit hohem Anteil an eigenständigen Schülerarbeitsphasen kommt nicht ohne Unterrichtsgespräche aus, da dort eine gelungene Hinführung zur Aufgabe umso wichtiger ist (siehe auch obige Bemerkungen zum Einstieg). Dementsprechend hilft es vielen angehenden Lehrkräften, sich eine Art Checkliste für gute Unterrichtsgespräche und eine gelungene Lehrer-Schüler-Interaktionen anzulegen, die gleichzeitig als Raster für eine Stundenreflexion dienen kann. Mögliche Denkrichtungen für eine Literaturrecherche oder für informative Gespräche mit erfahrenen Lehrkräften könnten beispielsweise sein: Wie schaffe ich es, möglichst viele Schülerinnen und Schüler aktiv einzubinden? Wie kann ich mich des Verständnisses vergewissern? Wie kann ich die eigenen Redeanteile reduzieren? Wie kann ich die Lerngruppe kognitiv aktivieren und zum Gespräch untereinander anregen? Wie kann ich eine positive Fehlerkultur erzeugen und gleichzeitig Leistungen honorieren? Wie kann ich Fachsprache entwickeln, ohne Fachsprache vorauszusetzen?

Was ist Ihrer Ansicht nach das Besondere am Physikunterricht?

Wie oben bereits dargelegt gibt es im Physikunterricht zunächst einmal besondere fachtypische Ablaufstrukturen wie das physikalische Experimentieren. Damit gehen im Vergleich zu vielen anderen Fächern zum einen ein potentiell höheres Gefährdungspotential einher (z. B. Radioaktivität, Elektrizität), das Lehrkräfte im Unterricht zu bedenken haben. Zum anderes stellt es beim Aufbau und bei der Durchführung der Experimente vergleichsweise hohe Ansprüche an die praktischen Fertigkeiten der Physiklehrkräfte, die in den schulischen Physiksammlungen zu Beginn ihrer Unterrichtstätigkeit häufig mit ihnen unbekannten Geräten konfrontiert werden.

Des Weiteren finden sich spezielle, oft aus Alltagserfahrungen erwachsene Schülervorstellungen und Denkmuster, die im Physikunterricht zu berücksichtigen sind (siehe obiger Abschnitt). Nicht zuletzt gibt es aber auch spezifische fachtypische Herausforderungen. Zwar gibt es ausgezeichnete Beschäftigungsperspektiven im „MINT“ Bereich, dennoch gilt Physik als eines der unbeliebtesten, schwierigsten und uninteressantesten Schulfächer mit nur sehr geringem Bezug zur Lebenswelt. Dementsprechend selten wird ein Unterrichtsangebot im Bereich Physik gewählt. Während in vielen Schulfächern heutzutage Jungen als die Verlierer des Bildungssystems betrachtet werden, scheinen die angesprochenen Herausforderungen im Fach Physik für Mädchen (noch) stärker ausgeprägt zu sein. Häufig wird dafür ein schwächer ausgeprägtes Selbstkonzept in Bezug auf das Unterrichtsfach Physik als Ursache ausgemacht. Somit sind Strategien zur Förderung des Selbstkonzepts und des Interesses in kaum einem anderen Unterrichtsfach so gefragt wie im Physikunterricht.

Welche fachlichen und fachdidaktischen Aspekte erachten Sie als bedeutsam, damit das Lernen zum Wesen der Naturwissenschaften wirksam wird?

Damit die Schülerinnen und Schüler ein realistisches Bild vom Wesen der Naturwissenschaften bekommen, ist es zunächst einmal wichtig, dass die impliziten Lerngelegenheiten kein falsches Bild von der physikalischen Erkenntnisgewinnung vermitteln. Die Lerngruppe sollte nicht nur vorbereitete Experimente mit nachgelieferten idealen Messwerten abarbeiten, sondern einen Einblick in fachgerechte Arbeitsweisen erhalten. Beim physikalischen Experimentieren sollten die Schülerinnen und Schüler den gesamten Experimentierprozess kennenlernen: Die Entwicklung einer Fragestellung, den Prozess der Hypothesenbildung, die Planung und den Aufbau eines Experiments, die Beobachtung und Messung, die Datenaufbereitung, die Messwertinterpretation und schließlich die Dokumentation des Experimentierprozesses.

Daneben sollten aber auch explizite Lerngelegenheiten im Physikunterricht geschaffen werden. Beispielsweise könnten Behauptungen wie „Die Physik zeichnet sich gegenüber vielen anderen Wissenschaften dadurch aus, dass man ohne lange Diskussionen eindeutig entscheiden kann, ob eine Theorie richtig oder falsch ist." oder „Naturwissenschaftliche Erkenntnisse sind unabhängig von der Politik." einmal auf den Prüfstand gestellt werden. Während zu Beginn einer entsprechenden Unterrichtseinheit vergleichbare Behauptungen noch eine hohe Zustimmung der Lerngruppe erfahren, können entsprechende Informationen und Fallbeispiele dazu führen, dass die Schülerinnen und Schüler ein angemessenes Bild vom Wesen der Naturwissenschaften bekommen.

Welchen Umgang mit herkömmlichen bzw. neuen Medien empfehlen Sie im Physikunterricht?

Objekte, Träger und / oder Mittler von Informationen werden als Medien bezeichnet. Dementsprechend breit gefächert sind die Anwendungsfelder von Medien im Physikunterricht, von der Tafel über ein Experimentierset bis hin zum Smartphone. Zunächst einmal braucht es natürlich Überblickswissen, welche Medien für den Einsatz im Physikunterricht geeignet sind und welche davon tatsächlich in der Schule oder bei den Schülerinnen und Schülern verfügbar sind. Da der Einsatz von Medien den Unterricht nicht per se besser macht, sollte vorab kritisch hinterfragt werden, inwieweit der Einsatz von Medien einen didaktischen Mehrwert bietet (zumindest im Sinne einer methodischen Variation des Unterrichts). Moderne Multimediasysteme bieten zwar den Vorteil der multiplen Präsentation von Informationen in Bild,

Text und Ton, was die Informationsaufnahme erleichtern kann. Gleichzeitig besteht jedoch die Gefahr der Überfrachtung mit Informationen, so dass es wichtig ist, irrelevante Texte, Bilder und Erläuterungen sowie Redundanzen im Medienangebot zu vermeiden.

Speziell im Physikunterricht werden zunehmend Messwerte von Experimenten elektronisch erfasst. Zum Teil werden dadurch Experimente einer Messung überhaupt erst zugänglich (z. B. weil die Datenmenge zu groß ist oder Zeitdifferenzen zu klein sind, wenn Vorgänge aus der Lebenswelt aufgezeichnet werden). Unabhängig davon, ob ein professionelles Messwerterfassungssystem oder ein Smartphone benutzt wird, sollen so eine Zeit- und Arbeitsersparnis durch die Übernahme von Tätigkeiten, die nicht zu den Lernzielen der Unterrichtsstunde gehören, erreicht werden. Unbedingt vermieden werden sollte jedoch, dass die Messwerterfassung als Black-Box-Experiment geschieht und damit nicht von den Schülerinnen und Schülern nachvollzogen werden kann. Zudem sollte gewährleistet werden, dass grundlegende Fähigkeiten der Messwerterfassung und -auswertung von den Schülerinnen und Schülern händisch beherrscht werden, bevor sie elektronisch „ausgelagert" werden.

Unabhängig davon, für welche Mediennutzung man sich entscheidet: Vor der Nutzung im Physikunterricht sollte alles erst einmal selbst probiert und getestet werden. Bei der Nutzung elektronischer Medien in der Schule ist zudem häufig ein Backup sinnvoll, da nicht immer alle benötigten Geräte funktionsfähig sind (z. B. Beamer). Geräte wie Smartphones, die die Schülerinnen und Schüler selbst mitbringen, haben da natürlich Vorteile – sofern sie alle gefragten Funktionen beherrschen.

KARSTEN RINCKE

PHYSIKUNTERRICHT KANN BILDEN, WENN ER GEGENSÄTZE ERFAHREN LÄSST

Rincke, Karsten, Prof. Dr., Universität Regensburg, Didaktik der Physik; Arbeitsschwerpunkte: Lernwirksamkeit des Schulexperiments, Sprachgebrauch im Unterricht

Welches fachwissenschaftliche und fachdidaktische Wissen und Können der Lehrperson ist aus Ihrer Sicht für die Qualität des Physikunterrichts besonders wichtig?

Die Qualität des Unterrichts profitiert, wenn der Lehrkraft möglichst vielfältige fachdidaktische Zugänge offen stehen und sie diese effizient zu nutzen weiß. Dazu gehören das Wissen über die Stärken und Schwächen unterschiedlicher fachdidaktischer Konzepte und die Fähigkeit, unterschiedliche Konzepte je in ein lernwirksames Arrangement umzusetzen. Hinzu kommt die Fähigkeit, variabel, aber nicht beliebig auf Verständnisschwierigkeiten und Fehler der Schülerinnen und Schüler einzugehen, vor allem, diese treffend gedanklich dem Unterrichtsgeschehen vorwegzunehmen und entsprechende Unterstützungsangebote vorzuhalten. Wesentlich sind auch das Wissen über Entwicklung und Charakteristik von Interessen und über Wege, wie das Interesse (als besondere Person-Gegenstandsbeziehung) und die Lernmotivation (als Bereitschaft zum zielgerichteten Lernen) gefördert werden können.

Ein auf diese Weise grob umrissenes Feld fachdidaktischer Anforderungen ist wesentlich bestimmt durch Ambivalenzen: Ein Unterricht z. B., am lebensweltlichen Kontext orientiert, hat die Chance, einen Gegenstand für

Lernende relevant erscheinen zu lassen und mag dem Ziel der Interesseförderung entgegen kommen. Gleichzeitig lenkt der Kontext ab, verhüllt und verfremdet den Gegenstand und steigert die kognitive Belastung, die Schülerinnen und Schüler zu bewältigen haben. Ambivalenzen solcher Art lassen sich an vielen Stellen festmachen. Ein guter Unterricht bildet das möglichst breite fachdidaktische Handlungsrepertoire der Lehrkraft in ihren diesbezüglichen Entscheidungen ab, die, ausgehend von den Normen und Strukturen das den Unterricht rahmenden Systems mit Blick auf die Lernenden, ihre Fähigkeiten, Neigungen, Interessen und Schwierigkeiten stets aufs Neue entscheidet und abwägt.

Ein breites fachdidaktisches Handlungsrepertoire setzt ein profundes fachliches Wissen voraus. Neben diesem möglichst in die Tiefe und Breite organisierten Wissen kommt eine Anforderung hinzu, die selten systematisch thematisiert wird: Es ist die Fähigkeit, zwischen elaboriertem Hochschulwissen und „Schulwissen" übersetzen zu können. Dabei darf das Schulwissen nicht als Verkürzung oder Simplifizierung des Wissens erscheinen, das ein Studium bereithält. Es muss vielmehr als Neukonstruktion verstanden und als solche bewertet werden. Auch hier steht die Lehrkraft Ambivalenzen gegenüber: die Forderung nach fachlicher Strenge und Korrektheit auf der einen, jene nach Lernbarkeit und Zugänglichkeit auf der anderen Seite, die überzeugend zu einem Konzept zu synthetisieren nur Experten des Fachs und der Didaktik in der Lage sind.

Welche Qualitätsmerkmale halten Sie für den Physikunterricht für essenziell?

Ein guter Unterricht lebt von einer schlüssigen inneren Logik, in der seine einzelnen Schritte aufeinander bezogen sind und in der Gesamtheit das gesetzte Lernziel zu erreichen helfen. Die Ausgestaltung eines jeden Teils dieses Ganzen ordnet sich der Funktion unter, die dieser Teil im Ganzen einnimmt: Wenn die Unterrichtsstunde mit einer Wiederholung beginnt, dann deshalb, weil das so aktivierte Vorwissen für das Weitere bedeutsam ist. Ein guter Unterricht ordnet insbesondere die Auswahl der Methoden dieser Funktion unter, er vermeidet jede Dogmatisierung über „gute Methoden" und macht sich sinnvollere Kategorisierungen zu Nutze als jene der vermeintlichen „Lehrer-" oder „Schülerzentrierung": Soll ein komplexer Gegenstand zeiteffizient zugänglich gemacht werden, so sind es womöglich die wohl inszenierte experimentelle Demonstration begleitet von einem geschliffenen, pointierten und knappen Lehrervortrag, die dieses Ziel bestmöglich zu erreichen helfen. Geht es hingegen darum, einen Problemlösevorschlag zu entwickeln, dann mag es die Diskussion in der Kleingruppe sein, die dies geeignet vorbereitet.

Ein guter Unterricht arbeitet nicht nur mit dem Primat der Funktion der Handlungen im Interesse des Lernens, sondern er macht die jeweilige Funktion auch den Lernenden erfahrbar: Nur wer versteht, dass das explorativ angelegte physikalische Experiment vor allem dazu dient, Erfahrungen zu ermöglichen und mit einem Phänomen vertraut zu werden, weitet den Blick entsprechend dieser Intention und versucht nicht schon im ersten Schritt alles zu „erklären". Das Erklären hingegen als Königsdisziplin des naturwissenschaftlichen Diskurses braucht seine eigene Übung, die speziell dafür in Szene gesetzten Experimente und auch diese Funktion soll den Lernenden bewusst sein.

Schließlich macht ein guter Physikunterricht die Physik als einen speziellen Weg der Welterschließung bewusst – so ein von Jürgen Baumert geprägtes Bild – ein Weg, der nicht durch andere Disziplinen ersetzbar ist, der auch nicht besonders „praktisch", „wichtig" oder „objektiv" ist. Er ist speziell in dem Sinne, dass sich die Physik der komplexen Welt mit einem äußert begrenzten System an Grundbegriffen nähert (ausgedrückt in wenigen SI-Einheiten), sich in einer atemberaubenden Abstraktion von ihr distanziert, um sie aus der Distanz heraus mit dennoch beeindruckender Vorhersagekraft zu modellieren. Der gute Unterricht scheut nicht die Abstraktion, auch dann nicht, wenn sie in Gestalt der Mathematik daher kommt. Jedoch betreibt er Letztere nicht um ihrer selbst willen, sondern um die Physik als Weg der Welterschließung erfahrbar zu machen und damit bildend zu sein.

Welche Lernumgebungen und Lehr-/Lernformen halten Sie für einen wirksamen Physikunterricht für besonders bedeutsam?

Es gibt keine wirksamen Lernumgebungen. Lernumgebungen sind Arrangements, die Gestaltungsideen der Lehrkraft und ihre Umsetzung abbilden. Bei der Umsetzung bedient sich die Lehrkraft einer Reihe von Werkzeugen. Gut ist es, wenn die Lehrkraft mehrere Werkzeuge in ihrem Koffer hat, sie auf ihre Wirkungen, auch ihre Probleme und Schwächen hin zu taxieren weiß und sie entsprechend einsetzt. Dann kann eine Lernumgebung gut werden in dem Sinne, dass sie das Lernen unterstützt und eine bestimmte Erlebensqualität begünstigt, in der nach Möglichkeit Interesse und Motivation gedeihen.

Indem Lernumgebungen das Resultat eines bestimmten Einsatzes von Werkzeugen sind, können sie gelungen sein oder weniger gelungen. Insbesondere sind die Umgebungen, in denen Schülerinnen und Schüler äußerlich aktiv sind, nicht jenen vorzuziehen, in denen sie vermeintlich passiv dasitzend eine Demonstration oder einen Vortrag verfolgen. Beide haben die Chance, bildend zu wirken. Beide leben in der Gefahr, berechtigt als Zeitverschwendung gebrandmarkt zu werden. Sie sind bildend dann, wenn die ihnen zugedachte Funktion für das Lernen und ihre intendierte Erlebensqualität von den Lernenden entsprechend dieser Intention rezipiert werden und im Grundsatz sinnvoll gewählt sind.

In der Gesamtschau wenig wirksam ist allein die Einseitigkeit: Eine Lernumgebung oder Lehr- / Lernform, die angesichts einer Funktion wirksam ist, wird dies nicht auch bei allen anderen denkbaren Funktionen sein. Einseitigkeiten bleiben daher prinzipiell weit hinter dem Erreichbaren zurück. Die Kritik am Frontalunterricht ist verfehlt, die Kritik an seiner Vorherrschaft jedoch berechtigt, wenn wir sie als Indiz für sinnentleerende Einseitigkeit werten.

Wie sieht eine gute Differenzierung/Individualisierung Ihrer Meinung nach im Physikunterricht aus?

Differenzierung und Individualisierung werden gegenwärtig oft als Möglichkeiten vorgestellt, den Anforderungen gerecht zu werden, die sich aus der Idee der Inklusion ergeben. Dabei wird nach meinem Eindruck zuweilen vergessen, dass Individualisierung, immer weiter gesteigert, in der Einsamkeit mündet und damit Lernen behindert. Die Forderung nach zu steigernder Individualisierung oder Differenzierung mag in dem Sinne berechtigt sein, dass sie deutlich macht, dass wir bei der Gestaltung von Lernumgebungen gedanklich um die Menschen und dann erst um die Sache kreisen sollen. Sie ist nicht berechtigt in dem Sinne, dass jede Steigerung auch eine Verbesserung wäre. Es gibt wohl keine Eigenschaft von Lernumgebungen, von Unterricht, unseres Daseins generell, deren beliebige Steigerung wünschenswert wäre.

Differenzierung und Individualisierung bilden zunächst nichts anderes ab als das, was immer schon Thema des Unterrichtens war: Es geht vom System Schule, seiner Struktur und seinen Normen aus, soll aber Menschen mit unterschiedlichen Voraussetzungen erreichen und sie bilden.

Im Lichte aktueller gesellschaftlicher Entwicklung erhalten Individualisierung und Differenzierung jedoch ein neues Gewicht, weil wir als Aufgabe erkannt haben, möglichst alle Menschen, die bei uns leben, an der Bildung zu beteiligen, unbesehen welche Herkunftssprache sie sprechen, welcher Kultur sie angehören oder welche kognitiven Voraussetzungen sie erfüllen. Differenzierung und Individualisierung erfolgen im Auftrag der Gesellschaft. Sie können gelingen, wenn Wünschbares und Machbares im Lichte der vorhandenen Ressourcen austariert werden, vor allem, wenn die Lehrkraft das oben umrissene fachdidaktische Handlungsrepertoire besitzt und zu nutzen weiß. Dann passt sie Ziele und Arbeitsmethoden an die Schülerinnen und

Schüler an. Allein die Forderung nach „kleineren Klassen" greift zu kurz, wenn Lehrkräfte ihren Unterrichtsstil nicht auch an kleinere Gruppen anzupassen wissen – auch das ist Individualisierung. Die Fähigkeit zu guter Differenzierung und Individualisierung wird gespeist aus dem oben beschriebenen Handlungsrepertoire und bildet in diesem Sinne keinen eigenen Gegenstandsbereich der Fachdidaktik. Sie ist vielmehr Teil des generellen Anliegens gelingender fachdidaktischer Bildung und Ausbildung der Lehrkräfte.

Welche immer wiederkehrenden fachspezifischen Herausforderungen im Unterrichtshandeln müssen Ihrer Meinung nach die Lehrpersonen bewältigen, um im Physikunterricht eine angemessene Unterrichtsqualität garantieren zu können?

Oben habe ich von der Logik der Unterrichtsschritte gesprochen, mit der diese aufeinander bezogen sind und in der Gesamtheit einen Lernprozess in Gang bringen können. In Regensburg nutzen wir die Basismodelle des Lehrens und Lernens, von Oser und Patry in die Diskussion eingeführt und durch zahlreiche Arbeiten in der Forschergruppe Naturwissenschaftlicher Unterricht an der Universität Duisburg-Essen für den Physikunterricht verfügbar gemacht. In diesem theoretischen Rahmen vollzieht sich der Physikunterricht zum größten Teil vier so genannten Basismodellen folgend, die in je fünf Schritte gegliedert sind. Damit wird die denkbare Vielfalt von Handlungsschritten auf etwa zwanzig reduziert, die je mit einer Funktion wie zum Beispiel Vorstellen und Planen, Durcharbeiten, Darstellen oder Verallgemeinern von Regelhaftigkeiten verbunden sind. Unter dieser theoretischen Perspektive sind also im Groben etwa zwanzig Standardsituationen denkbar, deren methodische Ausgestaltung jedoch nicht durch die Theorie der Basismodelle vorgezeichnet ist. Es ist abermals das fachdidaktische Handlungsrepertoire, das eine gegenstands- und situationsangemessene Ausgestaltung ermöglicht oder eben verhindert, wenn dieses Repertoire zu schmal angelegt ist oder seine Nutzung von Oberflächenkriterien wie „Schülerzentrierung" in die Irre geleitet wird.

Standardsituationen sind durchaus auch belastet: Wer die Hausaufgabenkontrolle im Dienste der Vorwissensaktivierung nutzen möchte, wird unweigerlich auch als Klassenmanager angesprochen, der Störungen vorbeugt, die Zeit effizient nutzt und Normen verteidigt. Das ist im Physikunterricht nicht weniger mühsam als in anderen Fächern. Wichtig ist, dass auch diese Situation als Gestaltungsaufgabe konzeptualisiert wird, nicht als das unvermeidbare Übel. Zwischen der unüberlegten Frage „Was haben wir letztes Mal gemacht" und dem stummen Impuls, gegeben durch das Hochhalten eines Versuchsgegenstands aus der letzten Stunde, liegen Welten der Erlebensqualität, jedoch nur ein marginal unterschiedlicher Vorbereitungsaufwand. Standardsituationen sind daher oft dadurch gekennzeichnet, dass mit einer kleinen Idee viel zu gewinnen, mit Gedankenlosigkeit jedoch auch viel zu verlieren ist.

Worauf gilt es bei der Entwicklung und dem Einsatz von Aufgaben bzw. Aufgabensets im kompetenzorientierten Physikunterricht besonders zu achten?

Kompetenzorientierte Aufgaben bilden zumindest dem Konzept nach eine reichhaltige Struktur unterschiedlicher Kompetenzbereiche mit verschiedenen Anforderungsniveaus ab. Die Auseinandersetzung mit und Bearbeitung von fachlichen Problemstellungen bildet einen Teil dieser Struktur, deren Anforderungsniveaus oft im Dreischritt Wiedergeben, Anwenden, Transferieren zusammengefasst werden. Andere Kompetenzbereiche wie das Kommunizieren, Bewerten oder Gewinnen von Erkenntnissen haben ihr je eigenes Gepräge mit eigenen Anforderungsbereichen, die möglicherweise zwar nicht sämtlich empirisch in Leistungsdaten abgrenzbar sind, für die Konstruktion von Aufgaben aber von großem heuristischen Wert sind. Kompetenzorientierte Aufgaben tragen dazu bei, dass der Physikunterricht sein Versprechen einlösen kann, einen Beitrag zur Bildung zu leisten und eben nicht allein die Heranbildung des naturwissenschaftlich-technischen Nachwuchses im Auge zu haben.

Die Entwicklung solcher Aufgaben, die nicht dem Bereich Fachwissen zugeordnet sind, hat jedoch noch keine Tradition, und entsprechend unterliegt ihr Einsatz großer Unsicherheit. Das mahnt zur Zurückhaltung vor allem in leistungsthematischen Situationen. Mit Blick auf die zunehmende kulturelle und sprachliche Diversität unserer Gesellschaft ist zudem davon auszugehen, dass die Aufgaben, die nicht primär der Schulung des Fachwissens dienen, in der Tendenz die Rolle der Sprache im Physikunterricht betonen und damit einen Schwerpunkt setzen, der eine entsprechende Schulung voraussetzt, und zwar auch und vor allem der Lehrkräfte: Der Sprachunterricht wird mehr und mehr zur Aufgabe aller Fächer. Physiklehrkräfte müssen für die damit verbundenen Anforderungen sensibilisiert werden und für die Bearbeitung von Sprachproblemen Werkzeuge in die Hand bekommen. Das ist ein wichtiges Anliegen der Fachdidaktik. Meine These lautet, dass der Sprachunterricht im Fach stets auch ein Fachunterricht ist (umgekehrt gilt das nicht), und dass diese Aufgabe nicht an den Deutsch- oder DaZ-Unterricht delegiert werden darf. Nur die Physiklehrkraft erkennt, dass die Formulierung „eine Spannung fällt ab“ Teil eines Laborjargons ist und in „die Spannung besteht zwischen zwei Punkten“ übersetzt werden muss.

Welche Schritte empfehlen Sie aufgrund Ihrer wissenschaftlichen bzw. erfahrungsbasierten Expertise als „first steps" für angehende Physiklehrer/-innen, die sie für guten Physikunterricht umsetzen können?

Die Frage ist nicht unproblematisch, weil sie dazu verleitet, eine Art Rezept des Unterrichtens angeben zu wollen. Unterricht zu planen, zu halten und darüber lernwirksam zu reflektieren ist ein komplexer Prozess mit vielen freien Parametern. Um an dieser Stelle nicht der Gefahr zu erliegen, nun dennoch so etwas wie ein „Einmal Eins des Unterrichtens" angeben zu wollen und damit die Komplexität dessen, wovon wir hier sprechen, unzulässig zu simplifizieren, gebe ich einige Fragen als Ausgangspunkte an, die meiner Ansicht nach die eigene Arbeit voranbringen können:

– Welche gut evaluierten fachdidaktischen Konzepte gibt es?

Es gibt eine ganze Reihe seit Längerem diskutierte und in mehreren wissenschaftlichen Arbeiten weiterentwickelte Konzepte: Etwa dasjenige zur Einführung in den Kraftbegriff (Walter Jung, Hartmut Wiesner), dasjenige zur Einführung in die Optik (Hartmut Wiesner, Dietmar Herdt) oder zur Einführung in die Quantenphysik (Hartmut Wiesner, Rainer Müller). Ich würde diese Vorschläge jenen vorziehen, die noch keine längere Entwicklungstradition haben.

– Welche fachlichen Verbindungen sehe ich zwischen dem Konzept und meinem Fachstudium?

Es gibt tradierte Konzepte und Begriffe, die kaum einen Bezug zum Fachstudium erkennen lassen: Wer etwa „Einfache Maschinen" unterrichten möchte, wird feststellen, dass „einseitige" und „zweiseitige Hebel" im Fachbuch der Hochschulphysik nicht vorkommen. Das liegt daran, dass die Schulphysik hier offenbar einen Alltagsbegriff als vermeintlichen Fachbegriff vorstellt. Beobachtungen solcher Art sind es, die dazu auffordern, Unterrichtstraditionen sehr kritisch zu betrachten.

– Welche Rückwirkung hat meine Kenntnis über Schülervorstellungen und Lernschwierigkeiten auf das, was ich plane?

Wer feststellt, dass die eigene Planung ohne Kenntnis dieser Vorstellungen faktisch dieselbe wäre, sollte sie kritisch betrachten.

– Wie sorge ich dafür, dass mein Physikunterricht über die Grenze des Fachs hinausweist und dadurch bildend wird?

Physik ist nicht die Lehre, die uns sagt, wie wir den Alltag clever bewältigen. Daher sind auch die beliebten „Anwendungsbeispiele" nicht immer so ehrlich, wie sie erscheinen. Physik ist eine spezielle Art, sich der Welt zu nähern. Es ist eine anspruchsvolle Aufgabe an uns, dies überzeugend deutlich werden zu lassen, auch im Anfangsunterricht.

– Wie verwerte ich meine Erfahrung so, dass ich sie nicht nur gemacht habe, sondern auch aus ihr lerne?

Es ist nicht selbstverständlich, dass wir aus Erfahrungen sinnvoll lernen. Erfahrungen zeitigen vielleicht nur Vermeidungsstrategien. Tina Hascher hat in ihren Texten auf die paradoxe Rolle von „Erfahrung" hingewiesen: Sie ist positiv konnotiert, zeigt jedoch stets nur, wie die Welt ist, nie, wie sie sein könnte.

Die Vision, wie unser Unterrichten sein könnte, muss in unserem Denken viel Raum einnehmen. Sie muss uns dazu bringen, alles, was zum guten Unterricht gehört, immer wieder neu zu orchestrieren.

Was ist Ihrer Ansicht nach das Besondere am Physikunterricht?

Das Besondere am Physikunterricht ist die Physik. Oben habe ich einige Charakteristika des mit der Physik verbundenen Wegs der Welterschließung benannt. Für mich ist das Besondere an der Physik ihre Spannungsgeladenheit, und zwar zwischen: Empirie und Theorie, Realem und Idealem, Konkretem und Abstraktem, Grundlage und Anwendung, Beobachtetem und Gedachtem, Bekanntem und Unbekanntem, Verstandenem und Unverstandenem, Anerkanntem und Spekulativem, Sichtbarem und Unsichtbarem. Guter Unterricht bewegt sich fortwährend zwischen diesen Polen. Man kann die Aufgabe des Physikunterrichts auch so beschreiben: Wir führen die Schülerinnen und Schüler an einen dieser Pole und reißen sie sogleich von ihm fort. Wir zeigen ihnen ein Phänomen der Optik (Gesehenes, Reales) und bringen sie sodann dazu, sich etwas hinzuzudenken, was sie nicht sehen, was nur in ihren Köpfen ist (Unsichtbares, Ideales). Wir sind in diesem Bild die Leiter einer Reisegruppe, die ihre Gruppe niemals endgültig an einem Ort verweilen lassen, sondern Freude daran haben, sie in ein Wechselbad der Eindrücke zu tauchen.

Vielleicht ist das auch ein Grund, weshalb Physik von vielen Menschen als so anstrengend empfunden wird.

Welche fachlichen und fachdidaktischen Aspekte erachten Sie als bedeutsam, damit das Lernen zum Wesen der Naturwissenschaften wirksam wird?

Zunächst darf man sich fragen, weshalb dieses Lernen überhaupt wichtig sein soll. Es gibt viele Lebensbereiche, die sehr wichtig sind und die wir dennoch nicht systematisch erlernen, zu denen wir also kein explizites Wissen haben. So werden die meisten Kinder von Menschen erzogen, die „Erziehung" nicht systematisch gelernt haben. Dennoch gelingt die Aufgabe offenbar im Großen und Ganzen recht gut. Warum soll man es nicht bei den Wissenschaften auch bei einem impliziten Wissen belassen? Ganz offensichtlich bringen unsere Schulen auch sehr erfolgreiche Wissenschaftlerinnen und Wissenschaftler hervor, zuweilen ohne jede explizite Bewusstmachung der „Natur der Naturwissenschaften" in den Schulen. Wenn es nur um den Zweck ginge, Nachwuchs heranzubilden, erscheint der Gegenstand „Natur der Naturwissenschaften" also für die Schule entbehrlich.

Genau aber dies ist der entscheidende Punkt: Unsere Schulen sind allgemeinbildend, sie haben nicht die primäre Aufgabe, den wissenschaftlichen Nachwuchs heranzubilden. Ihre Aufgabe ist bildend, nicht ausbildend. Es gehört zu meinem Begriff von Bildung, nicht nur wichtige Aussagen der Physik zu kennen, sondern ihr Wesen im Unterschied zu jenem der Literatur-, der Geschichts- oder der Religionswissenschaft an Beispielen erfahren und dazu ein explizites Bewusstsein entwickelt zu haben.

Für die Wirksamkeit dieses Unterrichts erscheint mir wesentlich, dass die besagte Natur der Naturwissenschaften nicht in einem „Exkurs" berührt wird, sondern dass sie Teil des Unterrichts ist: Wenn der Unterricht sich zwischen den oben beschriebenen Polen bewegt, dann ist es instruktiv, eben dies nicht nur zu praktizieren, sondern auch bewusst zu machen. Physik ist ein besonderer Modus, die eigene Fantasie mit dem Beobachteten und dem, was andere äußern, zu konfrontieren und sie konfrontieren zu lassen. Dies soll nicht nur geschehen, es soll bewusst in jedem fachlichen Beispiel erneut nachvollzogen werden.

Welchen Umgang mit herkömmlichen bzw. neuen Medien empfehlen Sie im Physikunterricht?

Die besagten Geräte sind Werkzeuge. An den Wänden der Werkstatt der Lehrkraft von heute hängen sehr viel mehr Werkzeuge als vor 40 Jahren. Das bedeutet, dass das Unterrichten schwieriger geworden ist, weil wir mehr Werkzeuge im Dienste des Lernens richtig verwenden können sollen. Wir können mehr machen, vor allem können wir auch mehr falsch machen. Die modernen Geräte bieten Chancen, allerdings auch auf einen wirkungslosen Unterricht. Daher lautet mein Appell sehr einfach, dass die Geräte dann und dort eingesetzt werden sollen, wann und wo wir uns ihrer günstigen Wirkung hinreichend sicher sein dürfen. Die Auseinandersetzung mit dieser Frage darf sich nicht von spiegelnden Touchscreens blenden lassen. Sie muss stets beachten, dass der Einsatz dieser Medien einer Ambivalenz unterliegt: Aktuelle Medien oder Geräte sind auch Mittel der Ablenkung, der kognitiven Belastung, des Verfremdens, Verhüllens, des Unverständlich-Machens.

Die zeitgenössische Didaktik wie auch die der letzten zwei Dekaden zeigt hier meiner Einschätzung nach keine ausreichende kritische Distanz. Die

Freude am Spielen, auch derjenigen, die als Experten für das Lernen fungieren, scheint die nötige kritische Distanz immer wieder in ungünstiger Weise aufzulösen. Schließlich bleibt weitgehend undiskutiert, dass unsere Schulen zu Marktplätzen verkommen, wenn sie sich „Microsoft-Schulen" nennen (Real-Schulen gab es zugegebenermaßen schon lange ;-)). Der Unterricht mit modernen Medien ist auch eine Verkaufsveranstaltung, in der die Schülerinnen und Schüler an die Nutzung einiger bestimmter (Software)produkte herangeführt werden, die sich damit den Status von Bildungsgütern erschleichen, den sie nie hatten oder haben werden. In die Schule gehört, was bildend ist. Die eigentliche Aufgabe, Physik zu einem Bildungsgut werden zu lassen, ist uns durch die aktuellen Medien und Geräte keineswegs leichter gemacht.

PETER SCHMÄLZLE

WIRKSAM UNTERRICHTEN – JEDE LEHRKRAFT WILL ES, DOCH IM PHYSIKUNTERRICHT KLAPPT ES EHER SELTEN

Schmälzle, Peter, Dr., Bereichsleiter der Naturwissenschaften, Staatliches Seminar für Didaktik und Lehrerbildung (Gym) Karlsruhe

Welches fachwissenschaftliche und fachdidaktische Wissen und Können der Lehrperson ist aus Ihrer Sicht für die Qualität des Physikunterrichts besonders wichtig?

Solide fachliche Kenntnisse sind meiner Einschätzung nach eine notwendige Voraussetzung für gelingenden Physikunterricht. Aufgrund des fachlichen Studiums sollte jede Lehrkraft in der Lage sein, sich fachlich in neue Fragestellungen einarbeiten zu können. Diese Fähigkeit erscheint mir weitaus wichtiger als die Forderung, sich ein möglichst großes, jederzeit abrufbares Fachwissen angeeignet zu haben. Ein solides Fachwissen ist aber nicht hinreichend für gelingenden Physikunterricht. Es bedarf der fachdidaktischen Fähigkeit, den fachlichen Hintergrund so aufzubereiten, dass man dem jeweiligen Adressaten gerecht wird. In dieser Hinsicht sind vor jeder einzelnen Physikstunde zahlreiche fachdidaktische Entscheidungen zu treffen, damit gelingender Physikunterricht zustande kommt. Unabhängig vom jeweiligen Thema erscheinen mir dabei folgende Punkte fundamental:

- Was ist der fachliche Hintergrund? („Klarheit im eigenen Kopf“)
- Mit welchen Präkonzepten oder Vorkenntnissen ist zu rechnen?
- Welches Abstraktionsniveau wird angestrebt?
- Welche Sprache erscheint angemessen? (Fachsprache ↔ Alltagssprache)

Welche Qualitätsmerkmale halten Sie für den Physikunterricht für essenziell?

Mit der Frage, was Merkmale guten Physikunterrichts sind, sollte sich jede Lehrkraft und natürlich auch jede Person, die mit der Ausbildung zukünftiger Lehrkräfte zu tun hat, intensiv beschäftigen. Dabei muss keineswegs das Rad ständig neu erfunden werden. Es gibt meiner Ansicht nach zahlreiche gelungene Zusammenstellungen von Kennzeichen guten Physikunterrichts, auf die an dieser Stelle zurückgegriffen werden kann. Meine Vorstellungen von gutem Physikunterricht stimmen recht gut mit den Kriterien überein, die im Zusammenhang mit der Studie „Physik im Kontext“ formuliert wurden (Duit, 2010, S. 21). In dem Beitrag „Guter Physikunterricht“ (Merzyn, 2015) sind 11 Merkmale guten Physikunterrichts zu finden, die weitgehend mit meiner Einschätzung zu dieser Thematik übereinstimmen. Zu den essenziellen Qualitätsmerkmalen guten Physikunterrichts gehören deshalb aus meiner Sicht folgende Aspekte:

- ein lernförderliches Unterrichtsklima
- erkennbare Motivierung, unterschiedliche Unterrichtsmethoden
- fachliche Konsistenz, adressatengerechte Aufbereitung, gute Strukturierung
- verständnisfördernde Unterrichtskommunikation
- intelligentes Üben und Wiederholen
- angemessene Differenzierung
- nachvollziehbare Leistungserwartungen

Welche Lernumgebungen und Lehr-/Lernformen halten Sie für einen wirksamen Physikunterricht für besonders bedeutsam?

Meiner Einschätzung nach gibt es nicht die Lernumgebung oder die Lehr-/ Lernform, die in jeder Unterrichtssituation besonders gewinnbringend eingesetzt werden kann. Unterricht ist so vielschichtig, dass in jeder Situation neu zu entscheiden ist, welche Vorgehensweise optimal erscheint. Damit dies gelingen kann, sollte jede Lehrkraft ihr Handwerk beherrschen und über ein gewisses Methodenrepertoire verfügen. Als große Hilfe sehe ich dabei die Idee der „Methodenwerkzeuge“ (Leisen, 2003) an. Die wesentliche

Idee dieser Unterrichtsbausteine ist es, gezielt kurze Unterrichtssequenzen einzubauen, in denen die Schüler auf ganz unterschiedliche Weise aktiviert werden, je nachdem, welches Methodenwerkzeug gerade eingesetzt wird. Ich habe selbst die Erfahrung gemacht, dass es mit Hilfe von Methodenwerkzeugen gelingen kann, den Unterricht schrittweise dahingehend zu verändern, dass zunehmend mehr Phasen, die früher üblicherweise eher in lehrerzentrierter Form abliefen, durch Sequenzen ersetzt werden, in denen verstärkt die Schüler aktiv sind und sich die Lehrkraft bewusst zurücknehmen kann. Dabei ist die Vielfalt möglicher Methodenwerkzeuge so umfassend, dass man in allen Phasen des Unterrichts und unabhängig vom jeweiligen konkreten Unterrichtsthema davon profitieren kann.

Wie sieht eine gute Differenzierung/Individualisierung Ihrer Meinung nach im Physikunterricht aus?

Eine Differenzierung kann nach meiner Ansicht nur gelingen, wenn schon bei der Planung des Unterrichts das mögliche Vorwissen der Schüler – sei es durch Präkonzepte oder durch den vorausgegangenen Unterricht – sehr sorgfältig analysiert wird und dementsprechend unterschiedliche Vorgehensweisen angedacht werden, um den unterschiedlichen Voraussetzungen gerecht zu werden. Im Rahmen eines Frontalunterrichts im Klassenverband erscheint mir die Umsetzung der angedachten unterschiedlichen Wege kaum möglich. Dazu bedarf es unterschiedlicher Arbeitsaufträge, die gruppenweise zu bearbeiten sind.

In Unterrichtsphasen, in denen geübt und wiederholt werden soll, ist eine Differenzierung möglich, wenn Aufgaben mit gestuften Hilfen eingesetzt werden. Dieses Vorgehen führt bei allen Gruppen zu einem Erfolgserlebnis durch die vollständige Lösung der gestellten Aufgabe – wobei der Weg dahin durch die unterschiedliche Nutzung der angebotenen Hilfen mehr oder weniger eigenständig erfolgt.

Ohne allzu großen Mehraufwand lässt sich auch bei der Durchführung eines Lernzirkels eine Differenzierung erreichen, indem neben Pflichtstationen – die von allen Gruppen zu bearbeiten sind – auch Wahlstationen eingerichtet werden. Dadurch gelingt es, den häufig recht unterschiedlichen Bearbeitungszeiten der einzelnen Gruppen gerecht zu werden und die Unterrichtszeit sinnvoll zu nutzen.

Welche immer wiederkehrenden fachspezifischen Herausforderungen im Unterrichtshandeln müssen Ihrer Meinung nach die Lehrpersonen bewältigen, um im Physikunterricht eine angemessene Unterrichtsqualität garantieren zu können?

Eine meiner Meinung nach sehr empfehlenswerte Einteilung in „Standardsituationen" des Physikunterrichts findet man im Zusammenhang mit den bereits weiter oben beschriebenen Methodenwerkzeugen (Leisen, 2003, S. 21). Bei der Klärung der Frage, welches Methodenwerkzeug sich systematisch für bestimmte Phasen des Unterrichts anbietet, ist es angebracht, das Unterrichtsgeschehen erst einmal daraufhin zu untersuchen, welche – vom jeweiligen Thema völlig unabhängigen – immer wiederkehrenden Situationen für den Physikunterricht typisch sind. Dieses Unterfangen führt dann zu folgenden Standardsituationen:

- Vorgänge und Experimente beschreiben
- auf Ideen kommen
- Neues erarbeiten
- über Physik reden
- Ordnung hineinbringen
- Gelerntes üben
- erfolgreich präsentieren.

Ich halte diese Auswahl an Standardsituationen für sehr gelungen; die beschriebenen Situationen sind repräsentativ für das Unterrichtsgeschehen im Fach Physik.

Worauf gilt es bei der Entwicklung und dem Einsatz von Aufgaben bzw. Aufgabensets im kompetenzorientierten Physikunterricht besonders zu achten?

Ohne Zweifel ist es zutreffend, dass die starke Betonung des Kompetenzbegriffs bei der Formulierung von offiziellen Bildungsplänen zu einem Übergang von der Input- zur Output-Orientierung geführt hat. In Baden-Württemberg – das ist das Bundesland in dem ich selbst unterrichte und angehende Physiklehrkräfte ausbilde – wurde 2004 erstmals ein Bildungsplan formuliert, in dem Kompetenzen im Vordergrund stehen; zuvor waren es immer die zu unterrichtenden verbindlichen Inhalte, die dominierten. Aber schon lange vor dieser Zeit war meine gesamte Unterrichtsplanung und auch mein Vorgehen bei der Erstellung von Aufgaben output-orientiert. Auch im Rahmen eines lernzielorientierten Unterrichts geht es immer darum, dass die zu Unterrichtenden nach einem erfolgreichen Unterrichts gewisse Fertigkeiten besitzen. Lernziele sind dabei im Sinne Magers stets so zu formulieren, dass sie sich operationalisieren lassen (Mager, 1978). Dazu sind überprüfbare Tätigkeiten zu formulieren, deren erfolgreiche Ausführung (durch die, die unterrichtet wurden) erkennen lässt, dass das angestrebte Lernziel erreicht wurde. Meines Erachtens hat die Entwicklung kompetenzorientierter Aufgaben sehr große Ähnlichkeit mit der schon von Mager geforderten Vorgehensweise bei der Erstellung lernzielorientierter Aufgaben. Eine große Herausforderung hierbei ist das Erkennen „versteckter Kompetenzen“ (bzw. versteckter Lernziele). Oft soll durch eine Aufgabe eine bestimmte Kompetenz überprüft werden. Ohne dass sich der Aufgabensteller dessen immer bewusst ist, erfordert die erfolgreiche Bearbeitung in vielen Fällen aber eine ganze Reihe weiterer Kompetenzen. Hierzu zählt in jedem Unterrichtsfach die Lesekompetenz. In Physik kommen viele andere Kompetenzen hinzu, die oftmals ganz selbstverständlich erwartet werden. Dazu gehört beispielsweise das richtige Verständnis der Fachsprache, das korrekte Erfassen einer gegebenen Schaltskizze, die fehlerfreie Interpretation eines Schaubildes oder auch das Beherrschen des Taschenrechners. Deshalb ist es bei der Erstellung von Aufgaben wichtig, möglichst alle Kompetenzen zu erkennen, die für eine erfolgreiche Bearbeitung vorhanden sein müssen. Eine Kompetenzmatrix kann hierbei sehr nützlich sein.

Welche Schritte empfehlen Sie aufgrund Ihrer wissenschaftlichen bzw. erfahrungsbasierten Expertise als „first steps“ für angehende Physiklehrer/-innen, die sie für guten Physikunterricht umsetzen können?

In der Tat sollte man sich als Ausbilder bewusst sein, dass eine Vielfalt gut gemeinter Ratschläge bei der ersten Auseinandersetzung mit fachdidaktischen Fragestellungen seitens der angehenden Lehrkräfte rasch zu einer Überforderung führen kann. Deshalb teile ich zu Beginn des Referendariats ein Blatt mit „Ersten Empfehlungen“ aus und weise daraufhin, dass diese Punkte vermutlich erst nach und nach anhand vieler konkreter Beispiele und eigener Erfahrungen an Überzeugungskraft gewinnen werden. Diese ersten Empfehlungen lauten:

Die neue Rolle als Lehrkraft möglichst schnell akzeptieren – aber den Blickwinkel der Schüler nicht aus den Augen verlieren.

„Mach'es nicht, wie ich es mache – mach' es so, wie ich es sage“ ist eine ganz schlechte Devise für Lehrkräfte.

Eine gute Unterrichtsplanung engt nicht ein – sie macht frei.
Der erste Schritt bei der Planung sollte immer die Klarheit im eigenen Kopf sein.

Experimente sollen motivieren – können aber auch demotivieren.

Fragen gehört zum Handwerk!

Leider macht man oft die Erfahrung: Weniger wäre mehr gewesen.

Grundlage dieser ersten Empfehlungen sind einerseits langjährige eigene Unterrichtserfahrungen. Andererseits beinhalten sie Aspekte, die sehr häufig in Beratungsgesprächen im Anschluss an Unterrichtsbesuche zu thematisieren sind. Einige Teile dieser Empfehlungen habe ich aber auch schon vor vielen Jahren von anderen Autoren übernommen. Als Quelle zu nennen wäre hier das „Handbuch Unterrichtsplanung" (Peterßen, 1996).

Was ist Ihrer Ansicht nach das Besondere am Physikunterricht?

Eine entscheidende Besonderheit des Physikunterrichts ist das Experiment. Experimente sind nicht nur in der Fachwissenschaft Physik von herausragender Bedeutung. Auch im Physikunterricht sollten Experimente im Zentrum des Geschehens stehen. Damit muss das Experiment auch ein Schwerpunkt der fachdidaktischen Ausbildung angehender Lehrkräfte sein. Dabei sollte deutlich werden, dass gelungene Experimente alle Phasen des Unterrichts bereichern können; dass es aber handwerklicher Fertigkeiten bedarf, Experimente so einzusetzen, dass sie motivierend wirken.

Von Anfang an muss dabei der Sicherheitsaspekt beachtet werden. In diesem Zusammenhang stehen derzeit auch erfahrene Lehrkräfte in Baden-Württemberg vor ganz neuen Herausforderungen. Die aktualisierten Richtlinien für Sicherheit im Unterricht (RiSU) fordern von jeder Lehrkraft für zahlreiche Versuche schriftliche Gefährdungsbeurteilungen ein. Hinzu kommen Betriebsanweisungen für etliche Gerätschaften und für die Durchführung von Schülerexperimenten verschärfte Anforderungen hinsichtlich der erlaubten Netzgeräte. All dies muss auch in der fachdidaktischen Ausbildung angehender Lehrkräfte vermittelt werden.

Eine weitere Besonderheit, die in der fachdidaktischen Ausbildung meines Erachtens berücksichtigt werden sollte, ist die Tatsache, dass Physik – zusammen mit Chemie – in vielen empirischen Studien von Schülerinnen und Schülern als das mit Abstand unbeliebteste Unterrichtsfach eingestuft wird. Jedem Ausbilder und jeder Lehrkraft empfehle ich hierzu die Lektüre „Naturwissenschaften, Mathematik, Technik – immer unbeliebter? (Merzyn, 2008). Eine für mich wichtige Erkenntnis dieses Buchs ist die dort formulierte Feststellung, dass der Physikunterricht „elitär" sei. Elitär in dem Sinne, dass Physiklehrkräfte bei der Planung des Unterrichts häufig nur jene Minderheit von ca. 20 % der Schülerschaft im Blick haben, die sich für Physik interessieren. Die restlichen 80 % spricht der Unterricht dann oft nicht an, so dass sich diese Schüler und vor allem Schülerinnen darin bestärkt sehen, dass sie

Physik ohnehin nicht verstehen. Dies hat eine fatale Stabilisierung des ganzen Systems zur Folge. Die zukünftigen Physiklehrkräfte stammen ganz überwiegend aus der Minderheit, die in ihrem eigenen Physikunterricht gut bedient wurde. Sie stufen den Unterricht, den sie kennen gelernt haben, als guten Unterricht ein und sehen demnach wenig Handlungsbedarf, den Unterricht weiter zu entwickeln. Im Rahmen der fachdidaktischen Ausbildung sollte deshalb meiner Ansicht von Anfang an versucht werden, dieser „Positivauswahl" den Blick der überwiegenden Mehrheit der Schülerschaft auf das Unterrichtsfach Physik zu verdeutlichen.

Welche fachlichen und fachdidaktischen Aspekte erachten Sie als bedeutsam, damit das Lernen zum Wesen der Naturwissenschaften wirksam wird?

Das „Lernen über die Naturwissenschaften im Allgemeinen" einzufordern ist eine Formulierung, die meines Erachtens sehr unterschiedlich interpretiert werden kann. Dahinter kann sich die Forderung verbergen, die naturwissenschaftlichen Basisfächer in der Schule abzuschaffen und dafür ein Fach Science einzuführen. Dieser Forderung kann ich mich als Physiklehrer am Gymnasium und als Ausbilder künftiger gymnasialer Physiklehrkräfte nicht anschließen. Um in diesem Zusammenhang mögliche Missverständnisse erst gar nicht aufkommen zu lassen, möchte ich betonen, dass ich mir der engen Verflechtung der naturwissenschaftlichen Fächer sehr wohl bewusst bin. Deshalb erfahren meine Schüler bereits im Anfangsunterricht, dass sich im Alltag viele Fragen stellen, für deren Beantwortung neben physikalischen Sachverhalten auch chemische oder biologische Kenntnisse erforderlich sind. So ist es beispielsweise unmöglich, bei der Behandlung einfacher elektrischer Stromkreise die Funktionsweise dabei eingesetzter Batterien rein physikalisch – nämlich mit den Gesetzmäßigkeiten der Elektrizitätslehre – verstehen zu wollen. Das Innenleben einer Batterie oder eines Akkus wird nur verständlich, wenn der dort wirksame chemische Antrieb der Ladungsträger thematisiert wird (auch wenn das gelegentlich anders gesehen wird, indem versucht wird, das Fließen der Ladungsträger in einem geschlossenen Stromkreis mithilfe des „Ladungsüberschusses an den Polen" zu erklären).

Um diese enge Verflechtung der naturwissenschaftlichen Fächer gewinnbringend behandeln zu können, ist es meiner Meinung nach erforderlich, sich zunächst in jedem Teilgebiet gewisse Kenntnisse zu erschließen. Ohne einen solchen „Grundwortschatz" in den einzelnen Basisfächern sehe ich die Gefahr eines sehr oberflächlichen Unterrichts – also ein Fach Science, dem dann notwendigerweise der Tiefgang fehlt. Diese Vorbehalte richten sich gegen einen Science-Unterricht, der in der Sekundarstufe 1 oder gar der Sekundarstufe 2 als Fächerverbund die Basisfächer ganz ersetzt. In der Unterstufe erscheint mir ein fachübergreifender Unterricht „Naturphänomene" – als Vorbereitung auf die erst später einsetzenden Fächer Physik und Chemie sehr wünschenswert.

Unabhängig von der Diskussion um ein Fach Science bin ich der Meinung, dass der Physikunterricht viel zu einem „Lernen über die Naturwissenschaften" beitragen kann. Wie schon weiter oben angedeutet, orientiert sich der in Baden-Württemberg seit 2004 gültige Bildungsplan an Kompetenzen. In der Physik findet sich gleichberechtigt zum Kompetenzbereich „Fachwissen" der Kompetenzbereich „Fachmethoden". Dementsprechend wird erwartet, dass im Unterricht ausführlich darauf eingegangen wird, wie in der Physik vorgegangen wird, um offene Fragen zu klären. In diesem Kontext können die Schülerinnen und Schüler sehr viel über „das Wesen der Naturwissenschaften" lernen.

Besonders motivierend erscheint mir in diesem Zusammenhang ein Abstecher in die „Geschichte der Physik" oder auch ganz allgemein in die „Geschichte der naturwissenschaftlichen Erkenntnis". Als freiwilliges Wahlangebot – in Baden-Württemberg heißt das „Seminarkurs" – habe ich damit sehr gute Erfahrungen gemacht.

Welchen Umgang mit herkömmlichen bzw. neuen Medien empfehlen Sie im Physikunterricht?

Der Einsatz von Medien kann meines Erachtens ganz wesentlich zur Attraktivität des Physikunterrichts beitragen – allerdings führt der Einsatz herkömmlicher oder neuer Medien keinesfalls zwingend zu einem besseren Unterricht. Gewinnbringend erscheint mir der Einsatz von Medien auf jeden Fall dann, wenn es dadurch gelingt, physikalische Sachverhalte transparenter darzustellen. Die Behandlung mechanischer Wellen im Oberstufenunterricht zeigt das auf exemplarische Weise. Abgesehen von den durchaus dynamischen Realexperimenten erfolgte die Erarbeitung der Theorie dazu während meiner eigenen Schulzeit auf statische Weise, indem die Bewegung der Oszillatoren eines Wellenträgers durch eine Folge von Momentaufnahmen untersucht wurde. Es war ein gewaltiger Fortschritt, als hierzu bewegliche Bilder mit Hilfe eines Super-Acht-Films im Unterricht gezeigt werden konnten. Die heutigen Schülerinnen und Schüler würden diese Darstellung nur noch belächeln. Für sie ist es selbstverständlich, sich das Zustandekommen einer stehenden Welle durch die Überlagerung zweier gegenläufiger Wellen am Computerbildschirm selbst zu erarbeiten. Der Computereinsatz erfolgt hierbei nicht anstelle von Realexperimenten, sondern als Ergänzung dieser.

Mit Hilfe geeigneter Programme können die Schülerinnen und Schüler sämtliche Parameter des Realexperiments in der Simulation variieren und die entsprechenden Auswirkungen am Bildschirm beobachten.

Ganz aktuell bieten Smartphones und Tablets die Möglichkeit, Alltagsvorgänge zum Gegenstand der physikalischen Betrachtung zu machen. Mit Hilfe leicht zugänglicher Apps wird ein Smartphone zum „Mini-Labor". Dabei kann es nicht nur als Messgerät für zahlreiche physikalische Größen eingesetzt werden, häufig ist sogar die Auswertung der ermittelten Daten möglich. Besonders vielversprechend erscheint mir der Einsatz von Tablets bei der Untersuchung von Bewegungsabläufen. Dabei wird zuerst das Tablet als Videokamera benutzt, um einen realen Bewegungsablauf aufzunehmen. Mit Hilfe einer kostengünstigen App kann anschließend am Bildschirm des Tablets eine Video-Analyse durchgeführt werden. Dabei können die Schüler / innen auch Stroboskopbilder erzeugen, die den Bewegungsablauf sehr transparent veranschaulichen. Neuere Tablets verfügen über eine Zeitlupenfunktion. Die 120 Bilder, die dabei in jeder Sekunde aufgenommen werden, erlauben auch eine Analyse schnell ablaufender Vorgänge. Dies eröffnet neue Möglichkeiten, ohne auf teure Hochgeschwindigkeitskameras zurückgreifen zu müssen. Im Zusammenhang mit dem Thema „Überlagerung von Bewegungen" wird gern ein Versuch durchgeführt, bei dem mithilfe einer speziellen Abschussvorrichtung gleichzeitig zwei identische Kugeln in Bewegung gesetzt werden. Eine Kugel fällt senkrecht nach unten, die andere Kugel führt einen waagrechten Wurf durch. Bei der Klärung der Frage, welche Kugel zuerst den Boden erreicht, ergibt sich erfahrungsgemäß eine interessante Diskussion mit unterschiedlichen Meinungen. Filmt man das Realexperiment mit einem Tablet, bei dem die Zeitlupenfunktion genutzt werden kann, lässt sich der Vorgang anschließend ohne jeglichen Aufwand analysieren. Die Bewegungen der beiden Kugeln können mit Hilfe eines Beamers auf sehr überzeugende Weise an der Leinwand in aller Ruhe Bild für Bild miteinander vergleichen werden.

Auch ohne Smartphones oder Tablets lassen sich neue Medien im Physikunterricht gewinnbringend nutzen. Schon der Einsatz von Visualizer und Beamer stellt meines Erachtens eine echte Bereicherung dar. Die Besprechung von Hausaufgaben und das Präsentieren von Arbeitsblättern werden erleichtert; Versuchsaufbauten und Versuchsabläufe können für alle gut erkennbar dargestellt werden.

Literatur

Duit, R. & Mikelkis-Seifert, S. (Hrsg.). (2010). *Physik im Kontext.* Seelze: Friedrich

Leisen, J. (2003). Methoden-Werkzeuge (Themenheft). *Naturwissenschaft im Unterricht, 3*(4). Seelze: Friedrich.

Mager, R. F. (1978). *Lernziele und Unterricht.* Weinheim: Beltz.

Merzyn, G. (2008). *Naturwissenschaften, Mathematik, Technik – immer unbeliebter?* Hohengehren: Schneider.

Merzyn, G. (2015). Guter Physikunterricht. Die Sicht von Schülern, Lehrern und Wissenschaftlern. *PhyDid B.* Verfügbar unter
http://www.phydid.de/index.php/phydid-b/article/view/589

Peterßen, W. H. (1996). *Handbuch Unterrichtsplanung: Grundfragen, Modelle, Stufen, Dimensionen.* München: Ehrenwirth.

MIRCO TEWES / OLIVER PECHSTEIN

MOTIVATION STECKT AN

Tewes, Mirco, Primo-Levi-Gymnasium Berlin, Lehrer für Physik und Mathematik, Oberstufenkoordinator, Gründer und Leiter des T3-Fortbildungszentrums Berlin, Leiter der Fachgruppe Physik des Lehrerfortbildungsnetzwerks T3 Deutschland, Preisträger Archimedes Preis für Physik 2015

Pechstein, Oliver, Barnim-Gymnasium Berlin, Lehrer für Physik und Mathematik, Fachbereichsleiter Naturwissenschaften, Nebentätigkeiten in der regionalen Fortbildung und für das Landesinstitut Schule und Medien Berlin-Brandenburg

Welches fachwissenschaftliche und fachdidaktische Wissen und Können der Lehrperson ist aus Ihrer Sicht für die Qualität des Physikunterrichts besonders wichtig?

Physiklehrkräfte müssen gut ausgebildete Fachleute sein. Sicher können sie nicht alles wissen – sollten bei den Lernenden aber keine Zweifel über ihre fachlichen Kompetenzen aufkommen lassen. Das soll nicht heißen, dass Physiklehrerinnen und -lehrer eine vergleichbare Ausbildung wie Fachwissenschaftler erhalten sollten. Im Gegenteil. Unserer Ansicht und Erfahrung nach ist eine speziell auf die Bedürfnisse zukünftiger Physiklehrkräfte zugeschnittene fachwissenschaftliche Ausbildung für die Qualität des Physikunterrichts von entscheidender Bedeutung. Es geht dabei nicht primär darum, weniger Inhalte im Studium zu vermitteln als bei den Fachphysikern. Es kommt vielmehr darauf an, dass bei der Auswahl der Module im Studium eine Orientierung an den Themen der Schulphysik erfolgt, selbstverständlich ohne sich darauf beschränken zu müssen. Wir glauben, dass bereits während des Studiums Möglichkeiten der didaktischen Reduktion, fächerübergreifende Aspekte sowie Anwendungen aus Alltag und Technik stärker thematisiert werden sollten. Es nützt beispielsweise wenig, wenn man überzeugt ist, das Induktionsgesetz mithilfe der Maxwell'schen Gleichungen verstanden zu haben – wenn man aber auf einfachere, weniger mathematische Art und Weise keinen Zugang dazu findet. Auch genügt es nicht, nur die möglichen Wechselwirkungen zwischen Licht und Materie zu kennen. Sich Anwendungen wie die Funktionsweise des Bildsensors einer Kamera schnell zu erschließen, sollte ebenfalls eine Kompetenz sein, über die jede Physiklehrkraft verfügt. Nicht zuletzt müssen Physiklehrerinnen und -lehrer eine hohe experimentelle Kompetenz besitzen, worauf wir später vertieft eingehen werden.

Zusammenfassend ist dies ein Plädoyer dafür, die fachwissenschaftliche und fachdidaktische Ausbildung zukünftiger Physiklehrkräfte stärker zu verzahnen. Als Praktiker und aus unseren Unterrichtserfahrungen, Fehlschlägen und Erfolgen heraus formulieren wir auch Fragen, die speziell in der Ausbildung in Physikdidaktik beantwortet werden sollten:

Wie können die Lernenden für physikalische Fragestellungen motiviert werden? Wie kann eine Unterrichtsstunde strukturiert werden? Wie können Unterrichtsabläufe lernprozessorientiert gestaltet werden? Wie können Experimente sinnvoll in den Unterricht eingebettet werden? Wie können Aufgaben so formuliert werden, dass die Lernenden sie mit einem Kompetenzzuwachs bearbeiten können? Wie können die typischen physikalischen Modelle und Begriffe für die Schülerinnen und Schüler nachvollziehbar entwickelt werden? Wie halten wir es im Unterricht mit der Mathematik? Wie kann man mit der Flut der Fachbegriffe umgehen? Wie entwickelt man ein Verständnis der Lernenden für den Prozesscharakter der naturwissenschaftlichen Erkenntnis?

Welche Qualitätsmerkmale halten Sie für den Physikunterricht für essenziell?

Motivation: Guter Physikunterricht erfordert motivierte Lehrkräfte, Motivation steckt an. Spaß am Fach und am Unterrichten muss man spüren. Die Lernenden müssen eingeladen und ermutigt werden, sich mit Physik zu beschäftigen. So kann es gelingen, sie kurz- und langfristig für das Fach zu motivieren. Erkennbare Anwendungsbezüge, individuelle Betroffenheit und Lernfreude helfen die Herausforderungen der Physik anzunehmen und die notwendige Anstrengungsbereitschaft zu entwickeln. Die Fachgruppe in der Schule muss an einem Strang ziehen, ohne dass alle auf einheitliche Art und Weise unterrichten. Der individuelle Stil der Lehrperson sollte erkennbar bleiben, um überzeugend sein zu können.

Lernatmosphäre und Lernzeit: Scheinbar selbstverständlich, aber die Lernenden müssen erst einmal die Möglichkeit erhalten, physikalische Kompetenzen zu erwerben. Dazu muss Physikunterricht in ausreichendem Umfang stattfinden. Er darf keine reine Beaufsichtigung von rein beschäftigungsorientierten Tätigkeiten sein, wo möglichst nichts Schlimmes passiert. So manche Methode klingt zunächst vielversprechend, verlangt aber viel zu viel Zeit und beinhaltet nur eine Phase des Lernprozesses (z. B. Erarbeitung). Zeit, welche dann bei den anderen, nicht weniger wichtigen Phasen (z. B. Üben, Transfer) fehlt.

Weniger wichtig: Organisatorische Rahmenbedingungen, wie die Länge der Unterrichtsstunden (45', 60', 90'), solange die Lernenden selbst aktiv sein können.

Experimente: Das herausragende Merkmal des Physikunterrichtes. In einer zunehmend virtualisierten Welt müssen die Lernenden Erfahrungen im direkten Umgang mit realen Objekten und Erscheinungen machen. Dies ist auch eine Chance für den Unterricht gegenüber den multimedialen Freizeiterlebnissen der Kinder und Jugendlichen. Dazu müssen die Experimente aber auch ansprechend und herausfordernd konzipiert werden. Experimentieren darf keine Beschäftigungstherapie sein, bei der lediglich durch manuelle Tätigkeiten nach Kochrezepten irgendwelche Daten erfasst werden. Wirksam wird das Experimentieren, wenn den Lernenden folgende Punkte klar sind: Welche Frage untersuchen wir? Wie lautet unsere Hypothese? Was messen wir? Wie messen wir? Welche Schlussfolgerungen bezüglich der Hypothese ergeben sich aus den gewonnenen Daten?

Problemorientierung: Die Probleme müssen interessant, verständlich formuliert und lösbar sein. Wurde das Problem von den Lernenden nicht erfasst, ist der nachfolgende Unterricht sinnlos. Häufig erfolgt die Problemlösung im Unterricht allein dadurch, dass die Lehrkraft eine zu komplex formulierte Erklärung mitteilt, die an den Schülerinnen und Schülern vorbeirauscht. Der Unterricht wird jedoch erst wirksam, wenn Problembearbeitung, Problemlösung und Transfer den Lernenden selbst gelingen. Dazu sind geeignete Aufgaben und Materialien erforderlich.

Welche Lernumgebungen und Lehr-/Lernformen halten Sie für einen wirksamen Physikunterricht für besonders bedeutsam?

Im Sinne Pestalozzis müssen Kopf, Herz und Hand der Lernenden angesprochen werden. *Die* Unterrichtsmethode gibt es nicht. Schematisch und gleichförmig immer wiederkehrende Vorgehensweisen müssen vermieden werden. Andererseits sind Rituale, z. B. beim Experimentieren oder bei der Bearbeitung von Aufgaben notwendig, um den Lernerfolg sicherzustellen. Sowohl gezielte kurze Interventionen der Lehrkraft als auch Phasen der selbstständigen Tätigkeit der Lernenden können wirksam sein. Entscheidend: Das Niveau der Lernenden muss getroffen werden.

Wir haben gute Erfahrungen mit Lernumgebungen, die aus einer Mischung von materialgestützten und experimentellen Aufgaben bestehen. Möglich sind sowohl Lernstationen als auch linear zu bearbeitende Aufgabenfolgen. Bewährt haben sich eher Zusammenstellungen kleinerer Aufgaben, die innerhalb von 10 bis 20 Minuten zu bearbeiten sind. Hilfreich sind To-Do- bzw. Checklisten. Die Vorbereitung erfolgt auch in frontalen Unterrichtsphasen durch die Einbettung in einen problemorientierten Kontext und eine Absicherung fachlicher Voraussetzungen. In der Nachbereitung erarbeiten die Schülerinnen und Schüler ein Lernprodukt oder sie präsentieren ihre Arbeitsergebnisse, indem sie z. B. den Versuch vorführen und deuten. Verantwortung für den Lernprozess wird auf die Lernenden übertragen, ohne dass die Lehrperson eigene Verantwortung abgibt. Die Lernenden nehmen verschiedene Rollen ein (Vortragende, Zuhörer, Teamleiter, einfaches Teammitglied …). Nicht nur gute Schülerinnen und Schüler sollten eine Lehrendenrolle einnehmen, auch vermeintlich schwache Schülerinnen und Schüler müssen und können es erleben, anderen etwas beizubringen.

Niemals sind diese Lernumgebungen beim ersten Mal perfekt, häufig werden die Aufgaben auch nach Jahren noch verändert. Die Knappheit der Geräte erzwingt und ermöglicht die Kooperation in der Fachgruppe. Gemeinsam wird ein Rollwagen mit in Boxen sortierten Experimenten und Materialien (Bücher, Laptop) für die Stationen vorbereitet. Die Aufgabenblätter werden laminiert und ebenfalls in die Boxen gelegt, alternativ erhalten die Lernenden ein kleines Aufgabenheft. Eine Lernumgebung war erfolgreich, wenn im nächsten Jahr eine Kollegin oder ein Kollege die Erfahrungen des Vorjahres nutzt und wieder anfängt den Rollwagen für die Lernstationen vorzubereiten.

Wie sieht eine gute Differenzierung/Individualisierung Ihrer Meinung nach im Physikunterricht aus?

Am Anfang stehen die Fragen: Was wollen wir – die Lehrenden – erreichen? Was können die Lernenden erreichen? Welche möglichen Lernwege gibt es?

Die Differenzierung erfolgt über die Aufgaben. Dabei können besondere Interessen, die individuellen Stärken und die Schwächen der Lernenden berücksichtigt werden. Differenziert werden z. B. die kognitiven Zugänge, die Komplexität, die Darstellungsformen der vorgelegten Materialien, die Lösungsmöglichkeiten und die zu nutzenden Medien. Sehr gut geeignet sind geöffnete Aufgaben, egal ob experimentelle oder materialgestützte Aufgaben, die Lösungen auf verschiedenen Niveaustufen ermöglichen, so können alle zumindest zu Teillösungen gelangen. Ein Scheitern wird vermieden. Aufgaben können so konzipiert werden, dass in den einzelnen Gruppen sich die Schülerinnen und Schüler gegenseitig helfen können.

Bewährt haben sich Kombinationen aus Pflicht- und Wahlaufgaben. Die Wahlaufgaben unterscheiden sich z. B. in ihrer Komplexität sowie den für die Bearbeitung notwendigen kognitiven oder experimentellen Fähigkeiten. Bei der Auswahl der Aufgaben sollten die Lernenden durch wenige Worte der Lehrkraft beraten werden. Während der Bearbeitung können gezielte kurze und konkrete Tipps an einzelne Lernende oder Gruppen sehr hilfreich sein. Der direkte Kontakt zwischen Lehrenden und Lernenden und das Loben (auch von vielleicht fehlerhaften Ansätzen oder Versuchsaufbauten) wirkt motivierend und fördert die Anstrengungsbereitschaft. Seltener verwenden wir gestufte Hilfen in schriftlicher Form. Differenzierung funktioniert umso besser, je genauer die Lehrkraft die potentiellen Schwierigkeiten eines Themas und die Lernenden kennt.

Welche immer wiederkehrenden fachspezifischen Herausforderungen im Unterrichtshandeln müssen Ihrer Meinung nach die Lehrpersonen bewältigen, um im Physikunterricht eine angemessene Unterrichtsqualität garantieren zu können?

„Physik ist das, was nie gelingt." Diesen alten Spruch gilt es im Physikunterricht zu widerlegen. Dabei ist experimentelles Geschick unabdingbar zur sicheren und erfolgreichen Demonstration von Versuchen und zur zügigen Kontrolle und gegebenenfalls Hilfe bei Schülerexperimenten. Hier gilt: Alle Versuche müssen vorher ausprobiert werden. Dafür bedarf es einer regelmäßig gepflegten Sammlung an Geräten und Materialien, mit der die Lehrenden vertraut sind. Die experimentellen Möglichkeiten und dabei auch neue Entwicklungen zu kennen, praktische Probleme zu erfahren und nicht zuletzt die Einbindung der Experimente in den Unterricht zu organisieren – das sind Problemfelder, denen sich Physiklehrkräfte stets stellen müssen.

Herausforderungen lassen sich unserer Meinung nach auch an mehreren Spannungsfeldern festmachen. *Einheitliche Prüfungsanforderungen – Rahmenlehrpläne – Zentrale Prüfungen – Schulrealität und Schulalltag:*

Es muss sicher nicht ausgeführt werden, dass dieses Spannungsfeld Ursache immer wiederkehrender Probleme sein kann. Auf aktuelle Bezüge wird hier verzichtet.

Didaktische Reduktion – Kontextualisierung:

Fachinhalte didaktisch zu reduzieren gehört in jedem Unterrichtsfach zum beruflichen Handwerkzeug und gleichzeitig zu den schwierigsten Herausforderungen. Darüber hinaus scheint die Notwendigkeit der didaktischen Reduktion im Physikunterricht oft im Widerspruch zur gewünschten Kontextualisierung zu stehen. Die Lehrkräfte müssen im Vorfeld erkennen, welche Probleme die Lernenden mit dem Thema haben werden. Sie müssen analysieren, wie komplex das Problem ist, welche geistigen Leistungen zur Durchdringung des Sachverhaltes erforderlich sind und wie vertraut die Lernenden mit dem zu untersuchenden Phänomen sind.

Ein schnelles Erkennen von nicht antizipierten Lernschwierigkeiten und Fehlvorstellungen im Unterricht ermöglicht ein individuelles flexibles Formulieren von Hilfen und gegebenenfalls von kurzen Interventionen der Lehrkraft zur Absicherung des Lernerfolges. Ein überwiegend spontan reagierendes Unterrichten ist jedoch unbedingt zu vermeiden.

Worauf gilt es bei der Entwicklung und dem Einsatz von Aufgaben bzw. Aufgabensets im kompetenzorientierten Physikunterricht besonders zu achten?

Das Entwickeln oder Auswählen von Aufgaben ist das scheinbar einfache, das schwer zu machen ist. Je einfacher die Aufgaben sein sollen, desto schwieriger wird es. Die vorhandenen Aufgaben von Verlagen und Institutionen sind oft zu beliebig, zu speziell oder zu anspruchsvoll. Aufgaben können jedoch nicht ständig von den Lehrerinnen und Lehrern neu entwickelt werden, eine Anpassung vorhandener Aufgaben an die schulischen Gegebenheiten und an die einzelne Lerngruppe ist aber immer notwendig. Bei der Erstellung oder Auswahl der Aufgaben muss immer klar sein, ob diese Aufgaben in Phasen des Lernens, Übens oder Testens eingesetzt werden sollen.

Die Bearbeitung der Aufgaben muss sich aus der Sicht der Lernenden lohnen. Dazu dürfen die Aufgaben nicht zu schwer, aber auch nicht zu einfach sein. Aufgaben müssen klar formuliert sein, auf einen begrenzten Kompetenzbereich fokussieren und ein passendes Anforderungsniveau haben.

Besonders geeignet sind kontextorientierte Aufgaben, welche an die Erfahrungen der Lernenden anknüpfen. Kontexte erschweren jedoch auch die Problemlösung aufgrund der erhöhten Komplexität. In bestimmten Situationen, z.B. nach der unmittelbaren Einführung einer Definitionsgleichung und einer Einheit für neue physikalische Größen wie Beschleunigung oder Kapazität, bewähren sich auch sehr einfache (fast kontextfreie) Aufgaben, um eine gewisse Vertrautheit mit Begriffen, Formelzeichen und Einheiten herzustellen. Ähnlich wie der Erwerb von Sprachkompetenz einen gewissen Wortschatz voraussetzt, müssen auch in der Physik bestimmte Kenntnisse abgesichert werden. Nur auf der Basis eines Grundwissens können Probleme mit einer höheren Komplexität bearbeitet werden, nur so können die Lernenden physikalische Konzepte entwickeln.

Für Sets kontextorientierter Aufgaben, in denen bestimmte Kompetenzen gefördert oder getestet werden sollen, sind folgende Elemente typisch: Eine kurze Einstimmung auf das Problem, die eigentlichen Aufgaben und zusätzliche Fachinformationen bzw. Materialien. Diese Materialien können z.B. kurze Texte, Tabellen, bestimmte Gleichungen, Diagramme aber auch Experimentiergeräte und Simulationen sein. Das Niveau und die zu fördernden Kompetenzen hängen dann sowohl von den eigentlichen Fragestellungen als auch von der Struktur und dem Inhalt des Materials ab. Das Erschließen der Informationen aus dem Material und die Verarbeitung dieser Informationen zur Bearbeitung des Problems bzw. der Aufgaben erfordern und fördern jeweils bestimmte Kompetenzen. Auf die Problembearbeitung folgen der Transfer und die Vernetzung mit anderen Problemen. Hier zeigt sich der Lernerfolg.

Welche Schritte empfehlen Sie aufgrund Ihrer wissenschaftlichen bzw. erfahrungsbasierten Expertise als „first steps" für angehende Physiklehrer/-innen, die sie für guten Physikunterricht umsetzen können?

Hier unsere Top-10 der „first steps":

1. Hab Spaß am Fach!
2. Bereite dich fachlich und methodisch ausreichend vor: Frage dich ehrlich, welches die fachlichen Schwierigkeiten für dich sind und welche Schwierigkeiten deine Schüler haben könnten!
3. Führe (Schüler-)Versuche grundsätzlich vorher einmal durch, um Probleme und Potentiale zu erkennen und Sicherheitsfragen beachten zu können!

4. Gliedere deinen Unterricht klar in Phasen und überlege dir für jede Phase die Form des Phasenbeginns und des Phasenendes! Bleibe aber flexibel – beides widerspricht sich nicht!
5. Sorge dafür, dass innerhalb der ersten acht Minuten jeder Unterrichtsstunde eine Überschrift oder Ziel an der Tafel oder auf einer Folie fixiert wird.
6. Wecke aktiv das Interesse der Lernenden! Hoffe nicht, dass sie ohne dein Zutun motiviert sind, sich mit dem Stundenthema zu befassen! Sorge für Abwechslung!
7. Überlege dir, welche Voraussetzungen die Lernenden für die erfolgreiche Bewältigung der Anforderungen in der Unterrichtsstunde mitbringen müssen! Dies muss diagnostiziert und beachtet werden!
8. Ermögliche es deinen Schülerinnen und Schülern, unterschiedliche Wege einzuschlagen!
9. Sichere die Ergebnisse! Eine richtige Antwort bedeutet nicht, dass die anderen Lernenden es auch können!
10. Organisiere für dich regelmäßig, institutionalisiert Möglichkeiten der Fortbildung, bei denen du auch über den Tellerrand der Schulphysik blicken kannst!

Was ist Ihrer Ansicht nach das Besondere am Physikunterricht?

Die wesentliche Besonderheit ist das Experiment im naturwissenschaftlichen Unterricht. Lässt sich der Wahrheitsgehalt einer Quelle der Erkenntnisgewinnung sonst nur sehr schwer durch die Lernenden einschätzen, eröffnen Experimente zumindest die Möglichkeit, Erkenntnisse durch eigenes Tun zu erlangen oder abzusichern. Selbst wenn die experimentelle Methode als Mittel der Erkenntnisgewinnung nicht durchgehend bestimmendes Instrument des Physikunterrichts sein kann, können die Lernenden durch Experimentieren einen anderen – wenn man so will – persönlicheren Bezug zum Lernprozess und zum Lerninhalt erhalten.

Wir, Lehrerinnen und Lehrer, Schülerinnen und Schüler, holen die Phänomene aus Natur und Technik direkt in den Klassenraum. Wir vereinfachen die komplexen Sachverhalte, entwickeln Experimente und Modelle und entdecken gemeinsam fundamentale Zusammenhänge. Wir suchen das Warum. Die Schülerinnen und Schüler untersuchen in ihren Experimenten reale Vorgänge und erweitern ihre Wahrnehmung durch das Nutzen von Messinstrumenten. Sie lernen, wie sich unsere Vorstellungen von der Welt entwickeln. Sie begreifen, wie Technik entsteht, wie sie funktioniert und welche Auswirkungen sie hat.

Die Entwicklung der Fachwissenschaft Physik und der technischen Anwendungen verläuft rasant. Die Entwicklung des Schulfaches Physik dagegen findet im Vergleich dazu praktisch nicht statt.

Welche fachlichen und fachdidaktischen Aspekte erachten Sie als bedeutsam, damit das Lernen zum Wesen der Naturwissenschaften wirksam wird?

Alle Inhalte der Physik lassen sich heute in wenigen Minuten kompakt durch Lernvideos im Internet erfahren. Wissenschaftlerinnen und Wissenschaftler haben solche Videos nicht. Neues kann so eben nicht entdeckt werden.

Die Herausbildung physikalischen Wissens ist ein Prozess. Dies gilt sowohl für das Wissen des Einzelnen als auch für das Wissen der Menschheit. Für viele Schülerinnen und Schüler ist die Physik etwas Fertiges und Unabänderliches. Dabei entwickeln sich die Vorstellungen und Fehlvorstellungen der Lernenden oft ähnlich wie die der Physikerinnen und Physiker der letzten Jahrhunderte: Magnetismus und Elektrizität wurden als verschiedene Phänomene angesehen. Die Begriffe Kraft und Energie wurden noch Mitte des 19. Jahrhunderts synonym benutzt. Dies sind auch für unsere Schülerinnen und Schüler heute große Herausforderungen. Die Einbeziehung von historischen Kontroversen kann den Lernenden einerseits helfen, Fehlvorstellungen zu überwinden und verdeutlicht andererseits, dass Wissenschaft dynamisch ist. Für das Verständnis des Wesens der Physik ist nicht die Vermittlung von Fachwissen entscheidend, sondern das Kennenlernen und Verstehen des Weges der Erkenntnis hin zu den Modellen und physikalischen Gesetzen. Ausgangspunkt war und ist stets eine Frage an die Natur. Sinnvoll ist die problemorientierte, möglichst spannend und interessant aufbereitete Auseinandersetzung mit zentralen historischen Experimenten, z. B.: Verdrängung des Wassers in der Badewanne des Archimedes, Oerstedt-Versuch zur Entdeckung des Elektromagnetismus oder Franck-Hertz-Versuch. Auch wenn uns diese Versuche abgedroschen erscheinen, sind sie für die Lernenden neu und überraschend. Weitere Aspekte: Die Entwicklung und die Rolle von Modellen in der Geschichte der Physik sowie die Analyse der Grenzen dieser Modelle. Irrwege, z. B. horror vacui, Wärmestoff oder Lichtäther.

Welchen Umgang mit herkömmlichen bzw. neuen Medien empfehlen Sie im Physikunterricht?

Das jeweils beste Medium wird eingesetzt. Dieser Grundsatz gilt auch für die sogenannten „neuen“ Medien. In der Anfangsphase ihrer Verfügbarkeit werden gerade elektronische Medien zwar manchmal auch wegen ihrer Selbstwillen eingesetzt. Das geht aber relativ schnell wieder auf das Maß zurück, das dem obigen Grundsatz entspricht.

Die Lebenswelt der Lernenden ist voll elektronischer Medien, die sich teilweise hervorragend im Unterricht verwenden lassen. Überzeugt man seine Schüler, dass es besser ist, die Zeit mit einer Stoppuhr zu messen, werden sie im Alltag trotzdem ihr Smartphone dafür nutzen. Digitales Messen mit Sensoren in Smartphones, Datenloggern oder in Verbindung mit Computern oder grafikfähigen Taschenrechnern sei als ein Beispiel an dieser Stelle angeführt. Die Bedienung der Hard- und Software ist mittlerweile sehr einfach und intuitiv, so dass keine langwierigen Erklärungen nötig sind. Die Messdaten stehen schnell in verschieden Formen (Tabelle, Graph, Liste) zur Verfügung. Der Messvorgang selbst und die Darstellung der Daten spielen beim Messen mit Sensoren meist eine untergeordnete Rolle. Vielmehr stehen die Messdaten und die intensive Auseinandersetzung mit ihnen im Mittelpunkt. Darüber hinaus gibt es neue Möglichkeiten, Experimente und gewonnene Messdaten in den Physikunterricht einfließen zu lassen. Beispielsweise können mit einem Ultraschallabstandssensor die Position und die Geschwindigkeit des Pendelkörpers eines Feder-Masse-Pendels schnell und einfach aufgezeichnet werden. Die Grundzüge des Induktionsgesetzes erschließen sich die Lernenden selbst, indem sie die Induktionsspannung und die magnetische Flussdichte beim Bewegen eines Permanentmagneten vor einer Spule messen und auswerten. Schnelle Prozesse lassen sich ebenso einfach untersuchen wie Langzeitmessungen und Messungen mit vielen Wiederholungen.

Literatur

Lampe, H.-U., Liebner, F., Urban-Woldron H. & Tewes, M. (Hrsg.). (2015). *Innovativer naturwissenschaftlicher Unterricht mit digitalen Werkzeugen – Experimente mit Messwerterfassung in den Fächern Biologie, Chemie, Physik*. MNU Themenreihe Bildungsstandards.

Valerie Vogt Amacker

Durch Authentizität und Alltagsnähe wird Physik begreifbar

Vogt Amacker, Valerie, Fachlehrerin in den Naturwissenschaften, Mathematik und Informatik und Fachverantwortliche Naturwissenschaften Orientierungsschule Zermatt, Projektmitarbeiterin Technorama Swiss Science Center und Doktorandin PH Luzern

Welches fachwissenschaftliche und fachdidaktische Wissen und Können der Lehrperson ist aus Ihrer Sicht für die Qualität des Physikunterrichts besonders wichtig?

Wissen adressatengerecht vermitteln

Meine Schülerinnen und Schüler gehen davon aus, dass ich Expertin in allen möglichen Bereichen der Naturwissenschaften bin. Aus diesem Grund werden mir oft unkonventionelle Fragen gestellt wie: „Kann man sich selbst töten, wenn man eine Kugel in die Luft abfeuert?" Solche Fragen gehören dann zum Schulalltag, wenn es gelingt, die Schülerinnen und Schüler für das Fach zu begeistern. Die Jugendlichen machen sich ihre eigenen Gedanken über den Unterrichtsstoff und versuchen die Theorie mit dem Alltag in Verbindung zu bringen. Bei meiner Beispielfrage hat sich ein Schüler zum Thema „beschleunigte Bewegung" ernsthaft Gedanken darüber gemacht, was mit den Geschosskugeln beim Salutschießen passiert und ob die Zuschauermenge von den herabfallenden Kugeln verletzt werden kann. Wenn ich nun auf die gestellte Frage zurückkomme, welches fachwissenschaftliche Wissen sich eine Lehrperson aneignen muss, bin ich der Überzeugung, dass ich als Lehrperson in meinem Fach nie genug Wissen aneignen kann. Könnten Sie die Frage nach der herabfallenden Kugel auf Anhieb korrekt beantworten? Ich unterrichte seit nun 8 Jahren und es vergeht keine Woche, in der nicht eine Schülerfrage auftritt, die auch ich nicht auf Anhieb beantworten kann, was spannend ist, da dies mich zwingt, dauernd neue Dinge zu lernen und immer wieder motiviert, Fachbücher zu durchforsten.

Die Aneignung von Fachwissen lässt sich meiner Meinung nach relativ leicht bewerkstelligen. Die Vermittlung des Fachwissens jedoch ist grundlegend für einen guten Physikunterricht. Besonders im Fach Physik ist bei fehlendem fachlichen und fachdidaktischen Wissen und Können die Gefahr groß, dass man den Lerninhalt mit den Schülerinnen und Schülern eher oberflächlich behandelt, was dazu führen kann, dass falsche Konzepte nicht überwunden werden können oder sogar neue, falsche Konzepte angeeignet werden. Als Lehrperson muss man sich einen genauen Überblick über die Lerninhalte und die Lehrmittel verschaffen, den Inhalt auch kritisch hinterfragen. Eine Lehrperson kann ihr Können dann unter Beweis stellen, wenn sie ihr Wissen adressatengerecht vermittelt. Dabei sollten die Lerninhalte kognitiv herausfordernd angeboten werden. Eine Vereinfachung der Thematik muss immer noch fachlich korrekt und – wenn möglich – authentisch sein. Erst dann lassen sich die Schülerinnen und Schüler „belehren". Sie glauben das Gesagte und sind auch bereit, ihr Vorwissen kritisch zu überdenken, neue Theorien zuzulassen und das Theoretische mit dem Alltag zu verknüpfen. Dann erst wird Physikunterricht nachhaltig.

Welche Qualitätsmerkmale halten Sie für den Physikunterricht für essenziell?

Ein gelenkt entdeckender Physikunterricht

Eine didaktisch gut strukturierte Unterrichtseinheit sichert wesentlich die Qualität des Physikunterrichts. Ausgehend von der Phase der Motivation und der Problemstellung, über die Phase der Problemlösung bis hin zur Phase der Integration bzw. des Transfers, entsprechend des typischen Lektionsaufbaus aus der allgemeinen Didaktik.

In der ersten Phase geht es darum, die Schülerinnen und Schüler zu motivieren und mit einer Problemstellung zu konfrontieren. In der Physik kann die Motivation durch einen kognitiven Konflikt herbeigerufen werden, indem der Klasse etwas gezeigt wird, das nicht ihrem Wissen oder ihren bisherigen Erfahrungen entspricht. Das Gesehene wird als ungewöhnlich oder überraschend empfunden, was den Drang nach der Lösungsfindung in den Vordergrund treten lässt. Aus wagen Ideen entstehen schließlich physikalische Hypothesen, welche dann ausgearbeitet und konkretisiert werden.

In der Phase der Problemlösung können die Schülerinnen und Schüler eigene Lösungsvorschläge einbringen und bei der Entscheidung mitsprechen. Anschließend wird geplant und das Ganze, zum Beispiel im Rahmen eines Experiments, praktisch durchgeführt. Methodenvielfalt spielt hierbei eine tragende Rolle. Außerdem sollte den Schülerinnen und Schülern genügend Raum für Kreativität und Problemlösekompetenzen geschaffen werden.

Zum Schluss muss die Phase der Vertiefung von der Lehrperson vorbereitet und gut geführt sein. Das Gelernte soll verinnerlicht und in Beziehung zum bereits vorhandenen Wissen gebracht werden. Im Idealfall können die Schülerinnen und Schüler das Gelernte auf neue, unbekannte Situationen übertragen und anwenden.

Zusammenfassend kann ich sagen, dass ein gelenkt entdeckender Unterricht, der wesentlich von der Lehrperson beeinflusst wird, einen großen Teil zur Qualität des Physikunterrichts beiträgt.

Welche Lernumgebungen und Lehr-/Lernformen halten Sie für einen wirksamen Physikunterricht für besonders bedeutsam?

Es gibt kein Standardrezept

Die Lernumgebungen und Lehr- bzw. Lernformen müssen mit Bedacht gewählt werden. Dafür gibt es kein Standardrezept, welches auf alle Situationen anwendbar ist.

Ich arbeite bevorzugt schülerzentriert und bekomme dafür oft ein positives Feedback meiner Klassen. Doch geht es in meinem Unterricht nicht darum, meine Schülerinnen und Schüler zu „bespaßen". Sie sollen verstehen, begreifen, anwenden, umsetzen, übertragen und lernen. Wenn sich also der Lerninhalt eher an Fertigkeiten orientierten soll, sind schülerzentrierte Methoden eine gute Wahl. Geht es aber um die Vermittlung von Wissen, kommt man mit diesen Methoden nicht so weit. Dann sind die stärker lehrerzentrierten Methoden die bessere Wahl.

Die Lernumgebungen müssen auf das Vorwissen der Schülerinnen und Schüler aufgebaut werden. In der ersten Lektion einer neuen Unterrichtseinheit versuche ich mir ein Bild über die Präkonzepte meiner Schülerinnen und Schüler zu verschaffen. Sind keine Präkonzepte vorhanden, wähle ich vor allem darbietende Methoden und leite meine Schülerinnen und Schüler so zum neuen Thema hin. Treten in einer Klasse eher falsche bzw. wissenschaftsferne Präkonzepte auf, lasse ich sie entdeckend an die Thematik herangehen. Dadurch entstehen kognitive Konflikte und meist lassen sich die Schülerinnen und Schüler soweit beeinflussen, dass sie sich dem Neuen gegenüber öffnen.

Abschließend sollte noch ein Augenmerk auf das naturwissenschaftliche Handeln gelenkt werden. Möchte ich auf bestimmte Ereignisse hinweisen, wähle ich oft Demonstrationsexperimente, da diese sich für das gemeinsame Beobachten sehr gut eignen. So entstehen Diskussionen in der Klasse, einzelne Schülerinnen und Schüler werden sich ihrer Präkonzepte bewusst und beginnen, diese zu hinterfragen. Soll an einem Präkonzept intensiver gearbeitet werden, bieten sich Schülerexperimente an. Dabei werden auch diverse Fertigkeiten gestärkt. Das Experimentieren muss erlernt werden und das gelingt nur mit Experimenten, die man selber durchführt. In meinem Unterricht baue ich allerdings keine Experimente nur des Experimentierens wegen ein. Sie müssen zwingend unterrichtsrelevant sein und einen Mehrwert für die Schülerinnen und Schüler darstellen.

Zusammenfassend sollte man sich bei der Planung der Lernumgebungen folgende Fragen stellen:

1. Geht es um den Inhalt oder um wissenschaftliche Fertigkeiten?
2. Welche Präkonzepte existieren bei den Schülerinnen und Schülern?
3. Experimentieren, ja oder nein? Und falls ja, Schülerexperimente oder Demonstrationsexperimente?

Wie sieht eine gute Differenzierung/Individualisierung Ihrer Meinung nach im Physikunterricht aus?

Wir unterrichten Individuen, nicht Klassen

In meinem Berufsalltag muss ich mir stets vor Augen führen, dass ich Schülerinnen und Schüler – also Individuen – unterrichte und nicht Klassen. Obwohl alle am gleichen Unterrichtsstoff arbeiten, wird er nicht von allen gleich genutzt und verstanden. Dieser Umstand darf aber auf keinen Fall als Schwäche ausgelegt werden. Durch die verschiedenen Voraussetzungen der Schülerinnen und Schüler ist man als Lehrperson „experimentierfreudiger". Der Unterricht wird dadurch methodisch abwechslungsreicher gestaltet und versucht dabei gleichzeitig alle Sinne anzusprechen.

Damit ich möglichst vielen Lernenden gerecht werden kann, unterteile ich den Schulstoff in einen Pflicht- und einen Wahlteil. Dadurch können die Schülerinnen und Schüler in ihrem individuellen Tempo arbeiten, was jedem die Erarbeitung der Grundlagen ermöglicht. Auch schneller arbeitende Schülerinnen und Schüler werden dabei nicht vernachlässigt und nicht mit Zusatzaufgaben bestraft. Sie dürfen sich in individuelle Schwerpunkte vertiefen, was ihr Interesse an der Thematik aufrechthält und sie kognitiv herausfordert. Leistungsschwächere Schülerinnen und Schüler erhalten von mir mehr Unterstützung bzw. mehr Betreuungszeit.

Ebenso werden die Experimente angepasst. Demonstrationsexperimente sind stark geführt, können zeitlich abgestimmt werden, wodurch die Lehrperson während des Versuchs auf zu beobachtende Phänomene verweisen kann. Leistungsschwächere Schülerinnen und Schüler können das Geschehen gut mitverfolgen und sich auf das Wesentliche konzentrieren. Bei Schülerexperimenten sind sie hingegen oft überfordert. Dies wiederum gibt den leistungsstärkeren Schülerinnen und Schülern die Möglichkeit, den gelernten Stoff anzuwenden und Vermutungen zu bestätigen bzw. zu widerlegen. Das heißt nicht, dass Schülerexperimente nicht auch bei leistungsschwächeren Schülerinnen und Schüler zum Einsatz kommen. Sind die Experimentierschritte vom Ablauf her klar und weiß der Schüler / die Schülerin, was zu tun ist, gilt ein gutes Schülerexperiment als vertiefende und veranschaulichende Repetition.

Welche immer wiederkehrenden fachspezifischen Herausforderungen im Unterrichtshandeln müssen Ihrer Meinung nach die Lehrpersonen bewältigen, um im Physikunterricht eine angemessene Unterrichtsqualität garantieren zu können?

Weniger ist oft mehr

Meine Schülerinnen und Schüler sollen das Theoretische „begreifen" und dadurch lernen. Beim Experimentieren ist ihre Aufmerksamkeit gesichert, da sie meist aktiv an der Tätigkeit teilnehmen. Das bedeutet aber nicht, dass sie dabei auch automatisch lernen. Dies stellt für die Lehrperson eine große Herausforderung dar. Man will das Interesse der ganzen Klasse wecken, man will eine spannende Lektion halten. Das Wichtigste aber ist immer noch, dass die Schülerinnen und Schüler möglichst viel dabei lernen.

Wähle ich als Unterrichtsmethode das Experiment, muss ich vorgängig abklären, wie meine Schülerinnen und Schüler davon profitieren können, und – ich sage es nur ungern – ob es vielleicht nicht doch sinnvoller wäre, den Inhalt klassisch in einem Lehrervortrag zu vermitteln.

Meiner Erfahrung nach ist weniger oft mehr, d. h. wenige ausgewählte Experimente, dafür vertiefter. Es stellt sich dabei stets die Frage, wie der Unterricht gesteuert werden soll – lehrergelenkt oder eher schülergelenkt – und wie die Vermittlung des Lerninhalts über das Experiment abläuft – darbietend oder entdeckend. Sobald ich mir darüber im Klaren bin, gehe ich meist gleich vor.

Vor dem Experiment präsentiere ich meiner Klasse ein Problem oder ein Phänomen, worüber sie sich Gedanken machen muss. Dabei werden Präkonzepte der Lernenden aufgedeckt. An diesem Punkt übernimmt die Lehrperson eine wichtige Rolle: sie muss die Klasse möglichst geschickt an die richtigen Fragen und Hypothesen heranführen und zwar so, dass die Schülerinnen und Schüler der Überzeugung sind, diese eigenständig erarbeitet zu haben. Auf diese Weise bleibt das Interesse bis zur Auswertung des Experiments bestehen.

Die Lernenden sollen während des Experiments beobachten und aus dem Beobachten ihre Schlüsse ziehen können. Oftmals wissen sie aber nicht, was genau sie beobachten sollen oder schenken den einzelnen Ereignissen zu wenig Aufmerksamkeit. Während des Experiments bleibt die Lehrperson eher im Hintergrund, nimmt eine begleitende Rolle ein, lenkt die Schülerinnen und Schüler falls nötig in die richtige Richtung.

Die entscheidende Phase, die eine gute Qualität des Physikunterrichts sichert, folgt aber erst nach dem Experiment selbst, wenn auf die Ausgangsfrage zurückgegriffen wird. Der Auswertung des Experiments muss viel Zeit eingeräumt werden, da die Fragen und Hypothesen, welche die Schülerinnen und Schüler anfangs aufgestellt haben, ernsthaft und konsequent beantwortet werden müssen. Im Idealfall von den Lernenden selbst.

Worauf gilt es bei der Entwicklung und dem Einsatz von Aufgaben bzw. Aufgabensets im kompetenzorientierten Physikunterricht besonders zu achten?

Strukturierung spezifischer Aufgabenkategorien

Im kompetenzorientierten Physikunterricht habe ich die besten Erfahrungen mit der Strukturierung spezifischer Aufgabenkategorien gemacht. Zu Beginn einer Unterrichtsreihe wähle ich Aufgabenstellungen, die das Interesse der Schülerinnen und Schüler wecken. Dabei achte ich darauf, dass sie diese Aufgaben in ihre Lebenswelt transferieren können. Hierfür dienen Konfrontationsaufgaben, welche das Bedürfnis der Lernenden wecken, etwas zu erlernen und das Gelernte zu verstehen. In der zweiten Phase setze ich Erarbeitungsaufgaben und Übungs- bzw. Vertiefungsaufgaben ein, die in meinem Unterricht meist parallel oder direkt nachfolgend erarbeitet werden. Zum Abschluss folgen Transferaufgaben, welche einen Bezug zwischen Neuem und Bekanntem herstellen. Um dieses Vorgehen zu verdeutlichen, will ich in einem konkreten Unterrichtsbeispiel ausführlicher darauf eingehen.

Zum Thema Optik können die Schülerinnen und Schüler aufgefordert werden, ihre Handys herauszunehmen und ein Foto zu machen. Die Frage, wie dieses Foto überhaupt zu Stande kommt, kann – gerade weil ihre Lebenswelt miteinbezogen wird – ihr Interesse am gesamten Thema wecken. Würde man an dieser Stelle die Frage nach der Funktionsweise eines Mikroskops stellen, wäre die Aufmerksamkeit der Klasse nicht so groß, da der Bezug zum Alltag nicht wirklich hergestellt werden oder sogar eine Ablehnung per se auftreten kann, da das Mikroskop ausschließlich mit dem Schulalltag in Verbindung gebracht wird.

Durch die Auseinandersetzung mit dieser Problemstellung folgt eine weitere Konfrontationsaufgabe: Wie funktioniert eine Linse? Hier treten sicher Kindheitserinnerungen zum Umgang mit der Lupe auf, welche sehr gut miteingebaut werden können. Durch Erarbeitungs- und Vertiefungsaufgaben werden diverse Linsentypen und deren Wirkung untersucht. Parallel dazu kann die Funktionsweise der Camera Obscura untersucht werden. Divergierendes Denken wird gefordert, was gerade im kompetenzorientierten Physikunterricht gewünscht ist.

Durch Transferaufgaben sehen die Lernenden den Zusammenhang zwischen all den einzeln erarbeiteten Aufgaben, können bereits bestehende und neu angeeignete Kompetenzen unter Beweis stellen und so erläutern, wie man von der „Schuhschachtel" zur Handykamera gelangt. Sie erreichen die Phase der Analogiebildung und beginnen, die Theorie zu verstehen eventuell sogar in der Praxis anzuwenden, z.B. durch Einstellung der Brennweite an einer Spiegelreflexkamera.

Welche Schritte empfehlen Sie aufgrund Ihrer wissenschaftlichen bzw. erfahrungsbasierten Expertise als „first steps" für angehende Physiklehrer/-innen, die sie für guten Physikunterricht umsetzen können?

Sicherheit, Fachwissen und Authentizität

Die während des Studiums gelernten Theorien lassen sich vor allem zu Beginn des Berufslebens nicht so einfach in die Praxis umsetzen. Anfangs machte ich mir große Sorgen über die Klassenführung. Bald einmal hatte ich dann aber mit anderen Hindernissen zu kämpfen wie Stoffdruck, Materialbeschaffung für die einzelnen Experimente und das Rechtfertigen diverser Unterrichtsmethoden vor dem Lehrerkollegium, das gerne am Altbewährten festhalten wollte. Die Lehren zum Konstruktivismus oder zum Behaviorismus konnten mir zu diesem Zeitpunkt bei der Suche nach der Lösung dieser Probleme leider nicht weiterhelfen. Könnte ich aber nochmals von vorne beginnen, würde ich folgende Ratschläge gerne beherzigen:

Sei dir sicher, in allem was du tust!

Man hat die Befähigung erlangt, Schülerinnen und Schüler zu unterrichten. Also darf man auch selbstsicher vor die Klasse treten. Das Studium bereitet einen auf den Berufsalltag vor. Selbst wenn es Junglehrpersonen noch an Berufserfahrung fehlt, sind sie doch auf das Wichtigste vorbereitet und können das Theoretische, sobald es nötig wird, umsetzen. Die Lehrerausbildungen sind äußerst fundiert und bauen auf wissenschaftlichen Erkenntnissen auf, die wir uns zu Nutze machen müssen. Leider sieht man das meist erst im Berufsalltag und ärgert sich im Nachhinein darüber, dass man nicht alles, was die Dozentinnen und Dozenten einem vermitteln wollten, wie ein Schwamm aufgesogen hat.

Sei Experte in deinem Fachgebiet!

Wie bereits erwähnt, gehen die Schülerinnen und Schüler davon aus, dass man alles über Physik weiß. Sie werden es auch direkt an der Lehrperson testen. Als Lehrperson hat man nie ausgelernt. Auch wenn ich die Unterrichtsthemen schon mehrfach mit diversen Klassen und mittels verschiedener Methoden behandelt habe, bereite ich mich immer noch regelmäßig auf den entsprechenden Inhalt vor, indem ich in Fachbüchern oder Fachzeitschriften „schmökere". Meine Schülerinnen und Schüler bringen oft Halbwahrheiten aus Wissenssendungen vor, und wie schön ist es doch, mit ihnen gemeinsam diese Halbwahrheiten aus dem Weg zu räumen. Dies ist aber auch nur dann möglich, wenn man sich kritisch mit dem Inhalt auseinandergesetzt hat und höhere Ansprüche an sich selbst stellt. Schulbuchwissen allein reicht da nicht mehr aus.

Sei authentisch!

Wenn der Physikunterricht nachhaltig sein und Wirkung bei den Schülerinnen und Schülern zeigen soll, muss er, wie auch die Physiklehrperson, authentisch sein. Nur wenn man echte Probleme und Fragen zur Physik bearbeitet, kann eine Übertragung auf den Alltag erwartet werden.

Was ist Ihrer Ansicht nach das Besondere am Physikunterricht?

Physik gehört zum Alltag

Im Vergleich zu anderen Fächern ist das Schöne beim Unterrichten des Fachs Physik, dass man sich nicht allein auf Lehrbuchwissen beschränken muss. Physikalische Erkenntnisse können von den Schülerinnen und Schülern mit allen Sinnen erarbeitet, sozusagen erfahren werden. Sie verknüpfen dabei die erworbenen Erkenntnisse mit Emotionen, wodurch das angeeignete Wissen längerfristig im Gedächtnis bleibt. Zugleich darf man als Lehrperson diese Erfahrungen immer wieder aufs Neue miterleben, selbst wieder zur

Schülerin / zum Schüler werden, die gleiche Faszination verspüren und staunen. Ich kann mich immer wieder für das Fach Physik begeistern lassen.

Allerdings reichen schematische Aussagen zu physikalischen Themen allein nicht aus. Mit möglichst konkreten Sachverhalten kann ich als Lehrperson meinen Klassen die Welt der Physik näherbringen. Physik ist im täglichen Leben wichtig. Physik gehört zum Alltag und wenn man die Zusammenhänge sieht und nicht vorwiegend mathematische Formeln und reines Schulwissen in den Kopf hineindrückt, sondern in den physikalischen Erkenntnissen einen gewissen Gebrauchswert erkennt, beginnt man die physikalische Welt zu verstehen. In welchem anderen Fach lässt sich das so umsetzen?

Das Ganze funktioniert allerdings nur, wenn die Lehrperson über das Lehrbuch hinausblickt. Und auch das lässt sich mit einem kleinen Aufwand bewerkstelligen. Da Physik etwas Alltägliches ist, braucht sich die Lehrperson nicht dauernd der Fachsprache zu bedienen. Sie kann Sachverhalte in der Alltagssprache erklären, mit lebensnahen Beispielen untermauern. Schlicht und einfach, aber immer noch sachlich und korrekt. Erst so beginnen die Lernenden zu begreifen, und können in der Physik auch ein tieferes Verständnis aufbauen.

Welche fachlichen und fachdidaktischen Aspekte erachten Sie als bedeutsam, damit das Lernen zum Wesen der Naturwissenschaften wirksam wird?

Wesen und Bedeutung von Naturwissenschaften und Technik verstehen

Im Schweizer Lehrplan wird dem Lernen zum Wesen der Naturwissenschaften ein eigener Kompetenzbereich zugeschrieben: „Wesen und Bedeutung von Naturwissenschaften und Technik verstehen" (D-EDK, 2016, S. 2). Unter Berücksichtigung dieses Kompetenzbereichs kann man als Lehrperson die Schülerinnen und Schüler dazu bringen, nicht nur Inhalte sondern auch etwas über das Wesen der Physik zu lernen. Dadurch wird Lernen nachhaltig.

„Die Schülerinnen und Schüler können Wege zur Gewinnung naturwissenschaftlicher Erkenntnisse beschreiben und deren kulturelle Bedeutung reflektieren" (D-EDK, 2016). Dies ist eine Kompetenz, die sich jeder Lernende über die Jahre im Physikunterricht aneignen sollte. Durch Beobachtungen, naturwissenschaftliche Fragestellungen, Aufstellung von Hypothesen und durch Experimentieren können sich die Schülerinnen und Schüler diese Kompetenz erarbeiten. Allerdings nur unter der Voraussetzung, dass die Lehrperson entsprechende Lernumgebungen und Lernarrangements zur Verfügung stellt und genügend Zeit für Reflexionen einräumt. Dabei muss den Schülerinnen und Schülern auch aufgezeigt werden, was wissenschaftliches Arbeiten an sich ist. Sie müssen den Unterschied zwischen wissenschaftlichen und nichtwissenschaftlichen Erkenntnissen erkennen lernen, wodurch sie allmählich auch verstehen lernen, wie man überhaupt zu physikalischen Erkenntnissen kommt.

Zum Wesen der Naturwissenschaften gehört auch die Diskussion über naturwissenschaftlich-technische Anwendungen. Diese Diskussion muss aber von der Lehrperson ausgelöst und angeleitet werden, ansonsten sind die Lernenden schnell einmal überfordert. In meinem Berufsalltag habe ich oft das Gefühl, dass meine Schülerinnen und Schüler am liebsten fertige Lösungen präsentiert haben möchten. Sie hinterfragen das Präsentierte nicht, sie lernen es einfach. So habe ich ihnen einmal zum Thema Stromproduktion die Atomkraft als die beste und sauberste Lösung zur Energiegewinnung präsentiert. Es gab kaum kritische Rückmeldungen darauf. Als ich ihnen aber eine Dokumentation zur Nuklearkatastrophe von Tschernobyl zeigte, wurde es für mich ungemütlich. Als Lehrperson bin ich verpflichtet, meine Schülerinnen und Schüler wach zu rütteln. Sie sollen Themen kritisch bearbeiten und sich eine eigene Meinung bilden, und was eignet sich besser als eine Diskussion in der Klasse? „Die Schülerinnen und Schüler können sich angeleitet über die Nachhaltigkeit von naturwissenschaftlich-technischen Anwendungen informieren sowie Chancen und Risiken diskutieren …" (D-EDK, 2016). Arbeitet man als Physiklehrperson auf diese Kompetenz hin, wird das Lernen zum Wesen der Naturwissenschaften wirksam.

Welchen Umgang mit herkömmlichen bzw. neuen Medien empfehlen Sie im Physikunterricht?

Gute Organisation und Ordnung ist das Herzstück einer guten Experimentiersammlung

Ich hatte das große Glück, die Unterrichtsräume für die Naturwissenschaften an unserer Schule einrichten zu dürfen. Dadurch weiß ich auch, welche Materialien vorhanden sind und für welche Klassengrößen sie genutzt werden können. Ich kann jeder Lehrperson empfehlen, sich zuerst einmal einen Überblick zu verschaffen, eine Art Entdeckungsreise zu machen. Mit welchen Lehrmitteln wird gearbeitet, wie sieht die Experimentiersammlung aus, stehen Computer für die Schülerinnen und Schüler zur Verfügung …

Da wir mit verschiedenen Lehrmitteln arbeiten, habe ich mich intensiv darin eingelesen, alles, was ich für gut befunden habe, herausgenommen und in Arbeitsdossiers verpackt. Sie sind handlich und meine Schülerinnen und Schüler haben alle nötigen Informationen und Arbeitsmaterialien zu einem Themenbereich in einem Heft zusammengefasst. Die Vorarbeit für diese

Arbeitsdossiers ist immens, doch es lohnt sich. Außerdem verändere ich meine Unterlagen jedes Jahr. Aufgabenstellungen und Experimente, die im Vorjahr nicht zum gewünschten Erfolg geführt haben, kann ich jederzeit abändern oder austauschen und fürs nächste Schuljahr verbessern. Mit einem starr vorgegebenen Lehrbuch ginge das nicht. Das heißt nicht, dass ich auf Lehrbücher verzichte. Im Gegenteil, sie werden immer wieder zu den Arbeitsdossiers hinzugezogen, dienen der Erklärung, zur Vertiefung oder können verschiedene Blickwinkel auf ein Phänomen aufzeigen.

In meinem Unterricht kommen meist Experimentierkästen zum Einsatz, da sie kompakt und leicht zu handhaben sind und gut für eigenständige Schülerexperimente eingesetzt werden können. Allerdings sind sie sehr pflegeintensiv. Sämtliche Gegenstände müssen an den richtigen Platz, defekte Materialien ersetzt und darüber Buch geführt werden. Ohne einen Materialverantwortlichen wird aus einer guten und ordentlichen Experimentiersammlung ein unübersichtliches Chaos an Gerätschaften, die im Unterricht nicht mehr zum Einsatz kommen, weil der Aufwand für die Suche und Vorbereitung einzelner Experimente zu aufwändig wird. Eine gute Organisation und Ordnung ist das Herzstück einer guten Experimentiersammlung. Nur so arbeitet man gerne und erfolgreich damit.

Auch neue Medien kommen in meinem Unterricht regelmäßig zum Einsatz. Mein Favorit ist das Handy. Es ist einfach zu handhaben, fast jeder hat eins und, was bei meinen Schülerinnen und Schülern den größten Reiz auslöst, dessen Gebrauch ist in unserem Schulgebäude eigentlich verboten. So schlage ich zwei Fliegen mit einer Klappe: Die Lebenswelt meiner Schülerinnen und Schüler wird angesprochen und sie sind motiviert, da sie etwas „Verbotenes" ausnahmsweise tun dürfen. Um das allein geht es aber nicht. Das Handy ist schlichtweg ein Alleskönner mit seiner Stoppuhrfunktion, den Slow Motion Videoaufnahmen und der Möglichkeit, Infrarotlicht sichtbar zu machen. Alles Werkzeuge, die regelmäßig für Experimente auf meiner Unterrichtsstufe benötigt werden.

Literatur

D-EDK, Deutschschweizer Erziehungsdirektoren-Konferenz. (2016). Natur und Technik mit Physik, Chemie, Biologie. Kompetenzaufbau 3. Zyklus. *Lehrplan 21*. Schweiz.

MANUELA WELZEL-BREUER

GELINGENDER PHYSIKUNTERRICHT BIETET ANREGENDE UND LEBENSNAH GESTALTETE LERNKONTEXTE

Welzel-Breuer, Manuela, Prof. Dr., Pädagogische Hochschule Heidelberg; Arbeitsschwerpunkte: professionsorientierte Lehrerausbildung, lernprozessadäquate und gendersensible Lehr-Lern-Umgebungen, interdisziplinäres und außerschulisches Lehren und Lernen, Physik für Straßenkinder, frühe naturwissenschaftliche Bildung

Welches fachwissenschaftliche und fachdidaktische Wissen und Können der Lehrperson ist aus Ihrer Sicht für die Qualität des Physikunterrichts besonders wichtig?

Ausgangspunkt meiner Überlegungen ist, dass der Lehrperson klar sein muss, dass wir in der Regel nicht zukünftige Physikerinnen und Physiker ausbilden, sondern vorwiegend junge Menschen, die die nächste Ausbildungsstufe (einerseits Berufsausbildung und andererseits Studium in allen möglichen Disziplinen) und später das persönliche Leben in unserer Gesellschaft meistern können sollen. Das, was dazu benötigt wird, ist anschlussfähiges fachliches Wissen und Können (scientific literacy), eine rationale und moderne Sicht auf unsere Welt, Aufgeschlossenheit für Naturwissenschaft und Technik und gesellschaftliche Partizipation (s. Deutsche Physikalische Gesellschaft, 2016, S. 5). Unumgänglich ist hierfür, Kinder und Jugendliche zunächst für die Beschäftigung mit der Naturwissenschaft Physik zu motivieren, den Blick für das Interessante, Erstaunliche und Wissenswerte an der Physik zu öffnen, die Nützlichkeit physikalischen Wissens (Begriffe, Konzepte, Modelle) für den Lebensalltag erfahrbar zu machen, die Schönheit physikalischer Strukturen und die Allgegenwärtigkeit der Physik in unserem Leben erkennen zu lassen. Das Erlebnis, die Welt unter Anwendung physikalischen Wissens zunehmend besser verstehen zu können, motiviert, sich auch weiter mit der Physik zu befassen und das Wissen und Können zu nutzen. Aus diesen Gründen sollte es aus meiner Sicht also im Physikunterricht vorrangig darum gehen, die Schülerinnen und Schüler auf ihrem individuellen Ausbildungsweg ein Stück unterstützend zu begleiten, mit ihnen die Sinne für Naturwissenschaftliches zu schärfen und wirklich nachhaltig wirksame Lernprozesse zu gestalten. Hierfür sind u. a. verschiedene Kompetenzen der Lehrperson im fachlichen und im fachdidaktischen Bereich unumgänglich.

1. Die Lehrperson muss selbst interessiert und motiviert sein: Im fachwissenschaftlichen Bereich geht es nicht ohne die eigene Begeisterung für und das Interesse an physikalischen Phänomenen, Gesetzmäßigkeiten und Strukturen. Eine Lehrperson muss stets offen für Neues sein und bestrebt, Physikalisches im Alltag entdecken und verstehen zu wollen. Der Schulstoff – u. a. abgebildet in Bildungsplänen, Schulbüchern, populär- und fachwissenschaftlicher Literatur – gibt eine inhaltliche Orientierung für die Aneignung sicheren Wissens zum Schulstoff der zu unterrichtenden Schulstufe. Zu möglichst allen im Physikunterricht zu vermittelnden Inhalten und Kompetenzen sollte die Lehrperson Alltagsphänomene und Anwendungen kennen sowie persönliche Erfahrungen besitzen. Sie sollte die Physik als eine lebendige Wissenschaft verstehen, die sich durch aktive Forschung und Erkenntnisinteresse ständig weiter entwickelt. Ich selber erlebe immer wieder, dass Lehramtsstudierende einen sehr engen Erfahrungsraum besitzen und gar nicht wissen, wo es was alles zu entdecken gibt, wo überall Physik wirksam ist. Physikalische Erkenntnisse besitzen Modellcharakter. Die Physikerinnen und Physiker entwickeln solche Modelle stets weiter. Eine Lehrperson braucht in diesem Zusammenhang die Motivation und die Fähigkeit, sich selber weiterbilden zu können, um sich das notwendige breite Wissens- und Erfahrungsspektrum zu erarbeiten und dafür braucht sie auch immer offene Augen und Ohren.

2. Die Lehrperson muss über solides Fachwissen verfügen: Jedoch reichen Motivation und Interesse allein nicht aus. Unumgänglich ist sicheres Fachwissen über die zu vermittelnden Phänomene, Begriffe und Konzepte inklusive ihrer fachsprachlichen bzw. fachlogischen (abstrakten) Darstellung und Erkenntnismethoden.

3. Die Lehrperson muss wissen, wie Lernen geschieht: Fachdidaktisch geht es darum, Unterricht mit dem Blick auf die Lehr-Lern-Ziele, also die angestrebten Kompetenzen bei den Schülerinnen und Schülern, zu planen.

Wichtig zu wissen und zu verstehen ist hier, dass Lernprozesse situationsspezifisch individuell (situated cognition nach Clancey, 1993) und stets bottom up, also von niedriger zu hoher Komplexität, verlaufen. Physikunterricht gelingt dann, wenn der Unterricht an konkreten individuellen Erfahrungen, Alltagsvorstellungen und typischen Schülervorstellungen, die auf unterschiedlichen Niveaus zu finden sind, ansetzt und entsprechend lernprozessadäquat konzipiert ist, also dabei ständig die aktuellen Lernprozesse der Schülerinnen und Schüler in ihrer Komplexität im Auge behält. Notwendige Voraussetzungen auf der Seite der Lehrperson sind hier gute Kommunikationsfähigkeiten, die eine diesbezügliche Diagnose des Lernstandes erlauben. Die im Lehr-Lern-Prozess zu bearbeitenden Probleme und Aufgaben sowie die Interaktionen der Lehrperson müssen auf der richtigen Komplexitätsebene angesiedelt sein. Dann sind sie auch wirksam.

4. Die Lehrperson realisiert forschend-entdeckendes Lernen als Unterrichtsprinzip: Physik ist eine empirische Wissenschaft. Als solche sollten die Schülerinnen und Schüler sie auch erleben. Das forschend-entdeckende Lernen, das dies ermöglicht, sollte ein wesentliches Unterrichtsprinzip sein und den Schülerinnen und Schülern gleichzeitig erste Erfahrungen mit Forschungsprozessen in den Naturwissenschaften bieten. Die Lehrperson sollte also wissen, wie man forschend-entdeckendes Lernen so im Physikunterricht etabliert, dass die Schülerinnen und Schüler dabei Wissen und Können auch erwerben, erweitern und anwenden können.

5. Die Lehrperson braucht ein geeignetes Methodenrepertoire: Um situationsadäquat agieren und reagieren zu können, muss die Lehrperson verschiedenste, das Denken und Handeln der Schülerinnen und Schüler anregende Methodenwerkzeuge kennen und anwenden können. Mit verschiedenen Methoden können gezielt und schrittweise spezifische Lehr-Lernziele verfolgt und erreicht werden. Oft erlebe ich, dass Methodenvielfalt als abwechslungsreiches Unterhaltungs- oder Beschäftigungsprogramm verstanden wird. Hier sehe ich noch großes Ausbildungspotenzial.

6. Die Lehrperson sollte den eigenen Unterricht reflektieren können: Woher wissen Lehrpersonen, dass sie tatsächlich die von ihnen angezielten Lernprozesse in Gang setzen, dass ihr Lehrhandeln erfolgreich ist? Hier sind Grundkenntnisse zum Erforschen des eigenen Unterrichts („action research" nach Altrichter & Posch, 1998) hilfreich. Videoaufzeichnungen des eigenen Unterrichts mit Blick auf die Lernhandlungen der Schülerinnen und Schüler, sowie die gezielte Analyse der zu beobachtenden Schülerhandlungen – am besten mit „critical friends" – eröffnen sehr effektiv diese Möglichkeit.

Welche Qualitätsmerkmale halten Sie für den Physikunterricht für essenziell?

Wenn man meine Ausführungen zur ersten Frage ernst nimmt, zeigt sich Unterrichtsqualität zum einen darin, dass der Unterricht für die Schülerinnen und Schüler interessant und motivierend ist und sie zum eigenständigen Mitarbeiten und Weiterlernen im Fach anregt, dass er fachlich und sachlich angemessen ist, dass er Theorie und Praxis miteinander verbindet und dass er lernprozessadäquat ist. Damit sehe und beschreibe ich die Qualitätsmerkmale in der Tiefenstruktur. In einem guten Physikunterricht denken die Schülerinnen und Schüler aktiv mit. Sie stellen und verfolgen eigene Fragen und lernen, die physikalischen Fachbegriffe angemessen zu verwenden. Sie verstehen physikalische Konzepte und können Phänomene und Prozesse erklären. Sie lernen, die Mathematik sinnvoll als Hilfsmittel zur Beschreibung von Phänomenen und Prozessen einzusetzen und erleben sich dabei als kompetent. Guter Physikunterricht fördert zudem Kooperation und Teamarbeit.

Welche Lernumgebungen und Lehr-/Lernformen halten Sie für einen wirksamen Physikunterricht für besonders bedeutsam?

Das hängt mit den angestrebten Lernzielen zusammen: Mit dem Blick auf die Erkenntnisse in den fachdidaktischen Forschungsbereichen „Nature of Science (NOS)“ und „situated cognition“ ist forschend-entdeckendes Lernen in authentischen Lernumgebungen besonders bedeutsam. Gut umgesetzt, lernen die Schülerinnen und Schüler hier im Zusammenhang mit ihren Forschungsprojekten die Rolle des Experiments, der Modellbildung, der Mathematik genau in dem Moment kennen, indem sie sie brauchen. Sie lernen, Experimente und Material zur Problemlösung einzusetzen und eignen sich selbstständig – auch über die Nutzung verschiedenster Quellen – neues Wissen über die (physikalische) Welt an. Dazu gehört auch, die gewonnenen Erkenntnisse zu dokumentieren und zu präsentieren. Die Lehrperson steht ihnen dabei beratend und unterstützend zur Seite.

Jedoch braucht es bis zur vollständigen Selbstständigkeit der Schülerinnen und Schüler die schrittweise Hinführung zum forschend-entdeckenden Lernen mit Hilfe der Lehrperson: über gemeinsames Beobachten und Infragestellen erstaunlicher Phänomene und physikalischer Prozesse können gemeinsam Fragen formuliert und über passende Experimente Vermutungen überprüft werden. Eine gezielte Mischung aus Demonstrationsversuchen (insbesondere da, wo es für die Schülerinnen und Schüler zu gefährlich wird) und zunächst geführten Schülerexperimenten in Partner- und Gruppenarbeit (Projekte mit Präsentationen) lässt die Hinführung zum selbstständigen forschend-entdeckenden Lernen gelingen. Schulische und außerschulische Lernorte sollten in Ergänzung zueinander genutzt werden. Üben kann spielerisch erfolgen.

Wie sieht eine gute Differenzierung/Individualisierung Ihrer Meinung nach im Physikunterricht aus?

Ausgangspunkt für einen guten Umgang mit Heterogenität ist eine aufmerksame und intensive Interaktion mit den Schülerinnen und Schülern im Kontext unterschiedlicher Unterrichtsmethoden. In der Interaktion zeigt sich, ob und welche Lernschwierigkeiten bestehen, inwieweit didaktisch-methodische Maßnahmen greifen, ob Erklärungen verstanden oder die Fachbegriffe und Konzepte fach- und sachgerecht angewendet werden. Dabei wird aber auch sichtbar, inwieweit sich die Lernenden im Prozess als kompetent erleben, inwieweit sie eigene Ziele im Lernkontext verfolgen können, inwieweit sie sozial eingebunden sind. Dies sind Grundbedürfnisse des Menschen (Deci & Ryan, 1985). Sind diese Grundbedürfnisse erfüllt, ist er motiviert, weiter aktiv in diesem Kontext mitzulernen.

Gleichzeitig ist die Interaktion die Diagnoseebene der Lehrperson. Über wechselnde Unterrichtsmethoden, die die Schülerinnen und Schüler zu unterschiedlichen Lernleistungen und Aktivitäten führen, lassen sich die individuellen Leistungsstände beurteilen. Ich denke hier zum Beispiel an die Fähigkeit des genauen Beobachtens und Beschreibens im Zusammenhang mit Demonstrationsversuchen, an das systematische Vorgehen beim Experimentieren im Rahmen von Schülerexperimenten oder Forschungsprojekten, an das eigenständige Erarbeiten von Inhalten beim Lesen von Fachtexten oder die Nutzung von aktuellen Quellen, an die saubere Verwendung von Fachsprache beim Präsentieren oder die Stärken und Schwächen beim Lösen von physikalischen Rechenaufgaben.

Welche immer wiederkehrenden fachspezifischen Herausforderungen im Unterrichtshandeln müssen Ihrer Meinung nach die Lehrpersonen bewältigen, um im Physikunterricht eine angemessene Unterrichtsqualität garantieren zu können?

Lehren und auch Lernen geschieht immer situativ – das heißt, abhängig von vielfältigen Kontextvariablen im gegenwärtigen Augenblick der Interaktion mit den Lernenden. Um die Kontextvariablen erkennen und für Lehr-Lern-Prozesse nutzen zu können, braucht die Lehrperson umfangreiche professionelle Kompetenzen, die sie sich selber über vielseitige und reflektierte Lehr-Lern-Erfahrungen gesammelt hat. Die Kompetenzen liegen vorwiegend im fachwissenschaftlichen und im fachdidaktischen Bereich. Die Lehrperson muss verstehen, wo die Verständnisschwierigkeiten bei den Schülerinnen und Schülern bestehen und wie sie entstanden sind, damit er bzw. sie helfen kann, diesen Schwierigkeiten zu begegnen. Oft ist die notwendige Abstraktionsfähigkeit auf Seiten der Schülerinnen und Schüler das Problem. Der Übergang von der Phänomenbeschreibung mit Ursache-Wirkungs-Zusammenhängen in die formale fachsprachliche Beschreibung unter Nutzung der Fachbegriffe, Symbole und Formeln. Um mit dem „Bremer Komplexitätsebenenmodell" (Welzel, 1995; von Aufschnaiter & Welzel, 1996) zu argumentieren: Relevante Objekte, deren physikalische Eigenschaften und die in physikalischen Prozessen zu beobachtenden Ereignisse werden relativ schnell und gut „konstruiert" (z. B. dass sich Dinge elektrisch aufladen können, wenn man sie reibt, dass Solarzellen Sonnenlicht in Elektrizität umwandeln können, dass sich Massen träge verhalten). Schwierig zu erreichen ist jedoch die Prinzipebene, die erst dann gebildet wird, wenn mindestens eine Eigenschaft variabel gedacht werden muss, also veränderliche Größen ins Spiel kommen und in funktionalen Zusammenhängen beschrieben werden. Um diesen Schritt gedanklich meistern zu können, müssen Lernende sehr oft und kleinschrittig ähnliche kognitive Prozesse absolvieren, also üben. Das Problem beim Unterrichten liegt meiner Meinung nach darin, dass sich hierfür nicht genug Zeit genommen wird.

Worauf gilt es bei der Entwicklung und dem Einsatz von Aufgaben bzw. Aufgabensets im kompetenzorientierten Physikunterricht besonders zu achten?

Die Aufgabeninhalte und -kontexte sollten an den individuellen Lebensbereichen und Erfahrungen der Schülerinnen und Schüler anknüpfen, damit sie für deren eigenen Aktionsradius wirksam werden können. Die Kompliziertheit muss dem aktuellen Komplexitätsniveau, also dem jeweiligen Lernstand der betreffenden Schülerinnen und Schüler angepasst werden. Um Lernprozesse unterstützen zu können, braucht man immer zahlreiche Aufgaben gleicher und Aufgaben unterschiedlicher Kompliziertheit.

Welche Schritte empfehlen Sie aufgrund Ihrer wissenschaftlichen bzw. erfahrungsbasierten Expertise als „first steps" für angehende Physiklehrer/-innen, die sie für guten Physikunterricht umsetzen können?

Eigentlich müssten Lehrpersonen „sui generis" ausgebildet werden. Sie sollten die Physik an der Hochschule selbst von Beginn an im Zusammenhang mit dem Lehren von Physik lernen. Da dies aus Kostengründen bzw. aufgrund der allgemeinen Rahmenbedingungen in der Regel nicht möglich ist, sollten begleitend zum Fachstudium und von Beginn an immer wieder unterrichtsnahe Phasen des Studiums angeboten werden, sei es in Form von Unterrichtssimulationen oder Unterrichtsminiaturen.

Als erste Übung sollte man die Studierenden nach einer Sichtung der aktuellen Bildungspläne und unter Anwendung der „Didaktischen Rekonstruktion" selber Unterricht planen lassen, diesen Unterricht sofort im Rahmen von Unterrichtssimulationen mit den peers (die Kommilitonen übernehmen dabei die Rolle der Schülerinnen und Schüler) per Video aufnehmen und anschließend nach dem Prinzip der „action research" und mit dem Blick auf die Erfüllung der jeweils verfolgten Lernziele analysieren. Wichtig dabei ist, die Kamera nicht auf die Lehrperson, sondern mit dem Blick auf die Schülerinnen und Schüler auszurichten.

Anschließend sollten dann Unterrichtsbeispiele mit Schülerinnen und Schülern in authentischen schulnahen Lernsituationen erprobt und reflektiert werden. Dafür bieten sich Kooperationen mit Schulen oder außerschulischen Lernorten an.

Unterrichten muss geübt und ständig reflektiert werden. Dabei wird den Studierenden in der Regel ganz von selbst deutlich, wo ihre eigenen fachlichen und didaktisch-methodischen Schwächen und Stärken liegen.

Was ist Ihrer Ansicht nach das Besondere am Physikunterricht?

Die Besonderheiten der Naturwissenschaft Physik sind der Fokus auf grundlegende Phänomene der Natur, das Experiment als Erkenntnismethode und die mathematische Beschreibung der gewonnenen Erkenntnisse. Sollen die Schülerinnen und Schüler die Physik als Naturwissenschaft kennenlernen (und nicht nur die Naturphänomene an sich), muss sich das auch im Physikunterricht widerspiegeln. Es geht dann darum, grundlegende Phänomene zu entdecken und zu erforschen, dabei zu experimentieren und die Ergebnisse fach- und sachgerecht zu kommunizieren. Wird Physikunterricht entsprechend aufgefasst und umgesetzt, kommt das Wesen der Naturwissenschaft klar zum Ausdruck: Das Experiment steht im Mittelpunkt und führt zur Erkenntnis (Modellbildung über Zusammenhänge und Naturgesetze) und wiederum zu neuen Hypothesen, Fragen und Experimenten. Die Sprache der Physik ist letztendlich die Mathematik – nach und nach muss mathematisiert und damit sehr stark formalisiert und abstrahiert werden.

Welche fachlichen und fachdidaktischen Aspekte erachten Sie als bedeutsam, damit das Lernen zum Wesen der Naturwissenschaften wirksam wird?

Aus meiner Sicht bietet sich an, historische Beispiele zu nutzen, mit Modellen zu arbeiten, die Schülerinnen und Schüler selber forschen zu lassen und sich ausreichend Zeit dafür zu lassen.

Dies muss man nicht durchgehend tun, das funktioniert auch epochal im Wechsel mit Input- und Übungsphasen.

Welchen Umgang mit herkömmlichen bzw. neuen Medien empfehlen Sie im Physikunterricht?

Grundlage muss aus meiner Sicht zunächst immer die Realbegegnung mit dem Phänomen sein. Neue Medien können und sollten von Beginn an sinnvoll in die Erkenntnisprozesse eingebunden werden: zur Recherche und Literaturarbeit, als Hilfsmittel zum Experimentieren (z. B. zur Datenerfassung), zum Modellieren, Darstellen (Kommunizieren), Illustrieren. Dies sehe ich analog zur Nutzung in der Wissenschaft Physik.

Literatur

Altrichter, H. & Posch, P. (1998). *Lehrer erforschen ihren Unterricht.* Bad Heilbrunn: Klinkhardt.

Clancey, W. J. (1993). Situated action: A neuropsychological interpretation response to Vera and Simon. *Cognitive Science, 17*(1), 87–116.

Deci, E. L. & Ryan, R. M. (1985). *Intrinsic motivation and self-determination in human behaviour.* New York: Plenum Press.

Deutsche Physikalische Gesellschaft. (Hrsg.). (2016). *Physik in der Schule. Eine Studie der Deutschen Physikalischen Gesellschaft e. V.* (Hauptteil mit Anlage Basiskonzepte). Bad Honnef, Berlin.

von Aufschnaiter, S. & Welzel, M. (1996). Beschreibung von Lernprozessen. In: R. Duit & Ch. von Rhöneck (Hrsg.), *Lernen in den Naturwissenschaften* (S. 301–327). Kiel: Institut für die Pädagogik der Naturwissenschaften.

Welzel, M. (1995). *Interaktionen und Physiklernen: Empirische Untersuchungen im Physikunterricht der Sekundarstufe I* (Didaktik und Naturwissenschaft; Bd. 6). Frankfurt a. Main / Bern / New York / Paris: Lang.

RITA WODZINSKI

PHYSIKUNTERRICHT MIT BLICK AUF LEBENSLANGES LERNEN

Wodzinski, Rita, Prof. Dr., Universität Kassel; Arbeitsschwerpunkte: Schülervorstellungen – Lernschwierigkeiten – Lernprozesse, Physik im Anfangsunterricht, naturwissenschaftliche Arbeitsweisen Physiklernen durch Aufgaben mit gestuften Hilfen

Welches fachwissenschaftliche und fachdidaktische Wissen und Können der Lehrperson ist aus Ihrer Sicht für die Qualität des Physikunterrichts besonders wichtig?

Qualität von Physikunterricht wird üblicherweise an der Lern- und Interessensentwicklung der Schülerinnen und Schüler gemessen. Mit scientific literacy als übergeordnetem Ziel von Physikunterricht kann als ein weiteres Qualitätskriterium gelten, inwieweit Schülerinnen und Schüler auch nach Ablauf der Schulzeit noch bereit und in der Lage sind, sich mit naturwissenschaftlichen Aspekten zu befassen, die für die Teilhabe in unserer Gesellschaft relevant sind. Wichtig für die Qualität von Unterricht ist deshalb, dass Lehrkräfte die Bedeutung der Physik für lebensweltliche und gesellschaftliche Zusammenhänge kennen und mit persönlicher Überzeugung deutlich machen können. Um Unterricht fachlich schlüssig gestalten zu können und auf Lernschwierigkeiten der Schülerinnen und Schüler angemessen reagieren zu können, ist ein solides Grundwissen in der Physik notwendig.

Bezogen auf das fachdidaktische Wissen und Können sollten Lehrpersonen in der Lage sein, Schülerinnen und Schüler zum eigenständigen Nachdenken über physikalische Zusammenhänge anzuregen. Dazu gehört u.a. die Fähigkeit, ein Thema in einen für die Lernenden sinnstiftenden Kontext einzubetten und eine Fragehaltung bei den Schülerinnen und Schülern zu fördern. Lehrkräfte sollten aber auch in der Lage sein, die Möglichkeiten für eigenständiges Lernen realistisch einzuschätzen. Dies setzt die Kenntnis typischer Schülervorstellungen und Lernschwierigkeiten zu physikalischen Konzepten voraus. Auch die Fähigkeit, einen Sachzusammenhang schülergerecht erklären zu können, ist für guten Unterricht entscheidend.

Die Fähigkeit, Experimente so auszuwählen und in einen Lernkontext einzubetten, dass daran auch typische Arbeitsweisen der Physik erfahrbar werden können, ist eine weitere wichtige Kompetenz.

Qualitätsvoller Unterricht beinhaltet, dass möglichst viele Schülerinnen und Schüler vom Unterricht profitieren. Lehrkräfte sollten deshalb in der Lage sein, der Heterogenität – insbesondere im Hinblick auf Interesse und Vorerfahrungen in der Physik – in angemessener Weise zu begegnen.

Welche Qualitätsmerkmale halten Sie für den Physikunterricht für essenziell?

Qualitätsmerkmale, die für Unterricht allgemein gelten, wie Classroom-Management, kognitive Aktivierung und konstruktive Unterstützung (Kunter & Trautwein, 2013) sind selbstverständlich auch für den Physikunterricht von großer Bedeutung. Im Rahmen des Projektes Physik im Kontext wurden Merkmale guten Unterrichts speziell für den Physikunterricht formuliert, in denen sich die übergeordneten Merkmale mit zum Teil fachspezifischer Akzentuierung wiederfinden (Duit & Wodzinski, 2010). Die Auflistung ist meines Erachtens noch immer eine gute Orientierung, auch wenn es keine eindeutigen empirischen Belege für die Wirkung der einzelnen Merkmale gibt (Vogelsang, 2014). In der IPN-Video-Studie konnte lediglich empirisch belegt werden, dass Unterricht, der als fachlich konsistent und schlüssig beurteilt wird, mit größeren Lernerfolgen korreliert (Seidel, Prenzel, Rimmele, Schwindt, Kobarg, Herweg & Dalehefte, 2006). Für die Qualität von Unterricht kommt es offenbar vor allem auf ein ausgewogenes Zusammenspiel verschiedener Merkmale an.

Welche Lernumgebungen und Lehr-/Lernformen halten Sie für einen wirksamen Physikunterricht für besonders bedeutsam?

Lernumgebungen müssen nicht nur den jeweiligen Zielen angepasst sein, sondern auch auf die Lehrperson und die Lerngruppe abgestimmt sein. Darüber hinaus ist wichtig, Lehr- und Lernformen in gewissen Maß zu variieren. Die Frage ist deshalb nur sehr allgemein zu beantworten.

Lernen setzt ein harmonisches und vertrauensvolles Lernklima voraus. Lernformen sollten daher so gewählt werden, dass sie ein produktives Lernklima befördern und insbesondere die Kooperation und Kommunikation in der Lerngruppe unterstützen. Mit Blick auf lebenslanges Lernen sind Lernformen wichtig, die die Fähigkeiten zum eigenständigen Lernen fördern und das Reflektieren des eigenen Lernens unterstützen. Neben Formen eigenständigen Arbeitens sind im Physikunterricht aber auch lehrerzentrierte Lehr- und Lernformen notwendig, in denen z. B. Zusammenhänge durch die Lehrkraft strukturiert dargelegt werden.

Speziell für den Physikunterricht ist meines Erachtens wichtig, dass Schülerinnen und Schüler möglichst prägende Erfahrungen mit zentralen physikalischen Phänomenen und Zusammenhängen machen. Sie stellen einen wichtigen Anknüpfungspunkt für das Verständnis dar. Dies gilt insbesondere für Zusammenhänge, die den Alltagsvorstellungen widersprechen. Sowohl effektvoll inszenierte Demonstrationsexperimente als auch Schülerexperimente können derartige Erfahrungen vermitteln.

Phasen projektorientierten und forschenden Lernens können in ähnlicher Weise eindrückliche Erfahrungen vermitteln, was es heißt, sich ein physikalisches Thema eigenständig forschend zu erschließen. Derartige Unterrichtsphasen bleiben oft über lange Zeit in positiver Erinnerung und können die grundsätzliche Einstellung gegenüber der Physik entscheidend prägen.

Wie sieht eine gute Differenzierung/Individualisierung Ihrer Meinung nach im Physikunterricht aus?

Für gelingende Differenzierung muss Unterricht zunächst einmal so angelegt sein, dass er Einblicke in das Lernen der Schülerinnen und Schüler gewährt. Spezielle Methodenwerkzeuge können dies unterstützen. Der Einsatz der Werkzeuge allein ist aber kein Garant für gelingende Differenzierung und Individualisierung.

Differenzierung und Individualisierung setzen ein vertrauensvolles Lernklima voraus, das die Schülerinnen und Schüler ermutigt, Verständnisschwierigkeiten oder Lernstände offen zu benennen, aber auch konstruktive Rückmeldungen zum Unterricht zu geben. Je selbstverständlicher Schülerinnen und Schüler Lernbedürfnisse oder den Wunsch nach Unterstützung selbst äußern, umso besser kann Differenzierung gelingen. Gute Differenzierung sollte deshalb gezielt dazu beitragen, die Schülerinnen und Schüler in der Verantwortungsübernahme für ihr Lernen zu fördern.

Die Theorie des formativen Assessments von Black und Wiliam (2009) ist meines Erachtens hilfreich, um Differenzierung in einem übergeordneten

Kontext lernförderlichen Unterrichts zu sehen. Gemäß der Theorie sind folgende fünf Aspekte für einen lernförderlichen Unterricht bedeutsam:

1. Lernziele und Lernerfolgskriterien klären: Den Schülerinnen und Schülern muss klar sein, was von ihnen erwartet wird, um beurteilen zu können, ob sie die Lernziele erreicht haben oder noch Unterstützung benötigen.
2. Effektive Unterrichtsgespräche gestalten und Lernaufgaben nutzen, die Hinweise auf den Lernstand der Schülerinnen und Schüler geben: Die Diagnose des Lernstands ist nicht nur die Lehrperson wichtig, sondern auch für Lernenden selbst, um den eigenen Lernprozess zu steuern.
3. Feedback geben, das Schülerinnen und Schüler weiterbringt: Feedback und Rückmeldungen sollten im Sinne der Lernförderung und der weiteren Lernsteuerung gegeben werden.
4. Schülerinnen und Schüler als Lernressource für Mitschüler aktivieren: Durch Kooperationen können Schülerinnen und Schüler konstruktive Unterstützung erfahren, die die Lehrperson entlastet.
5. Schülerinnen und Schüler als Verantwortliche für ihr eigenes Lernen aktivieren.

Individualisierung und Differenzierung bergen trotz aller Chancen die ernstzunehmende Gefahr, dass mit der Organisation der differenzierenden Maßnahmen aktive Lernzeit verloren geht, die den Effekt der Differenzierung in Frage stellen kann (Gruehn, 2000). Die Ritualisierung von Methoden und eine klare Organisation sind deshalb wichtige Bausteine gelingender Differenzierung.

Welche immer wiederkehrenden fachspezifischen Herausforderungen im Unterrichtshandeln müssen Ihrer Meinung nach die Lehrpersonen bewältigen, um im Physikunterricht eine angemessene Unterrichtsqualität garantieren zu können?

Eine besondere fachspezifische Herausforderung im Physikunterricht ist das Erkennen und das Umgehen mit Schülervorstellungen. Hinweise auf die Bedeutung für das Lernen gibt eine Studie von Sadler, Sonnert, Coyle, Cook-Smith und Miller (2013).

Eine weitere fachspezifische Herausforderung ist die Gestaltung von Experimentiersituationen. Auch hierzu gibt es empirische Hinweise, dass die Einbettung des Experiments in den Unterricht für den Unterrichtserfolg bedeutsam ist (Tesch & Duit, 2004). Als dritte fachspezifische Herausforderung kann das Erklären eines Sachzusammenhangs gelten. Dessen Bedeutung für das Lernen wird aktuell in einem Projekt von Kulgemeyer und Tomczyszyn (2015) untersucht.

Worauf gilt es bei der Entwicklung und dem Einsatz von Aufgaben bzw. Aufgabensets im kompetenzorientierten Physikunterricht besonders zu achten?

Ähnlich wie bei Experimenten kommt es auch bei Aufgaben auf die methodische Einbettung der Aufgabe an. Neben der Aufgabe selbst sollten deshalb effiziente Methoden entwickelt und genutzt werden, wie eine sinnvolle Kontrolle und eine lernförderliche Rückmeldung der Aufgaben erfolgen kann.

Für die Entwicklung von Aufgaben und Aufgabensettings im Sinne des kompetenzorientierten Unterrichts gibt das Fünfeck zur neuen Aufgabenkultur nach Adamina (2013) eine gute Orientierung. Alle Aspekte (Situierung und Kontext, Kompetenzförderung, Vielfalt, Aufgaben in verschiedenen Lern- und Unterrichtsphasen, Förderung von Eigenständigkeit und Zusammenarbeit) sind gleichermaßen wichtig.

Im Hinblick auf die praktische Umsetzung im Unterricht halte ich selbstdifferenzierende Aufgaben bzw. selbstdifferenzierende Aufgabensettings für besonders bedeutsam, da sie die Lehrperson bei der Differenzierung in gewisser Weise entlasten können und die Verantwortung für das Lernen in die Hände der Lernenden geben. Das von uns in Kassel entwickelte Aufgabenformat der Aufgaben mit gestuften Hilfen (Wodzinski & Stäudel, 2009; Stäudel & Wodzinski, 2008) kann als ein Beispiel dafür dienen: Die Aufgaben sind als komplexe Problemlöseaufgaben formuliert und in einen motivierenden Kontext eingebettet, wodurch kognitive und motivationale Anreize zum Lernen gegeben werden. Schülerinnen und Schüler arbeiten mit den Aufgaben über einen längeren Zeitraum eigenständig (einzeln oder kooperativ). Über Sets von aufeinander aufbauenden Hilfekarten werden die Lernenden in ihrem Lernprozess immer wieder zum Weiterdenken angeregt und individuell unterstützt. Die Hilfen sind so konzipiert, dass implizit allgemeine Problemlösestrategien transportiert werden. Schülerinnen und Schüler können die Hilfen in unterschiedlicher Weise nutzen und über Zeitpunkt und Umfang selbst entscheiden. Die Unterstützung ist dadurch adaptiv.

Ein hohes motivationales Potenzial für den Physikunterricht bieten aus meiner Sicht auch Zeitungsaufgaben, da sie unmittelbar Gesellschaftsbezüge erkennen lassen.

Welche Schritte empfehlen Sie aufgrund Ihrer wissenschaftlichen bzw. erfahrungsbasierten Expertise als „first steps" für angehende Physiklehrer/-innen, die sie für guten Physikunterricht umsetzen können?

In der Tat ist es für angehende Lehrkräfte eine echte Herausforderung, in der Vielzahl von Empfehlungen und Ratschlägen den Überblick nicht zu verlieren. Ganz konkret empfehle ist unseren Studierenden deshalb, die Merkmale guten Physikunterrichts wie eine Art Checkliste zu nutzen.

In unserer Ausbildung in Kassel empfehlen wir darüber hinaus:

1. den Unterricht sorgfältig zu planen.
   Dabei ist wichtig, nicht nur von Lehrerseite aus zu planen, sondern sich immer auch in die Perspektive der Lernenden zu versetzen. Zur guten Planung gehört insbesondere, sich die erwarteten Ergebnisse der verschiedenen Phasen des Unterrichts vor Augen zu führen (was ist der erwartete Lernzuwachs) und Arbeitsaufträge möglichst explizit zu formulieren.
2. durch gut vorbereitete Schülerarbeitsphasen für eigene Entlastung im Unterrichtsverlauf zu sorgen.
   Schülerarbeitsphasen sind nicht nur für die Aktivierung der Lernenden notwendig, sondern können der Lehrperson auch Freiräume bieten, Lernende zu beobachten und zu unterstützen, aber auch ggf. über Nachsteuerungen nachzudenken. Damit das gelingt, müssen diese Phasen besonders gut geplant und organisiert werden.
3. eine experimentierende Grundhaltung einzunehmen: Fehler sind wichtig, um daraus zu lernen.
   Um die Erfahrungen konstruktiv zu nutzen, sollte Unterricht gründlich im Hinblick auf Stärken, Schwächen und Optimierungsmöglichkeiten reflektiert werden.

Was ist Ihrer Ansicht nach das Besondere am Physikunterricht?

Physikunterricht hat im Vergleich zu anderen Fächern die besondere Herausforderung, ein sehr unbeliebtes Fach zu sein. Trotz des häufig geringen Interesses am Fach Physik wird der Physik eine große gesellschaftliche Bedeutung zugemessen, die jedoch meist nicht die Ebene der Schülerinnen und Schüler erreicht. Diese Diskrepanz unterscheidet die Physik von anderen Fächern.

Die Spannbreite bezüglich des Interesses und der Leistungen innerhalb einer Lerngruppe ist in Physik besonders hoch. Im Physikunterricht finden sich nicht nur diejenigen, für die Physik ein Horrorfach ist, sondern auch solche, die in ihrer Freizeit viel Zeit investieren und zu herausragenden Leistungen fähig sind.

Physikunterricht ist durch die Genderthematik zusätzlich in besonderer Weise beeinflusst. Lehrkräfte müssen ihr eigenes Lehrerhandeln stärker als in anderen Fächern vor diesem Hintergrund reflektieren.

Eine weitere Besonderheit stellen Alltagsvorstellungen dar, die das Lernen von physikalischen Konzepten häufig erschweren. Schülervorstellungen sind nicht nur in der Physik bedeutsam, die Lernschwierigkeiten als Folge von Alltagsvorstellungen sind jedoch in der Physik besonders groß. Dass populärwissenschaftliche Darstellungen diese Vorstellungen nicht selten verstärken, verschärft das Problem zusätzlich.

In der Unterrichtsgestaltung unterscheidet sich das Fach Physik von anderen nicht naturwissenschaftlichen Fächern darüber hinaus durch die Stellung des Experiments im Unterricht.

Welche fachlichen und fachdidaktischen Aspekte erachten Sie als bedeutsam, damit das Lernen zum Wesen der Naturwissenschaften wirksam wird?

Zur Frage, was das Wesen der Naturwissenschaften charakterisiert, hat sich in den letzten Jahren ein gewisser Konsens herausgebildet (z.B. Hopf, Schecker & Wiesner, 2011, S. 14). Damit das Wesen der Naturwissenschaften deutlich wird, ist erforderlich, Erkenntniswege und Arbeitsweisen der Naturwissenschaft mit Schülerinnen und Schülern explizit zu reflektieren. Hilfreich sind dafür Phasen, in denen Schülerinnen und Schüler eigenständig forschend arbeiten können. Auch wissenschaftshistorische Beispiele können dazu beitragen, das Wesen der Naturwissenschaften zu thematisieren. Auf Seiten der Lehrkräfte sind dazu entsprechende erkenntnis- und wissenschaftstheoretische sowie wissenschaftshistorische Kenntnisse notwendig. Darüber hinaus sollten Schülerinnen und Schüler auch Einblicke in moderne Forschungsbereiche erhalten (z.B. über Exkursionen oder über populärwissenschaftliche Literatur), um Beziehungen zwischen schulischem Experimentieren und aktueller Forschung herstellen zu können.

Welchen Umgang mit herkömmlichen bzw. neuen Medien empfehlen Sie im Physikunterricht?

Medien sollten immer mit Blick auf die Ziele und in Bezug auf die Lerngruppe ausgewählt werden. Für den Physikunterricht können neue Medien durchaus gewinnbringend genutzt werden. Gerade Smartphones bieten vielfältige Möglichkeiten des Einsatzes als Experimentiergerät. In welchem Ausmaß neue Medien genutzt werden, hängt aber wesentlich davon ab, wie kompetent man selbst mit den Medien umgehen kann. Ich gebe bezüglich des Umgangs mit Medien keine allgemeine Empfehlung außer der, die Wahl der Medien gründlich zu bedenken.

Literatur

Adamina, M. (2013). Mit Lernaufgaben grundlegende Kompetenzen fördern. In: P. Labudde (Hrsg.), *Fachdidaktik Naturwissenschaft 1. bis 9. Schuljahr* (2. Aufl.) (S. 117–132). Bern: Haupt-Verlag.

Black, P. & Wiliam, D. (2009). Developing the theory of formative assessment. *Educational Assessment, Evaluation, and Accountability, 21*, 5–31.

Duit, R. & Wodzinski, C. T. (2010). *Merkmale „guten" Physikunterrichts* (Piko-Brief Nr. 4). Verfügbar unter http://www.ipn.uni-kiel.de/de/das-ipn/abteilungen/didaktik-der-physik/piko/pikobriefe032010.pdf

Gruehn, S. (2000). *Unterricht und schulisches Lernen: Schüler als Quellen der Unterrichtsbeschreibung*. Münster: Waxmann.

Hopf, M., Schecker, H. & Wiesner, H. (2011). *Physikdidaktik kompakt*. Köln: Aulis.

Kulgemeyer, C. & Tomczyszyn, E. (2015). Physik erklären – Messung der Erklärensfähigkeit angehender Physiklehrkräfte in einer simulierten Unterrichtssituation. *Zeitschrift für Didaktik der Naturwissenschaft*, (21), 111–126.

Kunter, M. & Trautwein, U. (2013). *Psychologie des Unterrichts*. Paderborn / München / Wien / Zürich: Schöningh.

Sadler, P. M., Sonnert, G., Coyle, H. P., Cook-Smith, N. & Miller, J. L. (2013). Student learning in middle school science classrooms. *American Educational Research Journal*, (50), 1020–1049.

Seidel, T., Prenzel, M., Rimmele, R., Schwindt, K., Kobarg, M., Herweg, C. & Dalehefte, I. M. (2006). Unterrichtsmuster und ihre Wirkungen. Eine Videostudie im Physikunterricht. In: M. Prenzel & L. Allolio-Näcke (Hrsg.), *Untersuchungen zur Bildungsqualität von Schule. Abschlussbericht des DFG-Schwerpunktprogramms* (S. 99–123). Münster: Waxmann.

Stäudel, L. & Wodzinski, R. (2008). Aufgaben als Katalysatoren im Lernprozess am Beispiel Naturwissenschaften. In: J. Thonhauser (Hrsg.), *Aufgaben als Katalysatoren von Lernprozessen* (S. 183–196). Münster: Waxmann.

Tesch, M. & Duit, R. (2004). Experimentieren im Physikunterricht – Ergebnisse einer Videostudie. *Zeitschrift für Didaktik der Naturwissenschaften*, (10), 51–69.

Vogelsang, C. (2014). *Validierung eines Instruments zur Erfassung der professionellen Handlungskompetenz von Physiklehrkräften – Zusammenhangsanalysen zwischen Lehrerkompetenz und Lehrerperformanz*. Berlin: LOGOS-Verlag.

Wodzinski, R. & Stäudel, L. (2009). *Aufgaben mit gestuften Hilfen für den Physikunterricht*. Seelze: Friedrich-Verlag.

DOROTHEE BROVELLI

WIRKSAMER PHYSIKUNTERRICHT – EIN FAZIT

Nachdem nun in 18 Interviews insgesamt 26 Expertinnen und Experten die Frage nach wirksamem Physikunterricht aus ihrer wissenschaftlichen und erfahrungsorientierten Perspektive facettenreich beantwortet haben, sollen an dieser Stelle in einer Zusammenschau Gemeinsamkeiten und Unterschiede in den Aussagen und Standpunkten herausgestellt werden. Bei der Lektüre der vorliegenden Texte fällt zunächst auf, dass in vielen Kernpunkten Konsens herrscht, was als eine Folge des Wissenschaftscharakters der Physikdidaktik gewertet werden kann. Es ist kaum möglich, deutlich voneinander abweichende Lager auszumachen oder Cluster mit ähnlichen Positionen zu finden, wie dies bei der Heterogenität der Befragten durchaus denkbar gewesen wäre. Auch im Spannungsfeld Theorie-Praxis lässt sich keine Kluft zwischen Autorinnen und Autoren aus der Hochschuldidaktik und der Schulpraxis feststellen. Vielmehr lassen sich die unterschiedlichen Antworten als ergänzende Perspektiven oder komplementäre Zugänge lesen.

Bei aller Einigkeit in wesentlichen Fragen weisen die Antworten aber doch eine beachtliche Varianz auf. So hatten einige Autorinnen und Autoren auf meine ursprüngliche Anfrage hin Bedenken geäußert, ob die Antworten auf die gleichen Fragen nicht zu viel Redundanz aufweisen würden. Durch unterschiedliche Akzentuierungen ergänzen sich die Interviews nun aber in vielen Punkten, so dass es aufschlussreich ist, einzelne Texte gegenüberzustellen – z. B. Junglehrerin vs. emeritierter Professor, qualitativ vs. quantitativ Forschende, integriert vs. disziplinär Unterrichtende, Materialentwickler vs. Grundlagenforscherin, Physiklehrende im Anfangsunterricht vs. im Hochschulstudium etc. Auch unterschiedliche Wertungen oder Schlussforderungen aus den Erkenntnissen der Forschung oder Praxis stellen durchaus eine Chance zu einer produktiven Kontroverse über einzelne Aspekte dar.

Es wird in diesem Kapitel nun versucht, die Expertenmeinungen zu den einzelnen Fragen zu bündeln und jeweils die wesentlichen Erkenntnisse sowie abweichende Einschätzungen in verdichteter Form zu dokumentieren. Bei

Einzelaussagen sind oft die jeweiligen Autorinnen oder Autoren angeführt, um ein Auffinden der Textstelle zu erleichtern. Der Lesbarkeit halber werden die Namen aber nicht durchgängig genannt, besonders wenn viele ähnliche Aussagen zu einem Thema vorliegen oder verschiedene zu einem Thema genannte Aspekte aufgezählt werden. Aus Platzgründen kann bei jeder Frage nur überblicksartig ein Bruchteil der interessanten Aussagen und angesprochenen Themen aufgegriffen werden, so dass es sich in jedem Fall lohnt, sich ausführlich den Originalinterviews zu widmen.

Welches fachwissenschaftliche und fachdidaktische Wissen und Können der Lehrperson ist aus Ihrer Sicht für die Qualität des Physikunterrichts besonders wichtig?

Die Antworten auf die erste Frage nach dem fachwissenschaftlichen und fachdidaktischen Wissen bestätigen in verschiedenen Facetten die allgemeinen Überlegungen aus dem Einleitungskapitel dieser Bandreihe, wie sie grundsätzlich für jeden Fachunterricht gelten. Es herrscht große Einigkeit, dass ein solides Fundament an Fachwissen in allen klassischen, aber auch modernen Themenbereichen der Physik eine unverzichtbare Voraussetzung für guten Physikunterricht darstellt, auch wenn mehrmals angemerkt wurde, dass es sich dabei um eine andere Art des Fachwissens handelt, nämlich um ein vertieftes Verständnis in wesentlichen Bereichen der (Schul-)Physik, das auch ein übergreifendes Wissen zur Physik als Wissenschaft einschließt (Borowski, Kauertz & Neumann), und damit sowohl ein Verfügungswissen als auch ein Orientierungswissen (Leisen) umfasst. Mindestens ebenso breit abgestützt ist die Feststellung, dass ein breites fachdidaktisches Wissen unabdingbar für einen adressatengerechten und lernförderlichen Unterricht ist. Bei der Fülle der genannten Anforderungen wie der Interessensförderung, dem Sichtbarmachen lebensweltlicher Relevanz, der Diagnose, der kognitiven Aktivierung, dem lernförderlichen Erklären, dem Umgang mit Abstraktion und Mathematisierung und weiteren, die z. T. in anderen Fragen eingehender beleuchtet werden wie Experimentieren, Heterogenität, Aufgaben etc., fällt auf, dass das Thema Schülervorstellungen von sehr vielen Autorinnen und Autoren als wichtig eingeschätzt wird. Das weist auf die besondere Problematik des Physikunterrichts hin, in dem Alltagsvorstellungen und physikalische Vorstellungen oft weit auseinander liegen, und es erklärt die Verwendung von mehrfach genannten Modellen wie der didaktischen Rekonstruktion. Tewes und Pechstein leiten die Forderung ab, die fachphysikalischen Inhalte bereits im Lehramtsstudium besser mit den fachdidaktischen zu verzahnen, während andere Autorinnen und Autoren die Wichtigkeit einer Weiterentwicklung im Lehrberuf durch Selbstevaluation, Reflexion und Weiterbildung betonen. Auffallend viele ergänzen die gestellte Frage dahingehend, dass sie zum einen allgemeindidaktische Anforderungen nennen, aber auch bedeutsame Persönlichkeitsmerkmale und Einstellungen für Physiklehrkräfte angeben, erkennbar an Begriffen wie eigenes Interesse, Engagement, Vertrauen in Schülerinnen und Schüler, Beziehung, authentisches Vorbild, Bereitschaft zur Forschungs- bzw. Evidenzbasierung, Umgang mit Ambivalenzen und dem Nicht-Wissen.

Welche Qualitätsmerkmale halten Sie für den Physikunterricht für essenziell?

Die Frage nach Qualitätsmerkmalen von Physikunterricht beantwortet eine Mehrheit der Interviewten auf zwei Ebenen: die der Sichtstruktur und die der Tiefenstruktur, wobei letztere als entscheidender für den Unterrichtserfolg angesehen wird. Dabei werden sowohl fachdidaktische als auch allgemeindidaktische Merkmale, teilweise mit fachspezifischer Akzentuierung, angeführt, die neben einem fachlichen Lernzuwachs auch eine Steigerung von Interesse und Motivation zum Ziel haben. Auf der Sichtstruktur werden mehrfach die Klassenführung (besonders beim Experimentieren), der Anteil echter Lernzeit und die Struktur genannt. Methodisch wird nicht nur an einer allzu starken Lehrerzentrierung Kritik geübt, sondern auch an einer vermeintlichen Schülerzentrierung ohne genügend Lenkung. So stellt Rincke fest, dass sich die Auswahl der Methode der jeweiligen Funktion unterordnen muss. Als bedeutsam für die Qualität des Physikunterrichts auf Ebene der Tiefenstruktur werden oft die kognitive Aktivierung und kognitive Unterstützung genannt. Dabei fällt auf, dass fast alle Interviewten die Passung des Unterrichts thematisieren mit Begriffen wie Adaptivität, Angemessenheit, Herausforderung, Differenzierung, Zone der nächsten Entwicklung, Orientierung an Lern- und Denkprozessen sowie am Vorwissen oder mit dem durch von Aufschnaiter gezogenen Vergleich des Unterrichts mit einem geeigneten Kleidungsstück. Folgerichtig wird der Diagnose ein hoher Wert beigemessen. Aber auch die Herausforderungen des Physikunterrichts bleiben nicht unerwähnt. Zum einen wird dem Experimentieren (Fischer & Härtig; Labudde), besonders dem selbständigen (Brun-Schlegel; Gutschank; Vogt Amacker) ein bisher noch nicht ausreichend ausgeschöpftes Potenzial nachgesagt. Zum anderen soll gemäß Rincke der spezielle Weg der Welterschließung durch die Physik im Unterricht deutlich werden, was ein hohes Maß an Abstraktion und damit zunächst an Abkehr von der komplexen Welt erfordert. Und schließlich sehen Borowski, Kauertz und Neumann die Herausforderung, in der komplexitätsreduzierten, statischen Schulphysik den dynamischen Charakter der Fachdisziplin Physik sichtbar werden zu lassen. Auf einige der genannten Punkte wird in den weiteren Fragen noch einmal vertieft eingegangen.

Welche Lernumgebungen und Lehr-/Lernformen halten Sie für einen wirksamen Physikunterricht für besonders bedeutsam?

In Übereinstimmung mit den Antworten auf die vorhergehende Frage herrscht auch bei der Frage nach den Methoden eine gewisse Einigkeit, dass der Passung der Methode zum Ziel, zum Thema, zur Lerngruppe und nicht zuletzt zur Lehrperson eine wichtige Bedeutung zukommt. Zu zwei Aspekten finden sich aber unterschiedliche Positionen oder zumindest eine unterschiedliche Gewichtung: zum richten Maß an Schülerorientierung bzw. Lehrerzentrierung und zum richtigen Maß an Methodenvielfalt.

Auf den ersten Blick gehen die Beiträge zum Thema Schüler- versus Lehrerzentrierung deutlich auseinander. Während manche die Wirksamkeit verschiedener Arten von schüleraktiven Lehr- / Lernformen betonen, weisen andere auf die Vorteile direkter Instruktion sowie die Wichtigkeit von Lenkung durch die Lehrperson hin. Diese unterschiedlichen Einschätzungen mögen mit persönlichen Wertungen, aber auch mit uneinheitlichen Forschungsergebnissen aufgrund der Komplexität von Unterrichtssituationen zusammenhängen. Dabei beziehen sich die Aussagen teilweise auf unterschiedliche Ziele (z. B. Fertigkeiten, Motivation, Fachkenntnisse, Verständnis der Natur der Naturwissenschaften etc.) und unterschiedliche Voraussetzungen (z. B. bekannte stabile Präkonzepte, Grad an Selbständigkeit der Schülerinnen und Schüler, Interesse). Zudem wird teilweise von unterschiedlichem Unterricht ausgegangen sind. So stellt Labudde fest, dass Studien in Deutschland einen sehr hohen Anteil fragend-entwickelnden Unterrichts belegen und leitet daraus die Forderung nach kooperativen und forschend-entdeckenden Lernformen ab, wogegen Kulgemeyer und Schecker in Schulpraktika häufig einen offenen Unterricht mit viel Aktivität ohne kognitive Aktivierung beobachten („very busy getting nowhere“). Dies könnte darauf hinweisen, dass das Pendel mancherorts über das Ziel hinaus geschwungen ist, und damit den Hinweis auf den Wert direkter Instruktion bzw. die Gefahren eines zu offenen Unterrichts rechtfertigen. Kulgemeyer und Schecker sowie Labudde weisen darauf hin, dass sich ein konstruktivistisch orientierter Unterricht sowohl schülerorientiert als auch lehrerorientiert umsetzen lässt. So wird auch an mehreren Stellen darauf hingewiesen, dass es einer Mischung schüler- und lehrerzentrierter Phasen bedarf. Was der jeweils optimale Anteil im Physikunterricht ist, lässt sich indes den Interviews nicht entnehmen, da dieser – wie die Methoden – den Zielen, den Voraussetzungen und den beteiligten Personen angemessen sein muss.

Eine weitere vieldiskutierte Frage ist die der Methodenvielfalt. Sie wird mehrheitlich gewünscht aus Gründen der Motivation und der Vielzahl von Lerntypen, Kompetenzzielen und Themen. Mehrere Autoren warnen jedoch vor einem „Methodenzauber“ (Riese & Reinhold) um seiner selbst willen oder „Methodenvielfalt als abwechslungsreiches Unterhaltungs- und Beschäftigungsprogramm" (Welzel-Breuer) und stellen zudem fest, dass das Format nicht zu viele kognitive Ressourcen binden darf (Borowski, Kauertz & Neumann). Auch ein Zusammenhang dieser beiden am häufigsten angesprochenen Themen kann ausgemacht werde. So schreibt Rincke, die Kritik am Frontalunterricht sei verfehlt, die Kritik an seiner Vorherrschaft aufgrund der Einseitigkeit der Lernform aber berechtigt.

Wie sieht eine gute Differenzierung/Individualisierung Ihrer Meinung nach im Physikunterricht aus?

Die Notwendigkeit einer Differenzierung bzw. Individualisierung wird darauf zurückgeführt, dass Lehrpersonen Individuen und nicht Klassen unterrichten (Vogt Amacker), mit sehr unterschiedlichen Voraussetzungen in Bezug auf Vorwissen, Schülervorstellungen (besonders im Physikunterricht), Arbeitstempo, Motivation, Sozialkompetenz und vieles mehr. Dieser Heterogenität kann laut von Aufschnaiter mit einer wertschätzenden Einstellung begegnet werden, da sie – geschickt genutzt – sowohl die Lehrperson als auch die Schülerinnen und Schüler voranbringen kann. Andererseits wird an mehreren Stellen festgestellt, dass eine gute Differenzierung hohe Anforderungen stellt, eine große Herausforderung darstellt, durch den Mangel an Ressourcen und geeigneten Diagnoseinstrumenten für den Physikunterricht erschwert wird und je nach Maßnahme teilweise nur geringe Wirkung zeigt oder sogar das Lernen behindert, indem es in Einsamkeit mündet oder indem Lernzeit durch Diagnostik und Organisation verloren geht. Um der Vielfalt gerecht zu werden, betonen die meisten Autorinnen und Autoren die Bedeutung einer gelungenen Diagnose. Eine wichtige Voraussetzung ist aber auch ein vertrauensvolles Lernklima, in dem Verständnisschwierigkeiten benannt werden können (Wodzinski). Die eigentliche Differenzierung findet dann in der Regel durch Aufgaben statt, entweder durch Öffnung von Aufgaben, durch gleiche Aufgaben mit gestuften Hilfen bzw. Unterstützung durch die Lehrperson, mit unterschiedlichen Aufgaben oder mit einem Pflicht- und einem Wahlteil. Dabei wird auch auf die besonderen Bedürfnisse von Mädchen im Physikunterricht hingewiesen und auf gute Erfahrungen mit geschlechtshomogenen Lerngruppen (Graf) oder mit ausgewählten Kontexten, z.B. aus der Medizin oder Astronomie (Müller). Für eine spezielle Förderung von leistungsstarken und interessierten Schülerinnen und Schülern scheinen zudem Zusatzangebote wie Arbeitsgemeinschaften, Wahlkurse und Angebote wie „Jugend forscht" geeignet zu sein (Graf). Als weitere Maßnahmen wurden unter anderem formatives Feedback, Schulbuchnutzung, peer-feedback / coaching, Zusatzangebote, Kontextorientierung, Verantwortungsübernahme durch Schülerinnen und Schüler und methodische Abwechslung genannt. Dabei müssen die Lehrplanziele oder Bildungsstandards berücksichtigt werden, so dass die grundlegenden Anforderungen von allen erreicht werden können (Labudde) und die Leistungsüberprüfung muss dem individualisierten Unterricht angepasst werden.

Welche immer wiederkehrenden fachspezifischen Herausforderungen im Unterrichtshandeln müssen Ihrer Meinung nach die Lehrpersonen bewältigen, um im Physikunterricht eine angemessene Unterrichtsqualität garantieren zu können?

Die nächste Frage nach immer wiederkehrenden fachspezifischen Herausforderungen wurde in einigen Interviews mit einem Überblick über solche zentralen Standardsituationen beantwortet, siehe z. B. die Listen bei Leisen oder Müller oder die Nennung von Methodenwerkzeugen oder Basismodellen. Andere Autorinnen und Autoren fassten die Fragen etwas weiter im Sinne von fachdidaktischen Herausforderungen, die über die Bewältigung von Standardsituationen hinausgehen. Daraus entsteht ein Bild der vielfältigen Anforderungen an die Lehrperson, deren Expertise nach Leisen mit der Beherrschung der Standardsituationen steht und fällt. Einige Punkte werden sehr häufig angeführt, woraus auf eine hohe Bedeutung für den Physikunterricht geschlossen werden kann. Zum einen sind dies das Experiment und insbesondere auch seine Einbettung im Unterricht. Bei dieser werden sowohl der Stundeneinstieg bzw. die Konfrontation mit einem Problem oder Alltagskontext genannt als auch die Sammelphase, Vernetzungsphase oder Auswertung des Experiments (und entsprechend auch anderer Aktivitäten wie Aufgaben). Zum anderen wird der Umgang mit Schülervorstellungen, Lernschwierigkeiten und allgemein dem Vorwissen oft genannt. Daneben werden Übergänge zwischen verschiedenen Komplexitätsebenen (Welzel-Breuer) als Herausforderung gesehen bzw. zwischen Ebenen wie der Phänomenebene und der Modellebene (Brun-Schlegel) oder dem qualitativen Verständnis und der Mathematisierung. Weitere Beispiele von Herausforderungen sind unter anderem das Erklären, die Interesseförderung, die Fachsprache, die Anleitung zur Selbständigkeit, der Umgang mit Koedukation und externe Anforderungen wie zentrale Prüfungen.

Worauf gilt es bei der Entwicklung und dem Einsatz von Aufgaben bzw. Aufgabensets im kompetenzorientierten Physikunterricht besonders zu achten?

Aufgaben werden mehrheitlich als zentrale Konstruktionselemente von Physikunterricht angesehen (siehe z. B. Müller), die an verschiedenen Stellen im Lernprozess unterschiedliche Funktionen erfüllen, aus denen sich jeweils die Anforderungen an die Aufgabe ergeben. Die Hälfte der Autorinnen und Autoren betont dabei explizit die Wichtigkeit eines lebensweltlichen Kontextes für eine Aufgabe, die die Lernenden mit einem neuen Thema konfrontieren soll, wobei in anderen Lernphasen dekontextualisiert und rekontextualisiert werden muss (Leisen) oder in bestimmten Situationen, wie beim Üben, auch fast kontextfreie Aufgaben angebracht sind (Tewes & Pechstein). Insbesondere im Hinblick auf die Kompetenzorientierung wird immer wieder genannt, dass Aufgaben im Physikunterricht nicht nur Fachwissen fördern müssen, sondern auch die Entwicklung weiterer Kompetenzaspekte wie Bewertungskompetenz, Kommunikationsfähigkeit, Erkenntnisgewinnung etc. Dies wird aber nicht als Gegensatz gesehen, da das Fachwissen ein notwendiger Bestandteil jeder Kompetenz ist (z. B. Kulgemeyer & Schecker) bzw. es auch bei fachlichen Lernzielen darum geht, gewisse Fertigkeiten zu erzielen (Schmälzle). Zur Förderung fachmethodischer Fähigkeiten sollen Aufgaben diese aber direkt thematisieren. Labudde fordert zudem, auch die Prüfungskultur stärker auf die Breite der zu erreichenden Kompetenzen auszurichten, und so beispielsweise eine Aufgabenkultur mit Experimenten zu stärken. Dies ist nicht unumstritten, stellt doch Rincke eine große Unsicherheit beim Einsatz von Aufgaben, die nicht primär Fachwissen zum Gegenstand haben, fest und ruft daher zur Zurückhaltung bei deren Einsatz zur Leistungsüberprüfung auf. Einigkeit besteht aber in dem Punkt, dass Lern- und Leistungssituationen klar voneinander getrennt sein müssen, da sie sich im Vorhandensein der erforderlichen Kompetenzen unterscheiden und Schülerinnen und Schüler beim Lernen das Recht haben müssen, sich zu irren (siehe z. B. von Aufschnaiter; Fischer & Härtig). Die Beurteilung der zur Lösung einer Aufgabe erforderlichen Voraussetzungen, auch der „versteckten Kompetenzen" wie (fach-)sprachliche und mathematische Kompetenzen (Schmälzle), ist eine Herausforderung für die Lehrperson, der sie durch genaue Beobachtung des Lösungsprozesses begegnen kann (von Aufschnaiter).

Welche Schritte empfehlen Sie aufgrund Ihrer wissenschaftlichen bzw. erfahrungsbasierten Expertise als „first steps" für angehende Physiklehrer/-innen, die sie für guten Physikunterricht umsetzen können?

Auf die Frage nach „first steps" für angehende Physiklehrerinnen und Physiklehrer stellten zunächst nicht wenige Interviewte fest, dass es sich beim Unterrichten um einen komplexen Prozess handle, so dass die Empfehlungen nicht mit einer einfachen Anleitung zu erfolgreichem Unterricht verwechselt werden dürfen. Dies wird auch darin deutlich, dass in den Antworten eine Vielzahl von Aspekten genannt wird. Dennoch liest man ähnliche Ratschläge immer wieder: Eine Lehrperson soll selbstsicher auftreten, sich über die Unterrichtsziele klar sein und für Transparenz sorgen. Sie soll unter Berücksichtigung von Fachwissen, bekannten Schülervorstellungen, fachdidaktischen Entwicklungstraditionen und Forschungsergebnissen sorgfältig passende Methoden wählen und die durchdachte Planung in einer geeigneten Struktur umsetzen, z. B. anhand von einfachen Leitfragen wie „Was? Wie? Warum?" (Brun-Schlegel), ausführlicheren Haupt- und untergeordneten Leitfragen (Labudde) oder mit Hilfe einer Art Checkliste mit Merkmalen guten Physikunterrichts (Wodzinski). Dies führt zu Grundelementen wie einem motivierenden Unterrichtseinstieg, Erklärungen und Anleitung durch die Lehrperson sowie Freiraum für eigenständiges Denken und Arbeiten der Schülerinnen und Schüler und einer Ergebnissicherung am Ende der Stunde, wie sie auch in bewährten Unterrichtsmustern in der Fachliteratur zu finden sind (Girwidz, Watzka & Erb). Angehende Lehrkräfte sollen dafür idealerweise bereits im Studium Erfahrung in unterrichtsnahen Phasen gesammelt und z. B. nach dem Prinzip der „action research" analysiert haben (Welzel-Breuer). Später sollen sie für die eigene Weiterentwicklung sorgen durch Reflexion, Selbstbeobachtung, z. B. mittels Videoanalyse, Klarheit über mögliche didaktische Täuschungen sowie Fortbildung und dabei eine experimentierende Grundhaltung einnehmen (Wodzinski), in der Fehler als Lerngelegenheit dienen. Auch wurden viele Begriffe genannt, die schon bei anderen Fragen eine wichtige Rolle spielten, wie die horizontale und vertikale Vernetzung, die Interaktionen zwischen Lehrperson und Lernenden, die Authentizität, die Fehlerkultur und weitere mehr. Je nach den individuellen Voraussetzungen und Gegebenheiten lässt sich für angehende Lehrpersonen eine Fülle von passenden Anregungen in den einzelnen Interviews finden.

Was ist Ihrer Ansicht nach das Besondere am Physikunterricht?

Das Besondere am Physikunterricht ergibt sich für viele Autorinnen und Autoren aus dem Besonderen an der Bezugswissenschaft Physik und ihrer speziellen Art der Weltbegegnung, was nach Girwidz, Watzka und Erb ihre Fragestellungen und Inhalte, ihre Methoden und Erkenntniswege, ihre Wissensrepräsentationen und ihren Erklärungswert umfasst. Der am häufigsten genannte Punkt ist dabei die einzigartige Rolle des Experiments im Physikunterricht. Auf der anderen Seite wird immer wieder die hohe Abstraktion bzw. Formalisierung und Mathematisierung der Physik genannt. Daraus ergeben sich für den Physikunterricht Spannungsfelder wie das durch von Aufschnaiter beschriebene Wechselspiel zwischen leicht zugänglichen erfahrbaren Aspekten und anspruchsvolleren nicht-erfahrbaren Deutungen oder das von Rincke dargestellte Pendeln zwischen Polen wie Empirie /

Theorie, Realem / Idealem, Konkretem / Abstrakten etc., das zu einem anstrengenden Wechselbad der Eindrücke führte. Folglich werden in vielen Interviews die besonderen Herausforderungen des Physikunterrichts thematisiert: Die von Schülerinnen und Schülern wahrgenommenen Widersprüche zwischen idealisierten Modellen und ihren Alltagserfahrungen (Kulgemeyer & Schecker) tragen zu kognitiven und motivationalen Besonderheiten bei. Auf der kognitiven Ebene wird hier mehrmals die Bedeutung von Schülervorstellungen genannt, auf der motivationalen Ebene weisen viele Interviewte auf die besondere Unbeliebtheit des Schulfachs Physik hin und insbesondere auf die dort vorherrschende Genderthematik (Graf; Riese & Reinhold; Schmälzle; Wodzinski). Gleichzeitig sehen verschiedene Autorinnen und Autoren aber auch eine spezielle Rolle des Physikunterrichts einerseits in gesellschaftlicher Hinsicht im Hinblick auf die Forderung nach mündigen Bürgern sowie den Bedarf an Fachkräften und anderseits in individueller Hinsicht, z. B. im Hinblick auf Orientierungswissen, Welterschließung und gesellschaftlicher Teilhabe der Jugendlichen. Passend zum letzteren Punkt weisen Fischer und Härtig auf den Beitrag der Physik zur Aufklärung und Abkehr von Mystik, Aberglaube etc. hin bzw. Müller zur historischen Emanzipation gegen herrschende Macht und Ideologie. Der Physikunterricht bietet im Gegensatz zu anderen Fächern damit die Möglichkeit, den Wahrheitsgehalt von Aussagen durch eigenes Experimentieren zu überprüfen (Tewes & Pechstein) bzw. Erkenntnisse mit allen Sinnen selbst zu erarbeiten (Vogt Amacker) – auch wenn dies schlussendlich wieder in „entsinnlichte" Abstraktion mündet (Müller), wie oben angedeutet.

Welche fachlichen und fachdidaktischen Aspekte erachten Sie als bedeutsam, damit das Lernen zum Wesen der Naturwissenschaften wirksam wird?

Dem Lernen zum Wesen der Naturwissenschaften wird übereinstimmend eine große Bedeutung beigemessen, nicht zuletzt aufgrund der Vorgaben von Lehr- und Bildungsplänen und Standards (Schmälzle; Vogt Amacker), auch wenn einige Autoren darauf hinweisen, dass die empirische Evidenz für die Wirksamkeit eines solchen Lernens noch nicht überzeugend ist (Fischer & Härtig; Müller) und auch auf wissenschaftstheoretischer Ebene keine Einigkeit zum naturwissenschaftlichen Erkenntnisprozess herrscht (Fischer & Härtig). Dabei wird häufig die bewusste Abgrenzung eines naturwissenschaftlichen von einem nicht-naturwissenschaftlichen Zugang zur Welt gefordert. Girwidz, Watzka und Erb betrachten ein Verständnis des rationalen Zugangs der Naturwissenschaften zur Erklärung der Welt, bei dem die Physik nach den letzten Begründungszusammenhängen hinter den Phänomenen sucht, als Teil der naturwissenschaftlichen Grundbildung (scientific literacy), Leisen sogar als „erkenntnistheoretische Messlatte, mit der die Inhalte und Themen im Physikunterricht auf ihren Bildungswert hin gemessen werden“. Zur Umsetzung wird teilweise eine explizite Behandlung wissenschaftstheoretischer Fragen gefordert, von anderen Autoren (z. B. Gutschank) wird dies dagegen nicht als eigenes Thema gesehen, sondern es sollte durchgängig im normalen Physikunterricht deutlich werden. Hierfür wird von der Hälfte der Befragten die Arbeit mit historischen Fallbeispielen angeführt. Als weitere geeignete Lernformen werden die folgenden genannt: das eigene reflektierte Durchlaufen von (simulierten) Forschungsprozessen, das Thematisieren des Modellcharakters in der Physik, das Praktizieren und Wertschätzen von Argumentationen, der Einblick in moderne Forschung, z. B. auch in Schülerlabors oder an außerschulischen Lernorten und das Erfahren von Peer-Reviews. Dabei gilt es darauf zu achten, nicht implizit falsche Vorstellungen zu stützen, z. B. durch die Gestaltung von Experimentiersituationen, die Darstellung von Physik als unabänderlichem Gedankengebäude oder die Überbewertung genialer Einzelleistungen. Einem Sichtbarmachen der Menschen hinter der Physik wird sogar das Potenzial beigemessen, ansonsten weniger physikbegeisterte Schülerinnen und Schüler anzusprechen (Girwidz, Watzka & Erb). Schließlich stellt ein Unterricht zur Natur der Naturwissenschaften spezifische Anforderungen an die Lehrpersonen, auf die diese vorbereitet sein müssen.

Welchen Umgang mit herkömmlichen bzw. neuen Medien empfehlen Sie im Physikunterricht?

Auf die letzte Frage nach dem Umgang mit Medien im Physikunterricht wird immer wieder betont, dass Medien Werkzeuge für den Unterricht sind, deren Einsatz gründlich hinsichtlich ihrer Eignung und Passung bedacht werden muss, wie dies schon allgemein für die Wahl von Methoden festgestellt wurde. Neben den klassischen Medien wie Tafel, Lehrbüchern, Labormaterial und nicht zuletzt der Sprache gilt dies gerade auch für neue Medien, die in den meisten Interviews thematisiert werden. So weist Welzel-Breuer darauf hin, dass die neuen Medien im Physikunterricht analog zur Nutzung in der Wissenschaft Physik eingebunden werden können. Zusammen mit Computern für Simulationen sowie für Datenerfassung und -auswertung werden auch das Internet und der Visualizer / Beamer genannt und besonders häufig das Smartphone, das sowohl als Experimentiergerät mittels Sensoren als auch zur Datenauswertung oder zur Videoanalyse herangezogen werden kann. Mehrere Autorinnen und Autoren versprechen sich vom Einsatz des Smartphones eine Motivations- bzw. Attraktivitätssteigerung, auch wenn Graf sowie Kulgemeyer und Schecker darauf hinweisen, dass die motivationalen Effekte schnell abebben können. Als besonderer Vorteil wird das

Potenzial, Alltags- und Lebensweltbezüge herzustellen, gesehen, da das Smartphone auch im nicht-schulischen Kontext für physikalische Aktivitäten genutzt werden kann. Als weitere Chancen neuer Medien werden unter anderem die folgenden genannt: ihre Mittlerfunktion zwischen Wahrnehmung, mentalen und physikalischen Modellen (Borowski, Kauertz & Neumann), der durch Multimedialernen unterstützte Aufbau mentaler Repräsentationen (Borowski, Kauertz & Neumann; Girwidz, Watzka & Erb; Riese & Reinhold) und die erleichterte systemdynamische Modellbildung (Fischer & Härtig; Kulgemeyer & Schecker). Zudem rücken bei der Computer- oder Smartphone-gestützten Messung oftmals die Daten in den Mittelpunkt (Riese & Reinhold; Tewes & Pechstein), so dass die Aufmerksamkeit gezielt auf diese gelenkt werden kann ohne Ablenkung durch die Datenerhebung. Dies stellt aber auch einen Kritikpunkt dar, wenn die Datenerhebung durch eine „Blackbox" (Graf; Gutschank; Riese & Reinhold) intransparent wird. Entsprechend wird die Forderung gestellt, Messungen zunächst klassisch durchzuführen. Als weitere Gefahr wird mehrfach die Überfrachtung bzw. ein zu großer „Cognitive Load" bei der Verwendung neuer Medien genannt. Zudem wird auch hier auf die neuen Anforderungen an die Lehrperson hingewiesen. Geeignete Anwendungsbeispiele finden sich in mehreren Interviews (z. B. Brun-Schlegel; Gutschank; Schmälzle; Tewes & Pechstein).

DIE REIHENHERAUSGEBER

Dr. Markus Rehm ist Professor für Chemie und Chemiedidaktik am Institut für Didaktik der Naturwissenschaften der Pädagogischen Hochschule Heidelberg. Arbeitsschwerpunkte: Professionalisierungsforschung, Aufgaben im naturwissenschaftlichen Unterricht, Verstehensprozesse und verständnisvolles Lernen im naturwissenschaftlichen Unterricht.

Dr. Volker Reinhardt ist Professor für Politikwissenschaft und Politikdidaktik an der Pädagogischen Hochschule Freiburg sowie Gastprofessor für Bildungswissenschaft an der Steinbeis-Hochschule Berlin. Er ist Mitbegründer des Schweizer Schulpreises und Experte für den Deutschen Schulpreis.

Dr. Markus Wilhelm ist Professor für Biologie und Biologiedidaktik an der Pädagogischen Hochschule Luzern und Leiter des Instituts für Fachdidaktik Natur, Mensch, Gesellschaft (IF NMG). Arbeitsschwerpunkte: Unterrichtskompetenz von Lehrpersonen, Kompetenzorientierung in Lehrmitteln, Lernen an Außerschulischen Lernorten.